utb 4817

Eine Arbeitsgemeinschaft der Verlage

Böhlau Verlag · Wien · Köln · Weimar
Verlag Barbara Budrich · Opladen · Toronto
facultas · Wien
Wilhelm Fink · Paderborn
A. Francke Verlag · Tübingen
Haupt Verlag · Bern
Verlag Julius Klinkhardt · Bad Heilbrunn
Mohr Siebeck · Tübingen
Ernst Reinhardt Verlag · München
Ferdinand Schöningh · Paderborn
Eugen Ulmer Verlag · Stuttgart
UVK Verlag · München
Vandenhoeck & Ruprecht · Göttingen
Waxmann · Münster · New York
wbv Publikation · Bielefeld

basics

Christoph Randler

Verhaltens-biologie

Haupt Verlag

Prof. Dr. Christoph Randler ist Professor für Didaktik der Biologie an der Eberhard Karls Universität Tübingen. Zuvor lehrte und forschte er als Professor an der Universität Leipzig und der Pädagogischen Hochschule Heidelberg. Seine Schwerpunkte in der Verhaltensbiologie sind Räuber-Beute-Beziehungen, Kommunikation, Chronobiologie und Hybridisierung.

1. Auflage 2018

Bibliografische Information der Deutschen Nationalbibliothek:
Die Deutsche Nationalbibliothek verzeichnet diese Publikation in der Deutschen Nationalbibliografie; detaillierte bibliografische Angaben sind im Internet über http://dnb.dnb.de abrufbar.

Fachlektorat: Claudia Huber, D-Erfurt
Umschlagsgestaltung und Satz: Atelier Reichert, D-Stuttgart
Umschlagsfoto: Christoph Randler, D-Tübingen

Printed in Germany

UTB-Band-Nr.: 4817
ISBN: 978-3-8252-4817-8

Inhaltsverzeichnis

Dank

Bei einigen Kolleginnen und Kollegen möchte ich mich bedanken, da sie ein oder mehrere Kapitel durchgesehen und mir sehr wertvolle Hinweise und Korrekturen geschickt haben. Die Verantwortung für die jeweiligen Texte liegt dennoch beim Autor des Buches. Folgenden Personen danke ich sehr herzlich: Prof. Dr. Franz Bairlein, Dr. Henrik Brumm, MSc. Nadine Kalb, Prof. Dr. Uwe Maier, PD Dr. Gilberto Pasinelli, Dr. Constanze Pentzold, Dr. Stefan Pentzold, Dr. Susanne Rohrmann, PD Dr. Heiko Schmaljohann, Dr. Vanessa Schmitt. Prof. Dr. Petra Quillfeldt danke ich für weitere Hinweise sowie meinen Studentinnen und Studenten für ihr Interesse, ihre Aufgeschlossenheit und so manche Frage, über die bisher zu wenig geforscht wurde.

Was ist Verhaltensbiologie? | 1

Inhalt

Verhaltensbiologie beschäftigt sich mit der Frage, was ein Tier macht und auf welche Weise es etwas macht. Die Verhaltensbiologie verfolgt dabei einen integrativen Ansatz, bei dem Zoologie, Evolutionsbiologie und Ökologie eine wichtige Rolle spielen. Die Verhaltensbiologie verwendet bei der Erforschung ihrer Fragestellungen zahlreiche Methoden, die sowohl Beobachtungen als auch komplexe Experimente umfassen und die entweder im Freiland oder im Labor stattfinden können. Die in der Verhaltensbiologie am häufigsten untersuchten Tiergruppen sind in absteigender Reihenfolge Vögel, Insekten, Fische und Säugetiere. Aktuell eher stark beforschte Themen sind die sexuelle Selektion, Kommunikation und Signale.

Verhaltensbiologie ist so alt wie die Menschheit selbst: In der Zeit der Jäger (Paläolithikum) hatte es für die Menschen Vorteile, wenn sie das Verhalten von Tieren beobachten, erklären und vorhersagen konnten, da sich auf diese Weise der Jagderfolg steigern ließ. Ebenso war es überlebenswichtig, selbst Beutegreifern, wie etwa den Säbelzahnkatzen (Machairodontinae), zu entkommen. Verhaltensbiologische Kenntnisse halfen, etwas zu essen zu bekommen, anstatt selber zur Speise zu werden; verhaltensbiologische Kenntnisse verhalfen der Spezies Mensch zu einem Überlebensvorteil (Manning & Dawkins 2012).

Verhalten findet ständig statt: «Man kann sich nicht *nicht* verhalten.» lautet die Abwandlung eines Axioms von Paul Watzlawick. Eine

Feldmaus *(Microtus arvalis)* etwa, die sich nicht bewegt, zeigt womöglich **adaptives Verhalten:** Sie erhöht z. B. ihre Überlebenswahrscheinlichkeit beim Vorbeilaufen eines Fuchses, weil sie sich nicht durch Bewegung verrät. Ihr Verhalten kann aber auch **nicht adaptiv** sein; z. B. dann, wenn ihre Überlebenswahrscheinlichkeit durch Flucht vor dem Fuchs in ein Erdloch größer gewesen wäre als durch Tarnung. Aber unabhängig davon, ob die Feldmaus adaptives oder nicht adaptives Verhalten zeigte: Verhalten hat sie sich auf jeden Fall.

Verhalten ist also das, was ein Tier macht, und Verhaltensbiologie fragt danach, was, wie und warum es dies macht. Während die Frage nach dem «**Was?**» auf eine möglichst neutrale Beschreibung des Verhaltens abzielt, stehen beim «**Wie?**» die verschiedenen Taktiken, Strategien, Mechanismen und Prozesse des tierischen Verhaltens im Vordergrund. Die Frage nach dem «**Warum?**» soll schließlich erklären, weshalb es zu einem spezifischen Verhalten eines Tieres kommt.

Ein Beispiel: Beobachtet wird, wie ein Dachs *(Meles meles)* herumläuft und mit der Schnauze in der Erde bohrt. Eine mögliche Antwort auf die Frage, **was** der Dachs macht, ist, dass er nach Nahrung sucht. Die Frage nach dem **«Warum?»** kann aus zwei Perspektiven beantwortet werden: aus einer physiologischen und einer evolutionstheoretischen. Die physiologische Perspektive weist darauf hin, dass der Dachs nach Nahrung sucht, weil er Hunger hat, während die evolutionstheoretische Perspektive besagt, dass die Nahrungszufuhr ihm das Überleben sichert und damit Fortpflanzung möglich macht. Die Frage nach dem **«Wie?»** kann auf verschiedene Weise beantwortet werden, da manche Dachse eher an ganz bestimmten Orten nach Nahrung suchen, während andere bestimmte Vorlieben für eine bestimmte Nahrung haben (Requena-Mullor et al. 2016). Damit werden Unterschiede zwischen Individuen thematisiert.

Box 1.1

Verhalten illustriert am Jahreslauf einer Blaumeise

Eine Blaumeise *(Cyanistes caeruleus)* sucht an einem sonnigen Wintermorgen nach Nahrung. Sie muss fressen, um ihre Energiebilanz ausgewogen zu halten, d. h., um nicht zu verhungern (Homöostase, → Kap. 4). Am besten sucht und frisst sie energiereiche Nahrung, weil sie auf diese Weise in kurzer Zeit viel Energie aufnehmen kann (→ Kap. 5). Ihre Präferenz für energiereiche Nahrung beeinflusst also die Entscheidung, wann, was und wo sie frisst. Gerne frisst sie zudem im Verbund mit anderen Blaumeisen, weil dies mehr Sicherheit vor Beutegreifern (→ Kap. 6) mit sich bringt. Damit verschärft sich aber die Konkurrenz ums Futter, da sie dieses mit

Abb. 1-1

Ein Jahr im Leben der Blaumeise *(Cyanistes caeruleus)*. A) Blaumeise bei der Nahrungssuche im Winter, B) bettelnde Jungmeise, C) Sperber *(Accipiter nisus)* als Prädator von Blaumeisen, D) Kohlmeise als Begleitart in gemischten Winterschwärmen. Fotos: C. Randler.

Artgenossen und gegebenenfalls Vertretern anderer Arten teilen muss. Da Blaumeisen oft im Verbund mit anderen Vögeln bei der Nahrungsaufnahme beobachtet werden können, ist der Nutzen der verbesserten Feindwahrnehmung offenbar größer als der Schaden durch die erhöhte Futterkonkurrenz. Beim Erscheinen von Feinden warnen sich Blaumeisen gegenseitig mit Alarmrufen; diese werden über die Artgrenzen hinweg verstanden, sodass auch andere Arten auf diese Warnrufe reagieren (→ Kap. 10). Fliegt ein Sperber *(Accipiter nisus)* vorbei, bleiben die Blaumeisen regungslos sitzen. Entdecken sie hingegen eine Eule, wird diese angegriffen und gemobbt. Warum das so ist, wird mit verschiedenen Hypothesen erklärt, darunter auch mit Altruismus (→ Kap. 11).

Im Frühjahr suchen und besetzen die Blaumeisen-Männchen Reviere und singen, um Weibchen anzulocken, aber auch, um anderen Männchen zu signalisieren, dass das Revier bereits besetzt ist. Manchmal kämpfen die Männchen um ein Revier. Erscheint ein Weibchen im Territorium, zeigen die Blaumeisen ein Balzverhalten, da – wie übrigens bei den meisten Meisenarten – Damenwahl herrscht. Weibchen wählen ein Männchen nach verschiedenen Gesichtspunkten aus, oft nach dem Ultraviolettanteil im Gefieder (→ Kap. 7). Brutpflege und Jungenaufzucht finden generell durch beide Eltern statt, obwohl Blaumeisen nicht unbedingt treu sind, sondern gerne mittels «außerehelicher» Kopulationen versuchen, ihre Gene breiter zu streuen. Erscheint ein Beutegreifer in der Nähe der Nisthöhle, so wird er angegriffen (Brutverteidigung). Blaumeisen legen sehr viele Eier, was mit der hohen Sterblichkeit der Jungvögel im ersten Lebensjahr zusammenhängen dürfte.

▲

1.1 Wie wird «Verhalten» definiert?

Wie die bisherigen Ausführungen gezeigt haben, ist Verhalten eine vielgestaltige Sache. Entsprechend schwierig ist es, eine Definition zu formulieren, die alle relevanten Facetten umfasst. Als Beispiel seien hier zwei Definitionen aufgeführt; zuerst die umfassende und komplexe von Kappeler (2012, p. 4):

«Verhalten bezieht sich auf die intern koordinierte Kontrolle von Bewegungen oder Signalen, mit denen ein intakter Organismus mit Artgenossen oder anderen Komponenten seiner belebten und unbelebten Umwelt interagiert sowie auf Aktivitäten, die der Homöostase eines Individuums dienen».

Nach dieser Definition wird Verhalten **intern gesteuert**, d.h. über Hormone und Nervenzellen. Das Verhalten wird dann in Signalen oder Bewegungen ausgeprägt. Wichtig bei dieser Definition sind neben der Interaktion mit der unbelebten Umwelt auch die Beziehungen zu anderen Tierarten (Räuber, Beute) sowie zu Tieren der eigenen Art. Ein weiterer Punkt, der Verhalten steuert, ist die **Homöostase**, d.h., die Aufrechterhaltung der Körperfunktionen, wenn etwa ein Tier auf einen inneren Reiz (z.B. Hunger) reagiert und auf Nahrungssuche geht oder bei sehr hohen Temperaturen den Schatten aufsucht.

Ein anderer Ansatz definiert Verhalten als **beobachtbaren Prozess**, mit dem ein Tier auf innere und äußere Reize reagiert. Untersucht werden kann in diesem Zusammenhang neben der direkten Beobachtungen der Tiere auch die Untersuchung resp. Messung von Herzschlag oder die Bestimmung von Hormonspiegels. Wichtig ist, dass die Tiere Reize des eigenen Körpers (interne Reize), wie auch Umweltreize (und damit eingeschlossen andere Tiere und die von diesen ausgehenden Reize und Signale) zuerst einmal **wahrnehmen** müssen. Man könnte also auch sehr vereinfacht sagen, dass **Verhalten eine messbare Reaktion auf Reize ist**.

Keine der beiden Definitionen trifft völlig zu oder ist vollständig falsch; sie zeigen vielmehr die Bandbreite von Verhalten und die Schwierigkeit, dieses in einer kurzen, prägnanten Definition einzufangen. Die Tatsache, dass wir aktuell also über keine allseits anerkannte Definition des Begriffs «Verhalten» verfügen, ist zwar bedauerlich und verkompliziert die Arbeit der Verhaltensbiologen, macht sie aber zugleich auch außerordentlich spannend. Außerdem bedeutet das Fehlen einer allgemein akzeptierten Definition nicht, dass gar kein Konsens darüber besteht, was Verhalten ist. → Tab. 1-1 stellt Komponenten des Begriffs «Verhalten» dar, die allgemein als solche anerkannt werden.

Tab. 1-1

Definition und Komponenten von Verhalten (basierend auf Kappeler 2012, Dugatkin 2014).

Komponente	Beispiel
Prozess	
beobachtbar messbar	Bewegung (Tier flüchtet)/Signale Veränderung im Hormonspiegel
Stimuli	
aus der Außenwelt (external) aus der Innenwelt (internal)	Nahrung, Fressfeind, Artgenosse Hunger/Homöostase
Wahrnehmung	
Stimuli müssen wahrgenommen werden	Tier hört einen Warnruf, sieht den Fressfeind, riecht Futter
Koordinierte Reaktion/Integration	
Zusammenhang zwischen dem Prozess und dem Stimulus	Flucht eines Tieres (Prozess), wenn sich ein Fressfeind nähert (Stimulus)
Physiologische Koordination im Tier	Muskeln, Gelenke etc. arbeiten koordiniert mit den Sinnesorganen zusammen, letztere zeigen an, aus welcher Richtung ein Fressfeind sich nähert

Demnach lässt sich als Merksatz Folgendes zusammenfassen:

Merksatz

Verhalten umfasst alle beobachtbaren/messbaren Prozesse, mit denen ein Tier auf wahrgenommene Veränderungen innerhalb seines Körpers oder der Außenwelt reagiert.

1.2 Verhaltensbiologie – eine junge Disziplin

Bereits Aristoteles (384–322 v. Chr.) machte sich Gedanken über das Lernen und die Emotionen von Tieren. Die wissenschaftliche Sicht der Verhaltensbiologie ist dagegen erst etwa 150 Jahre alt. Charles Darwin (1809–1882) stellte klare Bezüge zwischen Verhalten und Evolution her; beispielsweise interpretiert er das Balzverhalten von Vögeln bzw. die ausgeprägte Gefiederfärbung derselben als Versuche, die Partnerwahl des Weibchens zu beeinflussen (sexuelle Selektion; → Kap. 7). Einen Aufschwung erlebte die Verhaltensbiologie aber erst im 20. Jahrhundert mit den Begründern der **Ethologie** (→ Kap. 3), die die Bedeutung von Endursachen (ultimaten Faktoren, der Interpretation des Zwecks des jeweiligen Verhaltens) betonten und die Auffassung vertraten, dass sich Verhaltensmerkmale klar identifizieren und messen lassen. Als besonderer Erfolg der Ethologie kann die Entzifferung der Bienensprache durch Karl von Frisch (1886–1982) gelten, der 1973 zusammen mit Konrad Lorenz (1903–1989) und Nikolaas Tinbergen (1907–1988) den Nobelpreis für Medizin/Physiologie erhielt. Lorenz und Tinbergen werden auch als die Gründerväter der Ethologie bezeichnet.

Während die Ethologie in Europa lange Zeit die dominierende verhaltensbiologische Forschungsrichtung war, entwickelte in den USA Burrhus Skinner (1904–1990) den **Behaviorismus**, eine alternative Forschungsrichtung, der die Annahme zugrunde liegt, dass alles Verhalten erlernt sei. Ethologie und Behaviorismus unterscheiden sich stark, was sich nicht nur in ihren unterschiedlichen Grundannahmen manifestiert, sondern auch in der Art und Weise, wie geforscht wird: Während Behavioristen sich in der Regel auf Laborexperimente beschränken und dort die Beziehung zwischen Reizen und Reaktionen analysieren, dominieren bei den Ethologen Feldversuche, von denen man sich erhofft, dass durch das genaue Beobachten ein und desselben Verhaltens bei unterschiedlichen Individuen – z. B. das Beutefangverhalten bei der Erdkröte *(Bufo bufo)* – allgemeingültige Aussagen über dieses Verhalten generieren lässt.

Einen anderen Ansatz verfolgt die **Vergleichende Psychologie,** welche weniger auf das Verhalten bei einzelnen Arten fokussiert, sondern nach artübergreifenden allgemeinen Grundsätzen des Verhaltens sucht. Die vergleichende Psychologie entstand in den USA parallel zur klassischen Ethologie in Europa. Erfolgversprechende Ansätze der Vergleichenden Psychologie untersuchen beispielsweise Unterschiede im Verhalten oder in der Entstehung von Verhalten (der sogenannten «Verhaltensontogenese») von Menschenaffen und Menschen. Da sich die Ethologie und die Vergleichende Psychologie recht nahe sind, kam es mehrfach zu fruchtbarer Zusammenarbeit, wodurch u. a. die Forschungsrichtungen der **Verhaltensökologie** und der **Soziobiologie** entstanden. Beiden Forschungsrichtungen ist gemeinsam, dass sie die Fitnessmaximierung ins Zentrum ihrer Untersuchungen stellen, d. h., den Überlebensvorteil und – noch wichtiger – den möglichst hohen **Fortpflanzungserfolg** als wichtigste Messgrößen untersuchen. Während die Verhaltensökologie auf die Wechselwirkungen zwischen dem sich verhaltenden Tier und seiner (belebten und unbelebten) Umgebung fokussiert, richtet sich der Blick der Soziobiologie auf die biologischen Grundlagen von sozialem Verhalten. Einen veritablen Aufschwung erlebte die Soziobiologie 1975 durch das Buch *Sociobiology: The new synthesis* von Edward O. Wilson (*1929), in dem der Autor Verhalten als etwas Egoistisches bezeichnete, nämlich als Mittel zu dem Zweck, den eigenen Fortpflanzungserfolg zu maximieren.

Was tun Verhaltensbiologen?

1.3

Verhaltensbiologen stellen in erster Linie allgemeine oder abstrakte Fragen, die sie dann mit verschiedensten Methoden und an verschiedenen Tiergruppen/-arten untersuchen. Es gibt generell zwei Vorgehensweisen in der Verhaltensbiologie (Lehner 1996):

1. Im Zentrum steht das Interesse an einer bestimmten **Tierart**
2. Im Zentrum steht die Untersuchung einer bestimmten **Forschungsfrage**

Obwohl viele Verhaltensbiologen eine bevorzugte Tierart haben, ist es in der Regel die Forschungsfrage (oder ein generelles Konzept), die im Zentrum ihrer Forschung steht, und nicht die bevorzugte Tierart. Bei der Auswahl der zu untersuchenden Tierart spielt primär deren **Eignung** und **Verfügbarkeit** eine Rolle. Aus diesem Grund werden oft Tierarten ausgewählt, die häufig sind und in vielen Habitaten vorkommen und daher Stichproben ermöglichen, die groß genug sind, um zu statistisch signifikanten Resultaten zu kommen. Auch werden häufig Tierarten gewählt, die leicht im Labor zu halten sind oder bereits als Labortiere zur Verfügung stehen, wie z. B. Mäuse und Ratten.

Die Schwerpunkte in der Verhaltensbiologie verschieben sich von Zeit zu Zeit, wobei sich die Themen stärker ändern als die untersuchten Tiergruppen. Auf einer typischen Konferenz (International Behavioral Ecology Congress 2012) beschäftigten sich 37 % der vorgestellten Arbeiten mit Vögeln, 26 % mit Insekten, 15 % mit Fischen und 15 %

Abb. 1-2

Verhaltensbiologen arbeiten teilweise im Freiland (Zypern 2008). Foto: C. Randler.

mit Säugetieren. Die Beliebtheit der Vögel mag daher rühren, dass sie meist tagaktiv, oft auffallend gefärbt und auch rufaktiv sind und sich deshalb gut im Freiland beobachten lassen, während sich Fische und Insekten gut für Experimente im Labor eignen.

Aktuell stark beforschte **Themen** sind die sexuelle Selektion, Kommunikation und Signale sowie die «Life History». Owens (2006) unterzog Publikationen in der Verhaltensbiologie einer genaueren Analyse und zeigte, dass der Anteil von Themen wie «optimale Nahrungssuche», «Paarungssysteme» und «fluktuierende Asymmetrie» zwischen 1980 und 2004 abnahm, während «sexuelle Selektion», «Wirt-Parasit-Interaktionen» und «Signale bei Tieren» häufiger untersucht wurden.

1.4 | Berufsfelder für Verhaltensbiologen

Die meisten Stellen im Bereich der Verhaltensbiologie sind an wissenschaftlichen Instituten oder Universitäten lokalisiert und damit naturgemäß zahlenmäßig beschränkt. Alternativ gibt es einige Stellen in den angewandten Biowissenschaften, so z. B. im Naturschutz, oder bei Behörden, vereinzelt auch in Zoos. Um die Chancen auf dem Arbeitsmarkt zu erhöhen, kann es sinnvoll sein, sich nicht nur auf eine einzelne Tierart/-gruppe zu fokussieren, aber dennoch klare Schwerpunkte zu setzen. Hilfreich sind auch Aufenthalte an ausländischen Instituten und Universitäten. Aufgrund des interdisziplinären Charakters der Verhaltensbiologie gibt es auch «verschlungene» Pfade in der Berufswelt, z. B. im Bereich der Endokrinologie.

1.5 | Was müssen Verhaltensbiologen können?

Die Arbeit von Verhaltensbiologen ist äußerst vielfältig, weshalb die Anforderungen sehr unterschiedlich sind. Wer viel im Freiland arbeitet, benötigt ein gewisses Improvisationstalent, da technische Geräte manchmal ein «Eigenleben» führen und im Regenwald oder der Antarktis der Kundendienst oder die Hotline nicht funktionieren oder erreichbar sind. Im Gegensatz dazu sind bei der Laborarbeit andere Fähigkeiten und Fertigkeiten erforderlich, so z. B. Geduld und die Fähigkeit, ermüdende Tätigkeiten konzentriert und gewissenhaft durchzuführen. Generell haftet der Verhaltensbiologie – zumindest in der Bevölkerung – etwas romantisch Verklärtes an und es wird vergessen, dass Verhaltensbeobachtung auch das akribische Registrieren von Verhaltensweisen umfasst und manchmal endlose Stunden des langweiligen Wartens mit sich bringt, z. B. dann, wenn sich die zu untersuchende Schimpansenhorde tagelang nicht zeigen will. Hier hilft eine hohe Frustrationstoleranz weiter. Gute Kenntnisse der verschiedensten Tierarten sind von Vorteil und – weil die Datenanalysen oft einen gewichtigen Teil der Büroarbeit ausmachen – auch umfangreiche Statistikkenntnisse.

Weiterführende Literatur

Alcock J (2005): Animal Behaviour. An evolutionary Approach. Sinauer Associates, Sunderland, 579pp.

Breed MD, Moore J (2012): Animal Behaviour. Academic Press, Burlington, 475pp.

Kappeler, PM (2012): Verhaltensbiologie. 3. Aufl. Springer, Heidelberg, 641pp.

Online

www.bachelor-bio.de
www.master-bio.de

Methoden der Verhaltensbiologie | 2

Inhalt

Die Verhaltensbiologie testet Hypothesen und verfügt über ein reichhaltiges Repertoire an Methoden der Datensammlung sowie der Analyse von Original- und Sekundärdaten. Bei Originaldaten handelt es sich um Messwerte, die ein Wissenschaftler selbst erhoben, gemessen oder beobachtet hat. Bei Sekundärdaten erfolgt eine (Re-)Analyse bereits veröffentlichter und/oder frei zugänglicher Daten. Verhaltensbiologen vergleichen sowohl Individuen einzelner Arten untereinander als auch verschiedene Arten miteinander. Hypothesen-geleitete Beobachtungen und Experimente stehen dabei im Vordergrund. Verhaltensbiologen arbeiten sowohl im Freiland als auch im Labor, oft sogar in Kombination, und benutzen vielerlei Methoden, von relativ simplen Beobachtungen mittels Fernglas bis hin zu automatischen Registrierungen und molekularen Analysen.

Verhaltensbiologen testen Hypothesen | 2.1

In der Verhaltensbiologie steht das Testen von **Hypothesen** im Vordergrund. Die wichtigsten Typen von Hypothesen in der Verhaltensbiologie sind:

- adaptive (ultimate) Hypothesen, die den Überlebenswert bestimmter Verhaltensweisen betreffen,
- kausale (proximate) Hypothesen, die sich mit Fragen beschäftigen, die das «Funktionieren» bzw. die Mechanismen bestimmter Verhaltensweisen betreffen,

- entwicklungsbiologische (ontogenetische) Fragen, bei denen es um die Entwicklung von Verhalten *beim Individuum* geht und
- phylogenetische Hypothesen, die sich mit dem Entstehen von Verhalten *im evolutiven Zusammenhang* beschäftigen.

Wissenschaftler formulieren Hypothesen so, dass sie widerlegt (falsifiziert) werden können. Sie tun dies deshalb, weil ein einziges Beispiel genügt, um eine Hypothese zu widerlegen, während man unendlich viele Belege benötigen würde, um Hypothesen zu bestätigen (verifizieren). Da Letzteres im Prinzip also gar nicht möglich ist, kann wissenschaftlicher Fortschritt besser auf dem Weg der Falsifikation als auf dem Weg der Verifikation erlangt werden. In der Praxis wird diesem Ansatz allerdings nicht in aller Strenge gefolgt; sprechen sehr viele Daten für eine Hypothese, so gilt sie als bestätigt, auch wenn es theoretisch noch immer möglich ist, dass ein weiteres Beispiel sie falsifiziert.

2.2 Forschungsansätze

Forschungsmethodische Ansätze können konzeptuell, theoretisch oder empirisch sein (Dugatkin 2014). **Konzeptuelle Ansätze** entstehen, wenn verschiedene Aspekte, die bislang nicht miteinander in Verbindung gebracht wurden, miteinander verknüpft werden oder bislang schon Bekanntes «neu gedacht» wird (wie z. B. in der Soziobiologie; vgl. → Kap. 11). **Theoretische Ansätze** basieren hingegen in der Regel auf Modellierungen, statistischen Annahmen und (Gedanken-)Modellen (wie beim Thema optimale Nahrungssuche; vgl. → Kap. 5.2), während **empirische Ansätze** auf Beobachtungen und Experimenten beruhen. Oft beginnt die Forschung mit konzeptuellen und theoretischen Ansätzen, die in der Folge empirisch untersucht werden **(deduktives Verfahren)**. Die empirischen Ansätze folgen meist einem **induktiven Verfahren.** Häufig steht an dessen Anfang die Beobachtung eines Verhaltens, welches die Forscherin verstehen will. Um dahin zu gelangen, formuliert sie Hypothesen, die sie in der Folge empirisch prüft und damit falsifiziert oder verifiziert (→ Kap. 2.1). Dieses Verfahren ist als **Bottom-up-Strategie** bekannt. Sie steht allerdings im Gegensatz zu dem, was die **Wissenschaftstheorie** als ideale Vorgehensweise postuliert. Gemäß der wissenschaftstheoretischen Doktrin sollte nämlich am Beginn eines Erkenntnisvorgangs stets eine Theorie stehen, aus der dann Hypothesen abgeleitet werden (Buss 2008). Der Kerngedanke dieser **Top-down-Strategie** ist es, dass es bei der Formulierung von Hypothesen sinnvoll ist, auf den bereits bestehenden Wissenskorpus der Forschung

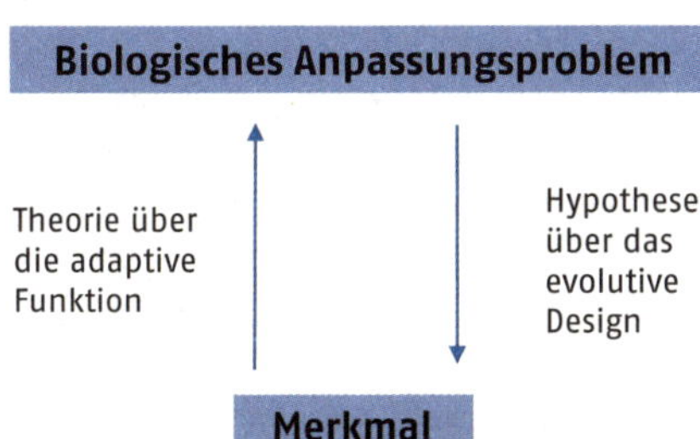

Abb. 2-1

Interdependenz-Modell (Wechselwirkungen). Der Bottom-up-Ansatz schließt aus Beobachtungen auf eine allgemeingültige Theorie, der Top-down-Ansatz dagegen geht von einer allgemeingültigen Theorie aus und untersucht dann ein einzelnes Merkmal/Verhalten bzw. versucht, dieses durch eine Hypothese vorherzusagen. (Neu gezeichnet nach Voland 2013.)

zurückzugreifen, und die Hypothesen zur Erklärung eines Verhaltens also aus dem Wissen herzuleiten, welches bereits als wissenschaftlich gesichert gilt. In der Praxis wird diesem Widerspruch in der Regel mit einem «sowohl als auch» begegnet; verhaltensbiologische Forschung setzt also sowohl auf die Bottom-up- als auch auf die Top-down-Strategie; dieses «sowohl als auch» wird auch das **Interdependenz-Modell** genannt (vgl. → Abb. 2-1).

2.3 Methodenrepertoire der Verhaltensbiologie

Die Verhaltensbiologie verfügt über ein reichhaltiges Repertoire an Methoden, das in unterschiedliche Kategorien eingeteilt werden kann. An erster Stelle steht die Unterscheidung zwischen **Originaldaten** und **Sekundärdaten**. Bei **Originaldaten** handelt es sich um Daten, die der Wissenschaftler selbst erhoben, gemessen oder beobachtet hat. Sie werden durch **Beobachtungen** oder durch **Experimente** gewonnen. Bei **Sekundärdaten** erfolgt eine (Re-)Analyse bereits veröffentlichter und/oder frei zugänglicher Daten.

2.3.1 Beobachtungen

Bei **Beobachtungen** wird das Verhalten von Tieren beschrieben und analysiert. Aus diesen Beschreibungen werden dann Schlussfolgerungen gezogen, wie z. B. Erklärungen und Vorhersagen. Ein Beispiel: Beobachtet man, dass Amseln *(Turdus merula)* flüchten, sobald sich ihnen eine Hauskatze *(Felis catus)* nähert, so kann man die Fluchtdistanz von Amseln ermitteln, in dem man bei zahlreichen «Amsel-flieht-vor-Katze»-Beobachtungen misst, wie nahe die Amsel die Katze herankommen lässt, bevor sie davonfliegt. Die anschließend ermittelte durchschnittliche Distanz – die Fluchtdistanz – erlaubt dann Voraussagen über künftiges Verhalten von Amseln. In anderen Worten: Sie erlaubt die Prognose, dass eine Amsel davonfliegen wird, falls sich ihr eine Katze auf eine bestimmte Distanz nähert (Wenn-Dann-Logik). Beobachtungen dieser Art sind fast immer beschreibend. Sie können zwar hilfreich sein, um erste Anhaltspunkte zur Erklärung von Verhalten zu generieren, sind aber oft sehr allgemein und bringen nur beschränkte Erkenntnis.

Verhaltensbiologen testen solche, auf Beobachtung basierende Hypothesen auf verschiedene Weisen (verändert nach Dawkins 2007):

- **Vergleiche von Individuen innerhalb einer Art (Variation zwischen Individuen):** Dabei werden verschiedene Individuen beobachtet, um zu einer Schlussfolgerung zu gelangen; man würde also jeweils verschiedene Amseln beim Zusammentreffen mit einer Katze beobachten, um zu sehen, ob die Amsel ab einer bestimmten Distanz immer vor der Katze flieht oder nicht. Man kann davon ausgehen, dass zwischen den Individuen Unterschiede in der Fluchtdistanz bestehen, dass also nicht alle Amseln bei der exakt gleichen Entfernung flüchten.
- **Vergleiche desselben Individuums in verschiedenen Kontexten:** Hierbei werden dieselben Individuen betrachtet, aber in verschiedenen Situationen, um herauszufinden, welchen Einfluss diese haben. Bei derselben Amsel wird also einmal die Fluchtdistanz beobachtet, wenn sie Junge zu versorgen hat, und ein weiteres Mal, wenn diese ausgeflogen sind. So kann man den Einfluss der Jungenaufzucht auf die Fluchtdistanz untersuchen.
- **Vergleiche zwischen verschiedenen Arten:** Hier werden z.B. verschiedene Vogelarten beobachtet und ihre Reaktion auf Katzen protokolliert, um zu vergleichen, ob baumbewohnende Vogelarten anders auf die Anwesenheit einer Katze reagieren als bodenbewohnende.

Abb. 2-2 | A) Katze *(Felis catus)*, B) Amsel *(Turdus merula)*. Fotos: C. Randler.

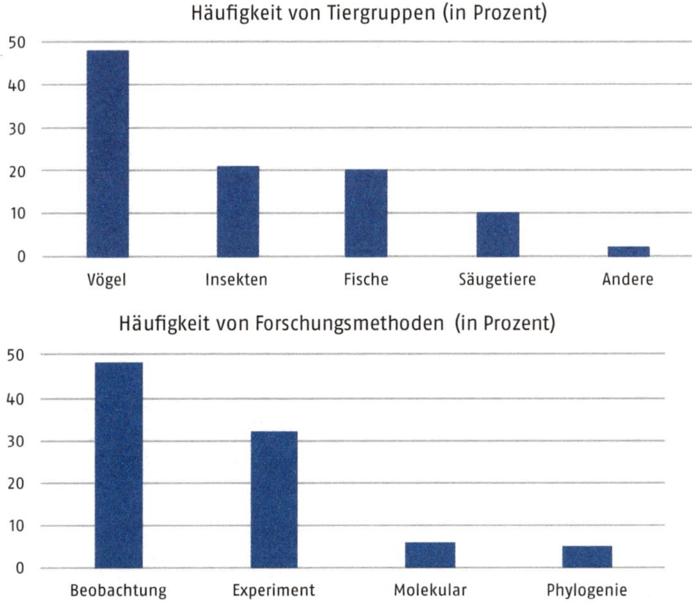

Abb. 2-3

Häufigkeit verschiedener Tiergruppen und Methoden in der Verhaltensbiologie. (Neu gezeichnet nach Owens 2006.)

Lässt sich weiter feststellen, dass Amseln bei einer Katze eine größere Fluchtdistanz haben als bei einem Menschen, so kann aus den Beobachtungen selbst keine Erklärung für dieses Verhalten hergeleitet werden; es bleibt bei der rein **deskriptiven** Feststellung, dass sich die Amsel so verhält, wie sie es nach den Beobachtungen eben tut. Man könnte aber vermuten, dass Menschen für die Amsel weniger bedrohlich sind. Eine weitere Schwierigkeit von Beobachtungen besteht darin, dass nicht ausgeschlossen werden kann, dass die unterschiedliche Fluchtdistanz bei Katzen und Menschen gar nichts mit dem Typus eines Prädators zu tun hat, sondern die Ursache eine andere ist – beispielsweise, dass Katzen auf die Amsel bedrohlicher wirken als Menschen, weil sie sich anders bewegen (z. B. anschleichen).

Weil solche **unbekannten Variablen** also stets einen Einfluss haben können, muss bei Beobachtungen **klar getrennt werden zwischen Datenauswertung und Interpretation.** In unserem Beispiel könnte man also aussagen, dass Amseln vor Katzen früher fliehen als vor Menschen. Dies wäre die korrekte Darstellung. Eine Interpretation wäre dann, dass dies an der unterschiedlichen Gefährdungssituation liegt. Solche Interpretationen sind zulässig, dürfen jedoch nicht mit der reinen Sachaussage vermengt werden. Um die Hypothesen genauer zu untersuchen, könnte man schauen, ob Amseln im Wald eine andere Fluchtdistanz gegenüber Menschen haben als Amseln in der Stadt, und wiederum vermuten, dass ein solcher Unterschied an der Gewöhnung an den Menschen liegt (Habituation, → Kap. 9.1). Man könnte aber genauso gut vermuten, dass im Wald generell ängstlichere Amseln leben und nur die «mutigeren» es geschafft haben, in der Stadt zu leben. Es gibt also stets viele verschiedene Variablen, die bei einer Beobachtung nicht erfasst und kontrolliert werden können. Ungeachtet vieler moderner Methoden und Arbeitsweisen werden in der Verhaltensbiologie vornehmlich Beobachtungen eingesetzt (Owens 2006, → Abb. 2-3).

2.3.2 Erkenntnisgewinn durch Experimente

Experimente gelten als der Königsweg der naturwissenschaftlichen Forschung, da die Hypothesen, die in Experimenten getestet werden, von den Forschern direkt aus der Theorie (oder aus der Literatur) entwickeln werden. Die Hypothesen werden in einer kontrollierten Umgebung getestet und dabei meist in einer, seltener auch in zwei oder mehreren Faktoren systematisch variieren. In unserem Amsel-Katzen-Beispiel würde man also versuchen, alle Aspekte möglichst gleich zu halten und nur eine Variable – den Prädator – zu ändern. Das beobachtete Verhalten der Amsel (d.h. deren Fluchtdistanz) wird dabei beobachtet und protokolliert. In einem zweiten Experiment (an einem anderen Tag) würde man dann einen Menschen in den Lebensraum der Amsel einbringen und wiederum ihr Verhalten protokollieren. Aus den durch diese beiden Experimente gewonnenen Daten könnte dann die Hypothese getestet werden, dass Amseln vor einem Menschen später fliehen als vor einer Katze. Da dieses Beispiel von einem Freilandexperiment ausgeht, gibt es viele weitere Faktoren, die nicht experimentell konstant gehalten werden können, wie z.B. das Wetter oder andere Kontextfaktoren (wie den Ernährungszustand der Amsel). Deswegen werden Experimente oft im Labor durchgeführt, sodass möglichst viele (am besten alle) Bedingungen konstant gehalten werden können. Unser Experiment muss man auch bei verschiedenen Amselindividuen durchführen **(Replikation)**, damit man eine allgemeine Aussage treffen kann. Führt man es nur bei einer Amsel druch, so kann man lediglich zur Aussage kommen, dass *diese* spezifische Amsel ein bestimmtes Fluchtverhalten zeigt. Wird das Experiment hingegen bei einer größeren Stichprobe (z.B. 10 oder mehr Amseln) durchgeführt, und zeigen alle Amseln ein ähnliches Verhalten, so kann man das Ergebnis **generalisieren** (verallgemeinern). Auf diese Weise kann das Experiment **kausal** betrachtet werden, d.h. die Ursache für eine bestimmte Wirkung (in unserem Beispiel die Flucht der Amsel) kann identifiziert werden.

Vergleich zwischen experimentellen und beobachtenden Studien. | Tab. 2-1

	Beobachtung	Experiment
Ursache/Wirkung	nur korrelativ	kausal
Natürliches Verhalten	weitgehend ungestörtes natürliches Verhalten	Tiere unter Labor- bzw. experimentellen Bedingungen
Kosten	gering	für Laborexperimente z. T. hoch (Pflege und Haltung)
Zeit	je nach Tierart können Beobachtungen oder Experimente zeitaufwändiger sein	
Stichprobe	oft größere Stichprobe nötig	geringere Stichprobe bei klarer Experimentplanung möglich
Kontrollvariablen	möglichst umfassend beachten	weniger wichtig, oft hilfreich
Ort	meist Freiland	Labor und Freiland

Oft wird das Experiment als «höherwertig» als andere Untersuchungsmethoden betrachtet, da mit Experimenten – anders als bei Beobachtungen – Kausalitäten überprüft werden können. Soweit Experimente gut durchgeführt werden, sind sie tatsächlich besser geeignet, um Schlussfolgerungen zu ziehen. Allerdings können bei Experimenten auch Probleme auftreten. Geht man beispielsweise von einer Stichprobe von 10 Amseln aus, so muss der Hälfte der Amseln zuerst eine Katze präsentiert werden, den anderen fünf hingegen zuerst ein Mensch, um **Reihenfolgeneffekte** oder **Habituation** (→ Kap. 9) auszuschließen sowie um festzustellen, ob die Amsel immer bei der ersten Begegnung früher flieht, unabhängig davon, ob es sich dabei um eine Katze oder um einen Menschen handelt. Des Weiteren müssen verschiedene Katzen (z. B. mit einer unterschiedlichen Fellfarbe) und verschiedene Menschen in diesem Experiment teilnehmen, um Pseudo-Replikation zu vermeiden (→ Kap. 2.5). Schließlich kann auch nicht ausgeschlossen werden, dass beispielsweise schwarze Katzen ein anderes Verhalten zeigen als graue (weil z. B. das Gen für die Fellfärbung mit dem Gen für Aggression gemeinsam vererbt wird). Diese Vorbehalte zeigen, dass es sehr schwierig ist. Bei der Planung von Experimenten kommt es also sehr darauf an, genau denjenigen Faktor zu identifizieren und zu variieren, der überprüft werden soll. Dazu sind vorab alle möglichen Fehlerquellen sorgfältig zu durchdenken.

Merksatz

Ein Experiment bezeichnet die Isolation und systematische Variation von Variablen.

Abb. 2-4 | Hausmaus *(Mus musculus)* bei einem Open-Field-Test und mit einer Wand. Beobachtet man lediglich das Wandkontaktverhalten, handelt es sichnoch nicht um ein Experiment. Vergleicht man das Verhalten, wenn die Wand entfernt wird, so haben wir es hingegen mit einem Experiment zu tun, weil nun die Variable Wand systematisch variiert wird. Fotos: C. Randler.

Arbeitsorte in der Verhaltensbiologie

Verhaltensbiologische Studien können sowohl im **Labor** als auch im **Freiland** durchgeführt werden. Im Labor herrschen kontrollierte Bedingungen, die leichter variiert werden können, weshalb Experimente im Labor leichter möglich sind. Beispielsweise kann man Tieren im Labor durch Beleuchtung vortäuschen, dass bereits die Sonne aufgeht, obwohl es noch Nacht ist. Eine solche Studie ist im Freiland nur unter erschwerten Bedingungen machbar, wenn nicht gar unmöglich. Viele Messapparaturen sind nur im Labor und nicht im Freiland einsetzbar. Allerdings können Laborstudien nicht immer direkt auf die Freilandsituation übertragen werden. Im Freiland kommen viele Störvariablen hinzu, die sich kaum kontrollieren, bestens aber wenigstens zum Teil erfassen und quantifizieren lassen. Zu diesen Störvariablen gehört, dass Tiere sich im Freiland verstecken können, dass man nichts über die Vorerfahrungen (z. B. Lernprozesse) der beobachteten Tiere weiß und nichts über ihren inneren Zustand (z. B. Hunger). Allerdings zeigen Tiere im Freiland ihr natürliches Verhalten, was ein Vorteil gegenüber Laborversuchen ist. Des Weiteren gibt es Arten, die sich im Labor nicht halten lassen (z. B. einige große Huftiere). Meist sind die Forschungsorte gekoppelt an die Unterscheidung experimentell/observational, da im Labor eher Experimente, im Freiland eher Beobachtungen durchgeführt werden. Dennoch gibt es auch observationale Laborstudien. Wird beispielsweise eine Hausmaus *(Mus musculus)* im Labor in einen Kasten gesetzt und beobachtet, ob sie sich eher an der

Wand oder in der Mitte aufhält, ist dies zunächst einmal eine observationale Vorgehensweise. Erst wenn eine Variable systematisch variiert, z. B. die Wand eingesetzt, verändert oder entfernt wird, entspricht dies einem experimentellen Design (→ Abb. 2-4).

Im Labor kann man relativ einfach mit domestizierten Tieren arbeiten, aber auch manche Wildtierarten können kurzzeitig in ein Labor verfrachtet werden. Bei der Vogelzugforschung werden beispielsweise wildlebende, während des Vogelzuges gefangene Vögel für ein oder zwei Nächte in einen Registrierungskäfig gesetzt und ihr Verhalten erfasst (Fusani et al. 2009). Danach werden sie wieder freigelassen. Auf diese Weise konnte festgestellt werden, dass Zugvögel mit einer guten Körperkondition mehr nächtliche Zugunruhe zeigten als solche mit einer schlechteren Kondition (Eikenaar & Schläfke 2013). Man kann auf diese Weise auch herausfinden, in welche Richtung die Zugvögel ziehen würden.

Box 2.1

Die Vielfalt der Erkennungs- und Markierungsmöglichkeiten

Abb. 2-5

Markierungsmethoden und Überwachungstechniken.
A) Höckerschwan *(Cygnus olor)* mit Halsmarkierung,
B) Graugans *(Anser anser)* mit Farbfußring,
C) Kleine Zangenlibelle *(Onychogomphus forcipatus)* mit Flügelmarkierung,
D) Reh *(Capreolous capreolous)*, durch eine Kamerafalle überwacht,
E) Afrikanischer Elefant *(Loxodonta africana)* mit individueller Erkennung anhand der Stoßzahndeformation,
F) Afrikanischer Elefant mit GPS-Halskrause.
Fotos: C. Randler.

Stehen keine natürlichen Kennzeichen wie individuelle Unterschiede in der Fellfärbung oder im Gefieder zur Verfügung, muss man zu **Markierungen** wie Vogelringen (Aluminium, Farbringe), Ohrmarken, Flügelmarken, Halsringen und Farbmarkierungen greifen. Kurzfristige Markierungen sind beispielsweise bei Wirbellosen auch mit einem wasserfesten Farbstift möglich (Libellenflügel).

Wichtig ist, dass die Markierungen das Verhalten der Tiere nicht verändern und möglichst über die gesamte Untersuchungsdauer sichtbar bleiben. Es gibt eine Reihe von Studien, die belegen, dass z. B. die Markierung mit Metallringen keinen Einfluss auf das Verhalten und das Überleben haben, während andere zeigen, dass beispielsweise Flügelmarkierungen bei Königspinguinen *(Aptenodytes patagonicus)* die Überlebensrate von Jungtieren und den Bruterfolg der adulten Tiere senken (Gauthier-Clerc et al. 2004). Kleinere Transponder oder RFID-Chips können über verschiedene Empfangsstationen abgelesen werden und ermöglichen so eine automatische Registrierung der Individuen. Für die meisten Markierungen muss eine Genehmigung der zuständigen Behörden eingeholt werden. Technische Hilfsmittel erlauben es uns, das Verhalten der Tiere relativ unbeeinflusst zu beobachten, oder ermöglichen es, Tiere bei Nacht oder in dunklen Bauen mit Filmtechnik zu beobachten.

▲

Bei allen Laborexperimenten sind grundsätzlich die **Tierschutzbestimmungen** zu beachten und bei Studien, bei denen Wildtiere der Natur entnommen und kurzfristig ins Labor verbracht werden, zusätzlich die Bestimmungen des Bundesnaturschutzgesetzes bzw. eine spezielle Ausnahmegenehmigung zu beantragen (vgl. auch die «*Ethics in Research*» der Association for the Study of Animal Behaviour; ASAB/ABS 2006). Generell gilt bei Labortieren die Regel: «**Reduction, Replacement, Refinement**»: Es sollen möglichst wenige Experimente mit möglichst wenigen Tieren durchgeführt werden, d. h., die verwendeten Methoden sollen so verfeinert und die Forschungsfragen so präzisiert

Tab. 2-2 | Überblick über die Methoden der Verhaltensbiologie.

Originaldaten	Sekundärdaten
Beobachtung: kein Eingriff in die Natur	**komparative/phylogenetische Analyse:** jede Art ergibt einen Datenpunkt und wird in Bezug zu verschiedenen Variablen gesetzt
Quasi-Experiment: experimenteller Eingriff, aber keine Kontrolle aller Variablen	**Review:** «narrativ» und z. T. etwas subjektiv, neuerdings klare Vorgaben für die Durchführung systematischer Reviews; Datenpunkte sind die jeweiligen Studien, daher kann eine Art mehrfach zum Ergebnis beitragen
Experiment: Variablen werden isoliert und variiert (strenge Kontrolle der Variablen)	**Meta-Analyse:** klare Regeln für die Literatursuche; Systematische Datenanalyse; Basis der Daten ist die jeweilige Studie; eine Art kann mehrfach zum Ergebnis beitragen

werden, dass möglichst wenige Tiere an den Experimenten teilnehmen müssen. Statistische Power-Tests helfen, die erforderliche Stichprobengröße bereits im Vorfeld abzuschätzen.

Sekundärdatenanalysen

Während Primärdaten meist selbst an einer oder wenigen Arten erhoben werden, werden **Sekundärdaten** ohne eigene Beobachtungen und Experimente analysiert. Hierbei wird eine gründliche Literaturanalyse vorgenommen. In einer eher narrativen Überblicksarbeit, dem **Review**, werden die verschiedenen Studien vorgestellt, aber durch den Autor unterschiedlich gewichtet, was zu einer größeren Subjektivität führen kann. Etwas objektiver sind **Meta-Analysen**. Auch bei diesen werden die Daten vorhandener Studien gesammelt und ausgewertet. Dafür gelten in der Regel klare Hinweise für den Umgang mit Literaturdaten. Schließlich muss sichergestellt werden, dass nicht manche Studien vergessen werden, aber auch, dass Qualitätskriterien angewendet werden. Am stärksten ausgeprägt sind die Vorschriften hierzu in der Medizin (PRISMA Guidelines: Moher et al. 2009, Liberati et al. 2009), aber auch in der Ökologie und Verhaltensforschung gibt es Hinweise zum Umgang damit (Pullin & Stewart 2006). Werden die Daten statistisch ausgewertet, so wird versucht, einen generellen statistischen Effekt zu

Tab. 2-3 Beispiel für eine Sekundärdatenanalyse (Meta-Analyse), die sich mit den Effektgrößen verschiedener Aspekte des Fluchtverhaltens beschäftigt. Die Effektgrößen basieren auf statistischen Auswertungen. Dabei werden die Effekte aller einzelnen Studien gewichtet (z. B. nach Stichprobe). Durch diese Art der Analyse kann ein genereller Effekt extrahiert werden. Ebenso ist es möglich, sich widersprechende Studien gegeneinander zu testen. Je höher die Effektgröße, desto größer der generelle (durchschnittliche) Effekt. (Aus Stankowich & Blumstein 2005.)

Faktor	Aussage	Effektgröße
Distanz zum sicheren Platz	Je näher, desto später die Flucht	0.43
Geschwindigkeit	Je schneller sich der Prädator annähert, desto eher die Flucht	0.38
Richtung	Wenn sich der Prädator direkt annähert, dann eher Flucht als bei tangentialer Annäherung	0.29
Größe des Prädators	Je größer, desto eher Flucht	0.34
Gruppengröße	Je größer die Gruppe, desto eher die Flucht	−0.01
Gruppengröße (ohne Fische)	Je größer die Gruppe, desto eher die Flucht	0.15
Gruppengröße (nur Fische)	Je kleiner die Gruppe, desto eher die Flucht	−0.42
Verteidigung	Beute besitzt «Waffen», daher Flucht später	0.33
Tarnung	Beute ist gut getarnt, daher Flucht später	0.34

zeigen (Stankowich & Blumstein 2005; → Tab. 2-3). Wenn man dabei zu widersprüchlichen Ergebnissen kommt, sind Meta-Analysen in der Regel nützlich, um diese aufzulösen. Allerdings sind sie einer Review dann unterlegen, wenn die Ergebnisse an sich nicht einfach statistisch vergleichbar sind (z. B. dann, wenn die Tierarten zu unterschiedlich sind).

Nicht nur die Amseln in unserem Beispiel, sondern fast alle Beutetiere fliehen vor einem herannahenden Beutegreifer. In einer Meta-Analyse kann versucht werden, einen generellen Überblick zu Fluchtdistanzen zu bekommen. Gibt es Zusammenhänge zwischen der Fluchtdistanz und weiteren Variablen, die in dieser Hinsicht bereits untersucht wurden? Gibt es Unterschiede zwischen Männchen und Weibchen oder Abhängigkeiten von der Gruppengröße, in der die Tiere auftreten. Als Beispiel einer entsprechenden Meta-Analyse sei hier eine Sekundärdatenanalyse von Stankowich und Blumstein (2005) vorgestellt (→ Tab. 2-3).

Verhaltensphylogenie

Bei der Verhaltensphylogenie geht es um die stammesgeschichtliche Entstehung und Entwicklung von Verhalten aus evolutiver Sicht. Anders als bei morphologischen Merkmalen, die als Fossilien Millionen Jahre überdauern, kann Verhalten nicht konserviert werden. Mit der **komparativen phylogenetischen Methode** können Rückschlüsse auf die evolutive Entstehung von Verhalten anhand heute lebender (rezenter) Arten gezogen werden. Dazu wird auf die Stammbäume (Phylogenien) der interessierenden Arten zurückgegriffen. Diese sind mittlerweile dank einer Vielzahl an molekulargenetischen Untersuchungen gut bekannt. Nun wird – ähnlich der vergleichenden Verhaltensforschung – das Verhalten von nahe verwandten Arten untersucht und auf den Stammbaum (Phylogenie) übertragen. Mithilfe dieser Methode wird dann abgeschätzt, wann im Laufe der Evolution ein Verhalten entstanden ist oder wieder verschwand, aber auch, ob dieses Verhalten im Stammbaum an unterschiedlichen Stellen unabhängig voneinander entstand **(Konvergenz)**. Konvergenz bedeutet, dass bei nicht verwandten Tierarten ein ähnlicher Selektionsdruck oder gleiche Umwelteinflüsse ein ähnliches Verhalten ausprägten. Der Gegenbegriff zur Konvergenz ist die **Divergenz**; sie besagt, dass nahe verwandte Arten ein unterschiedliches Verhalten entwickelten. Ähnliches oder gleiches Verhalten oder Aussehen gibt also nicht notwendigerweise einen Hinweis auf nahe Verwandtschaft, nahe verwandte Arten können aber ähnliches Verhalten zeigen. Aktuell wird in der Phylogenie das Prinzip der Parsimonie **(Einfachheit)** favorisiert, d. h., es wird die Erklärung bevorzugt, die die wenigsten evolutiven Änderungen voraussetzt (→ Abb. 2-6).

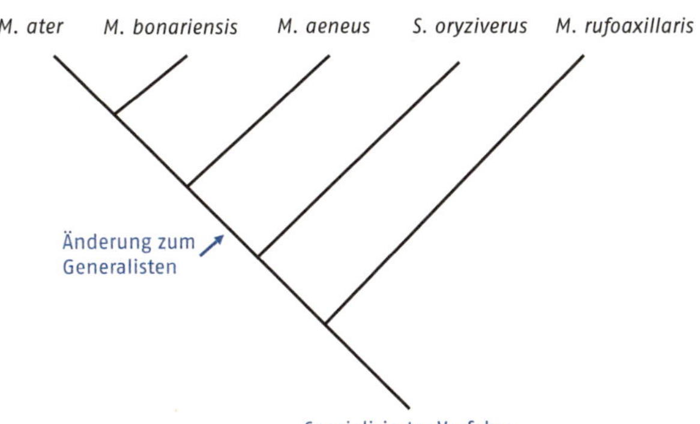

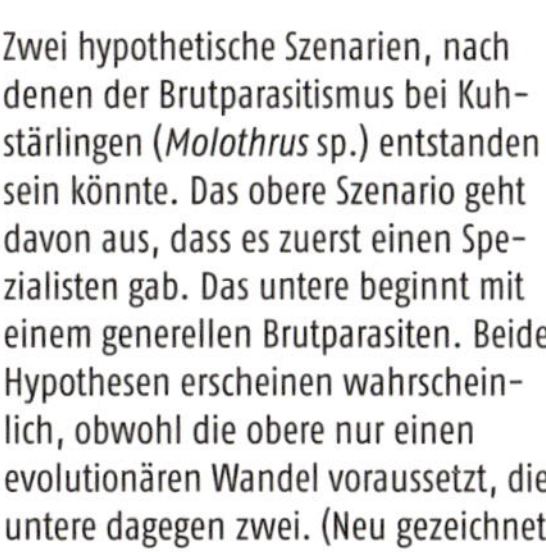

Abb. 2-6

Zwei hypothetische Szenarien, nach denen der Brutparasitismus bei Kuhstärlingen (*Molothrus* sp.) entstanden sein könnte. Das obere Szenario geht davon aus, dass es zuerst einen Spezialisten gab. Das untere beginnt mit einem generellen Brutparasiten. Beide Hypothesen erscheinen wahrscheinlich, obwohl die obere nur einen evolutionären Wandel voraussetzt, die untere dagegen zwei. (Neu gezeichnet nach Rothstein et al. 2002.)

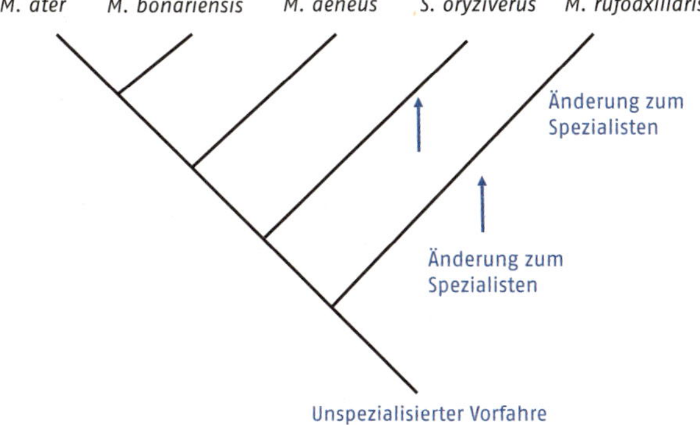

Ein Vorteil der phylogenetischen Methode sind **Verallgemeinerungen** über viele Arten hinweg. Dies steht im Gegensatz zu Studien, die an einzelnen Arten durchgeführt werden und deren Ergebnisse somit zuerst nur für diese eine Art gelten. Am Beispiel der Amseln haben wir das Fluchtverhalten vor Katzen (oder anderen Beutegreifern) diskutiert. Mit dem komparativen phylogenetischen Ansatz könnte man nun auch bei anderen Vogelarten schauen, ob ein solches Verhalten zu beobachten ist. Beginnen würde man eine solche Prüfung beispielsweise bei Drosseln und anderen Singvögeln, die der Amsel relativ ähnlich sind. In einem nächsten Schritt würde man dann, ähnlich wie bei einer Meta-Analyse, Daten zur Fluchtdistanz sehr verschiedener Arten aus der Literatur extrahieren. Diese Daten können dann mit weiteren Faktoren in Beziehung gesetzt werden, z. B. mit der Körpergröße. Dadurch könnte man feststellen, dass größere Vogelarten eine höhere

Fluchtdistanz haben, also früher fliehen (Møller et al. 2016). Diese Verallgemeinerung ist erst durch die vergleichende phylogenetische Methode möglich, Beobachtungen allein an Amseln hätten dazu nicht genügt. Es gibt viele weitere Beispiele für Erkenntnisse, die mit dieser Methode gewonnen werden können (Bennett & Owens 2002).

Merksatz

Während die meisten Methoden in der Verhaltensbiologie Analysen auf dem Niveau des Individuums durchführen, untersuchen phylogenetische Methoden das Verhalten auf dem Artniveau bzw. zwischen den Arten.

Bei Datenanalysen repräsentiert eine bestimmte Art einen statistischen Datenpunkt, während bei Originaldaten meist ein einzelnes Individuum einen statistischen Datenpunkt bildet. In der Regel variiert das Verhalten zwischen einzelnen Arten deutlich stärker als innerhalb einer Art. Allerdings unterliegen diese phylogenetischen Studien einem statistischen Irrtum, da die einzelnen Tierarten wegen ihrer Verwandtschaftsbeziehungen keine «unabhängigen» Datenpunkte darstellen. Es mussten daher Methoden entwickelt werden, um dieses Problem zu lösen.

Kritik am Ansatz der vergleichenden Verhaltensphylogenie: Der vergleichende Ansatz kann nicht experimentell überprüft werden. Allerdings können Hypothesen überprüft werden, für die es keinen experimentellen Zugang gibt. Wichtig beim vergleichenden Ansatz sind:

- eine gründliche Wahl der geeigneten Tiergruppe,
- die korrekte statistische Behandlung (phylogenetisch unabhängige Kontraste),

Abb. 2 7

Gehirngröße (in Relation zum Körpergewicht) und Lauben bei Laubenvögel *(Ptilonorhynchidae)*. Je größer das Gehirn, desto komplexere Lauben bauen die entsprechenden Arten. (Neu gezeichnet nach Madden 2001.)

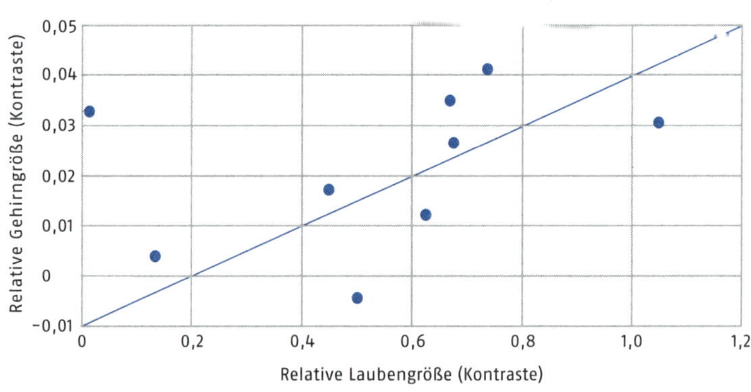

- das Berücksichtigen von Variablen, die einen zusätzlichen Einfluss auf die Analysen haben können (konfundierende Variablen),
- klare, sich widersprechende oder sich gegenseitig ausschließende Hypothesen,
- Übereinstimmung der Phylogenie (Stammbäume) mit der Wirklichkeit. Die Realität zeigt aber, dass sich die postulierten Stammbäume mithilfe zunehmend besser werdender Methoden (bis hin zum Sequenzieren des gesamten Genoms) regelmäßig ändern.
- Wissen über die bereits ausgestorbenen Arten und deren Entwicklung. Darüber ist allerdings bislang wenig bekannt.

Da die phylogenetischen, vergleichenden Studien ebenso korrelativ sind wie Beobachtungen, lassen sich oftmals Ursache und Wirkung in verschiedene Richtungen interpretieren. Illustriert sei dies am Beispiel der Gehirngröße von Zugvögeln. Sol et al. (2005) stellten fest, dass Zugvogelarten relativ zur Körpergröße ein kleineres Gehirn haben als Standvögel. In den phylogenetischen Analysen postulierten sie nun, Standvögel seien «klüger» als Zugvögel. Als Beleg dafür diente das (relativ) größere Gehirn der Standvögel. Die Gehirngröße wurde also als Maß für die kognitiven Fähigkeiten verwendet. Winkler et al. (2004) dagegen stellten die Hypothese auf, dass Zugvogelarten im Laufe der Evolution ein kleineres und effizienteres Gehirn entwickelten, um Energie zu sparen. Das kleinere Gehirn ist gemäß ihrer Hypothese demnach kein geeigneter Indikator für schlechtere kognitive Fähigkeiten, sondern ein Beleg für die Anpassung der Vögel an die ziehende Lebensweise. Diese unterschiedlichen Interpretationen konnten mit der vergleichenden phylogenetischen Methode nicht aufgelöst werden. Sie gaben in der Folge Anlass zu einer Studie an der Dachsammer *(Zonotrichia leucophrys)*, deren Unterarten teils Zugvögel, teils Standvögel sind. Die ziehenden Unterarten besaßen ein kleineres Gehirn als jene, die sesshaft waren. Pravosudov et al. (2007) argumentieren, dass sich das Gehirn vergrößerte, nachdem eine Unterart sesshaft wurde. Dies spricht für die Hypothese von Winkler et al. (2004) und zeigt, dass bei vergleichenden phylogenetischen Studien mit Ursache und Wirkung sorgfältig umgegangen werden muss und dass weitere Studien helfen, die Beziehung zwischen den Variablen zu klären.

Merksatz

Phylogenetische Analysen versuchen, Studien an einzelnen Arten zu generalisieren und auf viele Taxa zu übertragen. Phylogenetisch basierte Studien können aber auch Anregungen bieten, an einzelnen Arten konkret und experimentell weiter zu forschen.

Das Zugvogelbeispiel zeigt, wie hilfreich es ist, sich widersprechende Hypothesen zu wählen, um ein Verhalten zu erklären. Phylogenetische Analysen beruhen zum Großteil auf bereits publizierten Daten. Es ist jedoch auch möglich, zuerst eine Hypothese aufzustellen und dann zu prüfen, ob alle erforderlichen Daten veröffentlicht sind, und noch fehlende selbst zu erheben. In der Analyse werden Original- und Sekundärdaten kombiniert.

Modellbildung

Bei der Modellbildung lassen sich mathematische und physische Modelle unterscheiden. Bei der **mathematischen Modellbildung** werden aus der Theorie heraus und aus vorhandenen Studien Annahmen formuliert, die daraufhin mathematisch abgebildet werden. Die Modelle werden dann anhand der Realität überprüft. Als einfaches Beispiel für die mathematische Modellierung eignet sich der Effekt der Gruppengröße auf die Sicherheit eines Tieres (Prädation, → Kap. 6). Das mathematische Modell versucht, alle relevanten Faktoren in Einklang zu bringen und ggf. verschiedene Szenarien zu entwickeln. Hier sind Computer mittlerweile wichtige Hilfsmittel geworden (Houston & McNamara 1999). Modelle sind auch situationsabhängig, d. h. ein Tier reagiert unter verschiedenen Umweltbedingungen verschieden (situationaler Ansatz; Houston & McNamara 1999). Die Überprüfung an der Realität durch Beobachtung oder Experiment zeigt dann, welches Modell am wahrscheinlichsten ist und die Variation im beobachteten Verhalten am besten erklärt.

Physische Modelle sind wichtiger Bestandteil der wissenschaftlichen Erkenntnisgewinnung, wie sich am Beispiel der Präriehunde *(Cynomys ludovicianus)* zeigen lässt. Diese Tiere leben in großen unterirdischen Kolonien und sind auf eine gute Belüftung ihres Höhlensystems angewiesen. Um die optimale Belüftung zu finden, bauten Forscher selbst verschiedene Höhlen. Ihre Modelle verglichen sie dann mit den realen Bauten der Präriehunde. Das am besten belüftete Modell wies einen höheren Krater (mit Kaminfunktion) und einen flacheren Krater (für den Lufteintritt) auf. Die Forscher konnten daraufhin Rückschlusse auf die relevanten Baukriterien der Präriehunde beim Bau ihrer Kolonien ziehen.

2.4 Integrative Funktion der Verhaltensbiologie

Bei der Erfassung des Verhaltens steht stets die Betrachtung des (ganzen) Tieres als Organismus im Vordergrund. Wie sich ein Tier jeweils verhält, hängt jedoch von verschiedenen Faktoren ab. Grundsätzlich unterscheidet man dabei zwischen **internen** und **externen** Faktoren (und Prozessen). Bei internen (auch: intrinsischen) Faktoren und Prozessen handelt es sich um genetische, hormonelle, physiologische, motorische oder neurobiologische Prozesse, bei externen (auch: extrinsischen) um soziale und ökologische Faktoren und Prozesse.

Ein Beispiel: Das Balzverhalten der Stockente *(Anas playtrhynchos)* läuft weitgehend stereotyp ab, d.h., es ist in seiner Grundlage vererbt und beruht daher auf internen Faktoren. Zentral sind beispielsweise genetische Faktoren, was bewiesen wurde, als es gelang, mittels gezieltem Knock-out (Ausschalten von Genen) das Balzverhalten zum Verschwinden zu bringen. Aber auch Hormone spielen eine wichtige Rolle, da durch die experimentelle Verabreichung von Testosteron das Balzverhalten gezielt ausgelöst werden kann. Als weiterer interner Faktor ließ sich die Tageslänge identifizieren, da Stockentenmännchen ab einer gewissen Tageslänge mit der Balz beginnen, auch wenn weit und breit kein Weibchen zu sehen ist.

Weil die Verhaltensbiologie stets das ganze Tier im Auge hat, wird oft darauf verwiesen, dass sie in ihrer Ausrichtung eine stark integrative Funktion ausweist.

2.5 Probleme bei verhaltensbiologischen Studien

Bei der Planung und Analyse von verhaltensbiologischen Studien können verschiedene Probleme auftreten, die hier aufgrund gewisser interpretativer Spielräume häufiger vorkommen als in anderen Disziplinen der Biowissenschaften. Man bezeichnet die Verhaltensbiologie deshalb auch als die «Sozialwissenschaft unter den Naturwissenschaften».

Grafen und Hails (2002) nennen drei wichtige Aspekte, die für Experimente und Beobachtungen gleichermaßen bedeutend sind:

- Replikation
- Randomisierung
- Blocking

Replikation bedeutet, dass eine ausreichende Anzahl an unabhängigen Beobachtungen oder Experimenten vorliegen muss. Nur von einem einzigen Individuum auf eine Population zu schließen, wäre keine

Tab. 2-4 Block-Design am Beispiel der Untersuchung von Verhaltensunterschieden bei männlichen und weiblichen Amseln. In jedem der Katzenreviere A–F werden jeweils ein Männchen und ein Weibchen untersucht (die Zahlen stehen für die Individuen).

Revier A Männchen 1 Weibchen 1	Revier B Weibchen 2 Männchen 2	Revier C Männchen 3 Weibchen 3
Revier D Weibchen 4 Männchen 4	Revier E Männchen 5 Weibchen 5	Revier F Weibchen 6 Männchen 6

gute wissenschaftliche Praxis. Um zu testen, ob männliche Amseln *(Turdus merula)* früher fliehen als Weibchen, müssen mehrere Männchen und Weibchen untersucht werden. Aber das alleine reicht nicht aus, um generalisieren zu können. Um beim Amselbeispiel statistisch korrekt auswertbare Daten zu bekommen, müssen die Experimente mehrmals durchgeführt werden, und zwar an verschiedenen Amselindividuen. Damit wäre eine Replikation auf der Ebene der abhängigen Variablen erreicht (d.h. auf der Ebene jener Variable, die untersucht werden soll). Allerdings ist eine Replikation auch auf der Ebene des Stimulus (oder der unabhängigen Variable) nötig. Dies bedeutet, dass im Idealfall ebenso viele Katzen an dem Experiment teilnehmen sollten wie Amseln, da sonst das Risiko besteht, es lediglich mit einer Pseudo-Replikation zu tun zu haben. Allerdings ist der Idealfall nicht in jedem Falle gegeben, was bei der Datenauswertung berücksichtigt werden muss.

Obwohl eine gut geplante Stichprobenauswahl sehr wichtig ist, genügt bei einigen Studien bereits die **Stichprobe N = 1**, auch wenn dies gegen die Intuition (und gegen die Forderung nach der Möglichkeit von Replikation) spricht. Selbst wenn es nur einen Papagei gibt, der sprechen kann, oder nur einen Hund, der zählen kann, oder nur einen Menschen, der den Marathon schneller als in zwei Stunden laufen kann, so genügt dies, um zu zeigen, dass die jeweilige Fähigkeit durch den Papagei (resp. den Hund, den Menschen) de facto möglich ist. Wichtig ist dabei das korrekte Formulieren der Hypothesen: Wenn man postuliert, dass die Dinosaurier ausgestorben sind, dann genügt die dokumentierte Beobachtung eines einzigen heute lebenden Exemplars, um die Hypothese zu falsifizieren.

Randomisierung bedeutet die zufällige Auswahl eines Individuums für die Beobachtung oder das Experiment, um zu vermeiden, dass bestimmte Individuen (z.B. besonders auffällig aussehende oder laut rufende) bevorzugt oder vermieden werden.

Beim **Blocking** geht es darum, Störvariablen auszuschließen, um ungewollte Variation zu verhindern. Man könnte z. B. männliche und weibliche Amseln bezüglich ihres Verhaltens gegenüber Katzen vergleichen, und dabei Amseln in verschiedenen Katzenrevieren (= Blocks) beobachten (z. B. zur selben Tageszeit und am selben Wochentag), sodass diese Variablen kontrolliert werden (→ Tab. 2-4). In diesem Fall müssen bestimmte statistische Standards eingehalten werden (Ruxton & Colegrace 2016).

Für eine eingehende Diskussion weiterführender Aspekte und Probleme (z. B. Pseudo-Replikation, Habituation, Validität, Observer Bias, Reliabilität, Reihenfolgeneffekte etc.) sei auf die weiterführende Literatur verwiesen (z. B. Martin & Bateson 1993, Naguib 2006).

Weiterführende Literatur

Dawkins MS (2007): Observing animal behaviour. Design and analysis of quantitative data. Oxford University Press, Oxford, 158pp.

Lehner PN (1996): Handbook of Ethological Methods. 2nd ed. Cambridge University Press, Cambridge, 672pp.

Martin P, Bateson P (1993): Measuring behaviour. 2nd ed. Cambridge University Press, Cambridge, 222pp.

Naguib M (2006): Methoden der Verhaltensbiologie. Springer, Heidelberg, 233pp.

Ruxton G, Colegrave N (2016): Experimental design for the life sciences. 4· Aufl. Oxford University Press, Oxford, 224pp.

Terminologie und Ansätze der Verhaltensbiologie

3

Inhalt

Die klassische Ethologie beschäftigt sich mit natürlichem Verhalten und bettet dieses in die vier Fragen nach dem «Warum?» von Tinbergen ein. Die vier Fragen Tinbergens befassen sich mit dem Wirkmechanismus (proximate Faktoren), deren Zweck und evolutiver Bedeutung (ultimate Faktoren), der Analyse der Entstehung des Verhaltens in der Lebensspanne (ontogenetischer Faktor) und der Entstehung in evolutiven Vergleichen (phylogenetischer Aspekt). Verhaltensökologie versucht, Verhalten in Währung (Zeit, Energie) zu messen und den Beitrag des Verhaltens zum Überlebens- und Fortpflanzungserfolg in Bezug zu setzen. Soziobiologie legt den Fokus auf den Fortpflanzungserfolg (Fitness), der sowohl direkte (eigene Nachkommen) als auch indirekte (verwandte Individuen) Komponenten beinhaltet. Die absolute Fitness bezeichnet die Anzahl der Nachkommen insgesamt, die relative Fitness setzt diesen Wert in Bezug zum Mittelwert einer bestimmten Population.

Klassische Ethologie

3.1

Die Klassische Ethologie untersucht überwiegend das Verhalten von Tieren in ihrer natürlichen Umgebung. Dies unterscheidet sie von der Psychologie (Vergleichende Psychologie), die sich auf wenige Arten und überwiegend Laborarbeit beschränkt. Weitgehend gesteuert werden die ethologische Fragestellungen durch die vier «Warums?»

von Nikolaas Tinbergen (→ Kap. 3.5), die allerdings für alle anderen Aspekte der Verhaltensbiologie ebenso wichtig sind. Wichtige Aspekte der Klassischen Ethologie sind die Erbkoordination und das Reiz-Reaktions-Schema.

Erbkoordination und Reiz-Reaktions-Schema

Am Beispiel des Beutefangverhaltens der Erdkröte *(Bufo bufo)* lässt sich das Wechselspiel zwischen Reiz, Reaktion und Erbkoordination illustrieren: Die Erdkröte sucht – ausgelöst durch eine innere Reizsituation (Hunger) – nach Regenwürmern *(Lumbricus terrestris)*. An der langsamen Bewegung erkennt die Erdkröte ihre Beute. Dieser Reiz wird als **Schlüsselreiz** bezeichnet. Aufgrund des Schlüsselreizes orientiert sich die Erdkröte hin zu ihrer Beute. Diese wird mit beiden Augen fixiert, daraufhin schnellt die Zunge vor; der Regenwurm wird umschlungen, in den Mund geführt und hinuntergeschluckt. Danach wischt sich die Erdkröte mit den Vorderbeinen über den Mund. Am Anfang der Nahrungsaufnahme ist das Verhalten variabel, wohingegen es nach dem Auslösen der Zungenbewegung stereotyp ist. Der erste Teil (nach Beute suchen) wird als **Appetenzverhalten** bezeichnet, welches eine korrekte Ausrichtung auf den Stimulus ist. Das Annähern an die Beute und das Ausrichten des Körpers wird **Taxis** genannt. Das Fixieren und Zuschnappen wird schließlich als **Endhandlung** bezeichnet. Appetenzverhalten, Taxis und Endhandlung gemeinsam werden durch den Schlüsselreiz ausgelöst; deshalb wir dieser auch als **Angeborener Auslösemechanismus (AAM)** bezeichnet. Für die Auslösung des Appetenzverhaltens muss ein Stimulus vorhanden sein, die Endhandlung wird dann aber auch ohne Außenreiz zu Ende geführt. Dies bedeutet, dass die Endhandlung auch durchgeführt wird, wenn man der Erdkröte beispielsweise den Regenwurm wegnehmen würde oder die Krötezunge den Regen-

Abb. 3-1

Erdkröte *(Bufo bufo)* beim Beutefang. Mit dieser Tierart wurden sowohl Beutefang als auch Paarungsverhalten in der Klassischen Ethologie untersucht. Foto: C. Randler.

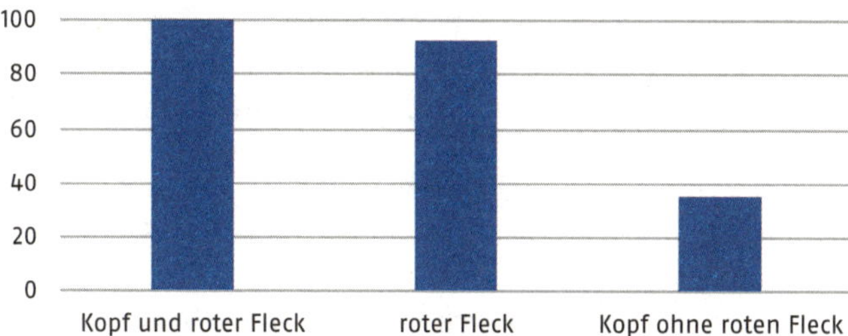

Abb. 3-2

Attrappenversuche zur Funktion des Schnabelflecks bei Silbermöwen *(Larus argentatus)*. Jungvögeln (Küken) wurden unterschiedliche Attrappen präsentiert. Angegeben ist, wie oft die untersuchten Individuen auf den roten Fleck pickten. (Neu gezeichnet nach Alcock 2005, S. 102.)
Foto: C. Randler.

wurm nicht zu ergreifen vermag. Wir haben es hier also mit einem **Reiz-Reaktions-Schema** zu tun. Dieses besteht klassischerweise aus den Komponenten:

- Auslösender Stimulus/Schlüsselreiz
- Sensorische Aufnahme
- Angeborener Auslösemechanismus

Schlüsselreize lassen sich durch **Attrappenversuche** prüfen. So kann man bei der Erdkröte beispielsweise das Nahrungsverhalten mit unterschiedlich großen Beuteattrappen, die sich unterschiedlich schnell bewegen, testen. Ebenso kann man den Einfluss des internen Zustands untersuchen: Ist die Kröte satt, löst der Schlüsselreiz keine Reaktion mehr aus.

Besonders bekannt sind die Attrappenversuche von Tinbergen an Silbermöwen: Küken der Silbermöwe *(Larus argentatus)* picken auf den roten Schnabelfleck der Elterntiere, um diese zum Füttern anzuregen; die Elterntiere würgen daraufhin Futter hervor. Die Bedeutung des roten Flecks konnte Tinbergen mittels Attrappen bestätigen (→ Abb. 3-2): Am stärksten reagierten die Küken mit Picken auf ein realitätsnahes Modell des Silbermöwenkopfes, etwas schwächer, wenn nur der Schnabel präsentiert wurde, und am schwächsten, wenn ein Kopfmodell ohne den roten Schnabelfleck verwendet wurde. Allerdings löste ein kontrastreicher Stock ebenso Picken aus wie ein realitätsnahes Modell des Silbermöwenkopfes (Tinbergen & Perdeck 1951).

Das Konzept einer einfachen Steuerung durch AAMs wird kritisiert (Lehrman 1953) und gilt mittlerweile als überholt. Die Kritik am Konzept der AAM umfasst folgende Aspekte:

- Die meisten Verhaltensweisen sind zu komplex, um durch AAMs beschrieben zu werden.
- Manche AAMs zeigten sich in der Realität als viel flexibler als bisher angenommen, weil es deutliche individuelle Unterschiede im Verhalten gibt und sogar manche Individuen auf den Auslösereiz unterschiedlich reagieren.
- Manche angeborenen Verhaltensweisen veränderten sich mit zunehmender Erfahrung oder unterschieden sich je nach Erfahrung.

Allerdings belegen neuere Studien an Nestlingen von Kuckucken *(Cuculus canorus)*, z. B. von Davies et al. (1998), dass am AAM-Konzept doch eindeutig etwas dran ist: Junge Kuckucke ahmen die Schnabel- und Schlundfärbung der Vogelarten nach, in deren Nester ihre Eier gelegt werden, und ein AAM sorgt dafür, dass diese Jungtiere von den fremden Eltern aufgezogen werden. Somit hat dieses Konzept auch heute noch seine Relevanz.

3.2 Verhaltensökologie

Die **Verhaltensökologie** untersucht die Zusammenhänge zwischen dem Verhalten und den Umweltbedingungen (Nahrung, Feinde, unbelebte Umwelt) und wie sich dieses Verhalten im Laufe der Evolution entwickelt hat. Dabei werden oft ökonomische Modelle eingesetzt, die auf individuelle «Entscheidungen» angewendet werden. Im Rahmen von solchen **Optimierungsmodellen** werden die evolutiven **Kosten** eines Verhaltens dem evolutiven **Nutzen** gegenübergestellt und diese gegeneinander abgewogen. Für dieses Abwägen wird der Begriff «trade-off» verwendet. Am Beispiel eines fliehenden Tieres lässt sich dieser **Trade-off** veranschaulichen: Viele Tierarten flüchten vor einem angreifenden Raubtier. Die Entfernung, bei der ein Beutetier vor seinem Prädator flieht, wird als Fluchtdistanz bezeichnet. Flieht eine Amsel immer früh vor einem Räuber (z. B. einer Katze), verbraucht sie vergleichsweise mehr Energie als eine später fliehende. Flieht die Amsel allerdings zu spät, wird sie Opfer des Beutegreifers. Durch den Tod kann sich das betroffene Tier nicht mehr fortpflanzen, der Anteil seiner Gene am allgemeinen Genpool sich nicht mehr erhöhen. Eine optimale Fluchtdistanz wäre also einerseits möglichst gering (um möglichst wenig Energie zu vergeuden), andererseits aber gerade groß genug, um dem Prädator noch entkommen zu können. Die konkrete Entscheidung zur Flucht hängt allerdings von den jeweiligen Umständen ab, d.h., sie fällt von Fall zu Fall unterschiedlich aus (Kontextfaktoren → Kap. 6). Die Berücksichtigung dieser kontextbezogenen individuellen Entscheidungen unterscheidet die Verhaltensökologie deutlich von den stereotypen Reaktionen, die die Ethologie untersucht.

Merksatz

Verhaltensökologie untersucht die Zusammenhänge zwischen dem Verhalten und den Umweltbedingungen mit Blick auf den Überlebenswert des Verhaltens (und die Fitness/Reproduktion).

Ökonomische Modelle wie das oben gerade diskutierte Fluchtdistanz-Modell stehen mit dem zentralen Paradigma der Verhaltensökologie in Zusammenhang: **Das Verhalten eines Tieres sollte so ausgeprägt sein, dass ein maximaler Fitnessgewinn entsteht** («Lebenszeitfitness»). **Fitness** bezieht sich dabei auf den Fortpflanzungserfolg während der gesamten Lebenszeit: Je mehr Nachkommen ein Individuum hat, desto «fitter» ist es, da sich seine Gene optimal fortpflanzen. Das Individuum mit den meisten Nachkommen wird so die Häufigkeit der eigenen Gene innerhalb der Population maximieren und damit überdurchschnittlich zum Genpool der folgenden Generationen beitragen. Im Vordergrund steht also die **Lebenszeitfitness**, d.h. der gesamte Beitrag, den ein Individuum an Nachwuchs zur kommenden Generation beiträgt. Dieser Beitrag kann **absolut** betrachtet werden – jedes Individuum sollte zwei überlebende Nachkommen beisteuern, um sich selbst zu 100% zu reproduzieren – die Fitness kann auch **relativ** betrachtet und zum Mittelwert der Population in Beziehung gesetzt werden. Wenn in einer bestimmten Population jedes Individuum durchschnittlich fünf Nachkommen produziert, die bis in ihr eigenes reproduktives Alter überleben, wären zwei Nachkommen nur ein unterdurchschnittlicher relativer Beitrag.

Merksatz

Als Fitness (genetische Eignung) bezeichnet man den Gesamtbeitrag, den ein Individuum zum Genpool der folgenden Generationen beisteuert.

Box 3.1

Evolutionär stabile Strategie (ESS)

Das Bestehen der sogenannten evolutionär stabilen Strategie (ESS) wurde mit der Spieltheorie begründet. Ein klassisches Beispiel ist das Falken-Tauben-Spiel (Weber 2003). Dabei steht die Frage im Vordergrund, warum nicht jeder Konflikt bei Tieren eskaliert, sondern oft recht zügig durch Ritualisierung beigelegt wird. Beim Falken-Tauben-Spiel gibt es zwei Gegenspieler, Falken und Tauben. Sie nutzen unterschiedliche Strategien: Falken kämpfen, bis sie verletzt sind oder sich der Gegner zurückzieht. Tauben stellen sich dem Gegner entgegen, ziehen sich aber zurück, wenn dieser angreift. Dies lässt sich in einer 2×2 Matrix (→ Tab. 3-1) verdeutlichen.

Jeder Kampf kann zu einem Gewinn (W = Wert) führen, der mit Kosten (K) verbunden ist. Treffen zwei Falken aufeinander, beträgt die Gewinnchance 50 %. Der Nettogewinn – Wert minus Kosten – beträgt 50 %. Trifft ein Falke auf eine Taube, streicht der Falke den gesamten Wert ein. Trifft eine Taube auf einen Falken, geht sie leer aus (Wert = 0). Treffen zwei Tauben aufeinander, wird die Ressource fair geteilt. Nun kann man mathematisch testen, wie eine Population optimal zusammengesetzt sein müsste. Eine reine Taubenpopulation sollte problemlos überleben, da die Tauben beim Aufeinandertreffen Ressourcen teilen. Sobald einzelne Falken auftreten, sind diese im Vorteil, da sie gegen die Tauben jeden Konflikt gewinnen. Reine Falkenpopulationen dagegen würden generell kämpfen. Evolutionär stabil wäre eine Population mit einem Drittel Falken und zwei Dritteln Tauben.

Tab. 3-1 Falken und Tauben kämpfen um eine hypothetische Ressource. Falken kämpfen bis zur Verletzung oder bis sich der Gegner zurückzieht, Tauben stellen sich dem Gegner entgegen, ziehen sich aber bei Angriff zurück. In diesem Beispiel trifft die Spalte auf die Zeile. W steht für Wert, K für Kosten.

	Falke	Taube
Falke	(W K)/2	W
Taube	0	W/2

Die Attraktivität der Verhaltensökologie besteht darin, dass sich leicht Hypothesen aufstellen lassen, die dann durch Beobachtung oder Experimente überprüft werden können. Geht man bei der Nahrungswahl davon aus, dass ein Raubfisch eher eine größere statt eine kleinere Beute bevorzugt, kann man dies durch ein Wahlexperiment überprüfen. Der Energieaufwand, einen größeren Fisch zu jagen, sollte sich kaum davon unterscheiden, einen kleineren zu jagen, aber die Ausbeute mag bei einem größeren Fisch höher sein. Sollte die Erfolgsquote jedoch beim Jagen größerer Fische deutlich geringer sein als beim Jagen kleinerer Fische, wäre es besser, die kleineren Fische zu bevorzugen. Solche Hypothesen werden oft mit mathematischen Modellen vorhergesagt und lassen sich relativ leicht in der Realität überprüfen. Da allerdings der Fortpflanzungserfolg bzw. der Beitrag zum Genpool relativ schwierig zu operationalisieren ist, werden als Ersatzwährung in der Verhaltensbiologie oft Zeit- und Energiebilanzen verwendet.

Merksatz

Zeit- und Energiebilanzen werden in der Verhaltensökologie als «Währung» verwendet, da sie sich leichter messen und berechnen lassen als der Beitrag zum Genpool.

Soziobiologie | 3.3

Die Soziobiologie entwickelte sich in den 1960er/1970er-Jahren. Soziobiologen legen den Fokus auf die Sozialstrukturen und das Sozialverhalten von Tieren und fragen nach dem evolutionsbiologischen Anpassungswert des Gruppenverhaltens. Das heißt, dass das soziale Leben der Tiere/Gruppe unter dem «egoistischen» Blick des Individuums betrachtet wird. Dabei werden die Mechanismen (proximate Faktoren) dieses Verhaltens nicht zwangsläufig untersucht, sondern die ultimaten Aspekte. Es stehen also nicht die Wirkmechanismen im Vordergrund, sondern Überlebens- und Fortpflanzungsvorteil des Verhaltens. Auch hier werden mathematische und ökonomische Modelle verwendet. Die Fachsprache der Soziobiologen ist oft sehr anthropozentrisch in ihrer Ausdrucksweise, d.h., sie vermenschlicht, was in der Folge oft zu Missverständnissen und Provokationen führte. Die Soziobiologie erklärt auch die wechselseitige Kooperation zwischen Individuen zum eigenen Vorteil (Altruismus, Egoismus; → Kap. 11). E.O. Wilson (1975) nannte vier wichtige Bereiche der Soziobiologie:

- Koloniebildende Wirbellose, die einen Verbund aus einzelnen Organismen bilden, die voneinander abhängig sind (z.B. Ameisen),
- soziale Insekten mit ausgefeiltem Kommunikationssystem (z.B. Bienen),
- nicht-menschliche Säugetiere mit einem komplexen Kommunikations- und Sozialsystem (Delfin, Elefant, Primaten) und Menschen.

Merksatz

Soziobiologie untersucht die evolutionsbiologischen Funktionen des Sozialverhaltens.

3.4 Kognitive Ethologie

Die Kognitive Ethologie beschäftigt sich mit dem Denken von Tieren und der Frage, ob Tiere z. B. beim Lösen von Problemen überlegt und absichtsvoll handeln. Mittlerweile gibt es Belege, dass es bei Tieren Lernvorgänge gibt, bei denen Jungtiere von Erwachsenen bestimmte Verhaltensweisen lernen. Dies wird oft auch als «Kultur» interpretiert. Es ist allerdings nach wie vor eine Streitfrage, ob es sich dabei um ein «Lehren» in jenem Sinne handelt, wie es bei Menschen zu beobachten ist, ob dabei also bewusste und absichtsvolle Tätigkeiten im Vordergrund stehen, deren Ziel es ist, der nachfolgenden Generation «etwas beizubringen», oder ob dieses Lehrverhalten sich einfach im Laufe der Evolution als eine erfolgreiche Strategie entwickelt hat.

3.5 Verschiedene Typen von Faktoren: Die Fragen nach dem «Warum?»

Auf Nikolaas Tinbergen (1963) gehen die vier Fragen nach dem «Warum?» zurück, die einen bedeutenden Einfluss auf das Verhalten von Tieren haben:

- Was sind die Mechanismen des Verhaltens? (proximater Faktor)
- Wie entwickelt sich dieses Verhalten im Lebenslauf? (ontogenetischer Faktor)
- Welche Funktion hat ein Verhalten? (ultimater Faktor)
- Welchen phylogenetischen Ursprung hat ein Verhalten? (phylogenetischer Faktor)

Abb. 3-3

Feldgrille *(Gryllus campestris)*. Foto: C. Randler.

	Proximat	Ultimat
Grund	Physiologie/Mechanismen	Überlebensvorteil/Funktion
Ursprung	Gentische Entwicklung/Ontogenie	Evolution/Phylogenie

Tab. 3-2

Gegenüberstellung der vier Faktoren (Buchholz 2007).

Am Beispiel der Frage «Warum zirpt eine Feldgrille *(Gryllus campestris)*?» sollen diese vier Punkte aufgegriffen und erläutert werden.

Bei den **proximaten Faktoren** geht es um die **unmittelbaren** Wirkzusammenhänge (oder Mechanismen). Die Frage lautet also «**Wie** funktioniert das Verhalten des Tiers?». Die proximaten Faktoren umfassen sowohl Außenreize (Umweltfaktoren, externe Faktoren) als auch interne Prozesse, wie Hormonausschüttungen, Muskelbewegungen oder neuromuskuläre Prozesse. Eine Feldgrille *(Gryllus campestris)* beginnt zu zirpen, wenn abends eine bestimmte Dunkelheit erreicht ist – eine Reaktion auf einen Umweltreiz (externer Faktor). Ebenso zirpt sie, wenn sie geschlechtsreif ist und das Hormon Testosteron einen gewissen Schwellenwert überschreitet (interner Faktor).

Bei den **ultimaten Faktoren** (letzte oder unmittelbare Faktoren) geht es um die Frage «Zu welchem Zweck?» oder nach dem «**Warum?**». Dabei stehen Selektion und Evolution mit dem klaren Ziel der Fitnessmaximierung im Vordergrund, d. h. der Erhöhung des Überlebens- und Fortpflanzungserfolgs. Die Betonung liegt dabei auf dem **adaptiven Wert** des Verhaltens. Das Grillenmännchen zirpt, um ein Weibchen – oder möglicherweise mehrere – anzulocken und sich mit ihm zu paaren. Dadurch gibt das Grillenmännchen seine Gene an die kommende Generation weiter. Das Zirpen dient auch der Revierabgrenzung und soll andere Männchen auf Distanz halten.

Merksatz

Proximate Faktoren beziehen sich auf den Grund oder Mechanismus, ultimate auf den Überlebens- und Fortpflanzungserfolg.

Proximate und ultimate Faktoren sind keine Gegensätze, sondern wirken zusammen. Die Fragen nach dem «Wie?» und nach dem «Warum?» sind eng miteinander verknüpft. Grillen, bei denen das Zirpen blockiert wird (z. B. durch Festkleben der Flügel), locken auch keine Weibchen an und pflanzen sich demnach nicht fort, was die Fitness auf null reduziert (ultimater Faktor).

Beim **ontogenetischen Aspekt** geht es darum, wie eine Verhaltensweise im Laufe der Entwicklung eines Individuums entsteht, und es wird die Frage aufgeworfen, wie genetische und externe Einflüsse ineinandergreifen. Wie entwickelt sich das Zirpen bei Grillen im Laufe der Entwicklung (Ontogenese)? Ist es angeboren (genetischer Einfluss)? Kann es «verbessert» werden, d. h., lernt das Männchen durch Zuhören bei einem Tutor, sein Zirpen zu verbessern (externer Einfluss) und sich damit attraktiver für Weibchen zu machen (ultimater Faktor)?

Der **phylogenetische Aspekt** bezieht sich auf das Entstehen des Zirpens bei verschiedenen Grillenarten. Wann im Laufe der Evolution entstand das Zirpen als Signal der Partnerwerbung? Entstand es mehrere Male separat (konvergent) oder geht es auf einen einzigen Vorfahren zurück (homolog)?

Weiterführende Literatur

Bateson P, Laland KN (2013): Tinbergen's four questions: an appreciation and an update. Trends in Ecology & Evolution, 28(12), 712–718.

Bennet PM, Owens IPF (2002): Evolutionary Ecology of Birds. Oxford Series in Ecology and Evolution, Oxford, 278pp.

Krebs JR, Davies NB (1996): Einführung in die Verhaltensökologie. Blackwell, Berlin, 484pp.

Tinbergen, N. (1963): On aims and methods of ethology. Zeitschrift für Tierpsychologie, 20(4), 410–433.

Proximate Faktoren / Wirkmechanismen

4

Inhalt

Proximate Faktoren beziehen sich auf den Wirkmechanismus. Gene bestimmen Verhalten, z. B. die Zugrichtung bei Vögeln oder Ausprägungen wie Ängstlichkeit. Dies kann durch Kreuzungsexperimente und Überkreuzaufzucht («cross-fostering») untersucht werden. Assoziationsstudien können die einzelnen Gene für ein Verhalten identifizieren und sie dann experimentell ausschalten («knock-out»). Gene interagieren mit der Umwelt. Hormone bestimmen Verhalten, umgekehrt kann aber auch ein bestimmtes Verhalten eine Hormonsekretion auslösen, sodass von einer Rückkoppelung gesprochen wird. Hormone können analysiert und zu einem entsprechenden Verhalten in Bezug gesetzt werden, aber es können auch die jeweiligen Hormondrüsen entfernt und durch Hormongaben substituiert werden. Hormone spielen u. a. eine Rolle bei Balz, Aggressivität und elterlicher Fürsorge. Verhalten ist sowohl angeboren als auch erlernt und wird im Wechselspiel mit der Umwelt ausgeführt. Innen- und Außenreize wirken bei der Ausprägung von Verhalten zusammen und werden mit der Außenwelt abgeglichen.

4.1 Verhaltensgenetik

Populationen weisen eine **genetische Vielfalt** auf, d. h., die Individuen einer Population besitzen eine unterschiedliche genetische Ausstattung, was zur **Variabilität** sowohl von körperlichen Merkmalen als auch von Verhalten führt. Variabilität oder Vielfalt wiederum ist eine Grundlage für Selektion und Evolution. Der Begriff «genetische Vielfalt» bezieht sich auf die Variation in der Sequenz der Basenpaare in der DNA. Diese Unterschiede wirken sich auf die Transkription der RNA aus und damit auf die Proteine, die durch die Translation der RNA gebildet werden. Wenn diese unterschiedlichen Proteine nun verschiedene Verhaltensweisen beeinflussen, besteht ein genetischer Einfluss auf das Verhalten. Ein Beispiel für Unterschiede im Verhalten, die teilweise genetisch fixiert sind und vererbt werden, ist die «Persönlichkeit» (→ Box 4.1).

Box 4.1

Persönlichkeit

Verhaltensbiologen versuchen einerseits, allgemeine Aussagen zu treffen, andererseits aber auch individuelle Differenzen zu adressieren. Einzelne Tiere innerhalb derselben Art unterscheiden sich z. T. enorm in ihrem Verhalten. Dies wurde bislang eher als «notwendige» Variabilität angesehen (Martin & Bateson 1993), wird aber heutzutage explizit als Persönlichkeit eingestuft und führte infolge dieses Paradigmenwechsels zu vielen Studien und interessanten Ergebnissen. Diese individuellen Differenzen können einerseits angeboren sein, andererseits auch entwicklungsbiologische Ursachen haben (Naguib 2006). So können Tiere unterschiedliche Reaktionen auf einen Reiz zeigen. Beim Erscheinen eines Prädators (z. B. einer Eule) reagieren manche Vögel mit Flucht, andere mit Unbeweglichkeit oder mit Angriff. Jede einzelne dieser Strategien kann einen Überlebensvorteil bieten, doch zeigt sich durch die Kombination dieser Strategien in einer statistischen Auswertung möglicherweise kein genereller Effekt. Deshalb begann man in der Verhaltensbiologie, stärker auf die individuellen Unterschiede zu achten, womit man dem Phänomen der Persönlichkeit (des Temperaments) auf die Schliche kam. Dabei werden Konzepte der Persönlichkeitspsychologie, die beim Menschen entwickelt wurden (Asendorpf 2007), auf Tiere übertragen. Zu Beginn des Paradigmenwechsels wurde das Konzept der Persönlichkeit von Samuel Gosling (Gosling et al. 2003, Gosling & John 1999) auf Haushunde *(Canis familiaris)* angewandt und bestätigt. Um ein Persönlichkeitsmerkmal zu definieren, müssen folgende Bedingungen erfüllt sein:

- Es muss Variation zwischen Individuen geben,
- ein bestimmtes Verhalten (eine spezielle Disposition) muss beim jeweiligen Individuum immer ähnlich ausgeprägt sein,
- das individuelle Verhalten sollte über verschiedene Situationen hinweg konstant sein und
- es sollte Hinweise auf die Erblichkeit dieses Merkmals geben.

In ihrem Überblick nennen Réale et al. (2007) verschiedene Kategorien der Persönlichkeit bei Tieren: «shyness-boldness» (schüchtern-draufgängerisch), «exploration-avoidance» (explorierend-vermeidend), «activity» (aktiv), «sociability» (sozialkompetent) und «aggressiveness» (aggressiv).

Mittlerweile sind viele Studien zur Persönlichkeit von Tieren gemacht worden; die Bandbreite der untersuchten Tierarten reichte dabei von Schnecken bis Hunden. Zwei beispielhafte Studien seien hier kurz vorgestellt.

Langzeitstudien an Kohlmeisen *(Parus major)* untersuchten exploratives Verhalten und die Reaktion auf neue, unbekannte Objekte. Dabei wurden zwei grundsätzliche Typen festgestellt: «schnelle» und «langsame» Kohlmeisen. Die schnellen Kohlmeisen waren aggressiver und näherten sich unbekannten Objekten und dem anderen Geschlecht schneller an als die langsamen. Dieses Verhalten war konsistent und stabil, d. h., die jeweilige Kohlmeise verhielt sich immer ähnlich (Verbeek et al. 1996). Paare von Kohlmeisen mit ähnlicher Persönlichkeit haben einen höheren Bruterfolg als unähnliche Paare (Both et al. 2005).

Niemelä et al. (2015) unterzogen Feldgrillen *(Gryllus campestris)* einem Verhaltenstest und teilten sie in «mutige» und «weniger mutige» Individuen ein. Wagemutige Grillen waren solche, die sich weit weg von ihrer schützenden Höhle aufhielten oder erst spät flüchteten. Dies hatte jedoch Nachteile, denn diese Grillen starben früher, da sie häufiger von Prädatoren erbeutet wurden.

▲

Methoden der Verhaltensgenetik | 4.1.1

Populationen unterscheiden sich oft in ihrem Verhalten. Mittels Experimenten, molekularen Analysen oder Zuchtwahl lassen sich mittlerweile die Gene, welche für bestimmte Verhaltensweisen verantwortlich sind,

Tab. 4-1 Überblick über die Methoden der Verhaltensgenetik. (Verändert nach Breed & Moore 2012, S. 75; Goodenough 1993, S. 61.)

Ultimate Ursachen	**Proximate Ursachen**	
Evolution des Phänotyps	**Betrachtung auf Ebene des gesamten Organismus/Phänotyp**	**Analyse der genetischen Ursachen/Einflüsse/Genotyp**
Vergleichen von geographischer Variation/Subspezies, Ökotypen	Mutationsstudien	Microarray und Auswertungen der Genexpression
Vergleichende Analyse (phylogenetisch)	Erblichkeit/Erblichkeitsschätzungen	Kandidatengene
Cross-fostering		RNA-Knock-out
Zwillingsanalysen		
Künstliche Selektion		
Hybridisation		
Natürliche Selektion auf das Verhalten		

identifizieren. Für Experimente dieser Art gibt es mittlerweile eine Reihe von Methoden (→ Tab. 4-1).

Zwischen verschiedenen Populationen gibt es oft eine **geographische Variation**, da die Individuen häufig an die lokal unterschiedlichen Umweltbedingungen angepasst sind. Dies zeigt sich auch im Verhalten. Bei Strumpfbandnattern *(Thamnophis elegans)* gibt es Populationen, die im Süßwasser, und solche, die im Salzwasser leben. Diese zeigen unterschiedliche Präferenzen für bestimmte Beutetiere. Schnecken, beispielsweise, werden generell von den Küstenschlangen gefressen und von den Binnenlandschlangen eher gemieden. Frisch geschlüpften und damit unerfahrenen (naiven) Schlangen beider Populationen wurden nun in einem Experiment Schnecken angeboten (Arnold 1981a, b; → Abb. 4-1). Dabei zeigte sich, dass auch unerfahrene Schlangen der Binnenlandpopulation Schnecken vermieden. Woher rührte dieses Verhalten? Eine Erklärungsmöglichkeit ist, dass die Disposition, Schnecken zu fressen, in der Regel auch zur Disposition führt, Egel zu fressen (da Egel und Schnecken sich ähneln). Egel können allerdings in der Schlange weiterleben und körperliche Schäden verursachen. Die Vermeidung von Schnecken ist daher vorteilhaft, da sie gleichzeitig die Aufnahme von Egeln verhindert. Im Habitat der Küstenschlangen kommen Egel jedoch nicht vor; Schnecken zu fressen ist daher nicht mit der Gefahr verbunden, auch Egel aufzunehmen. Für die Schlangenpopulation, die an der Küste lebt, ist die Erweiterung des Nahrungsspektrums auf Schnecken daher sinnvoll; für die Binnenlandpopulaton hingegen nicht. Das Faktum, dass Schlangen der Küstenpopulation Schnecken fressen, lässt sich daher damit erklären, dass ihr Aufenthalt in einem egelfreien Ökotyp dazu führte, das – vermutlich genetisch angeborene – Schneckenvermeidungsverhalten durch eine andere Verhaltensweise zu ersetzen.

Abb. 4-1

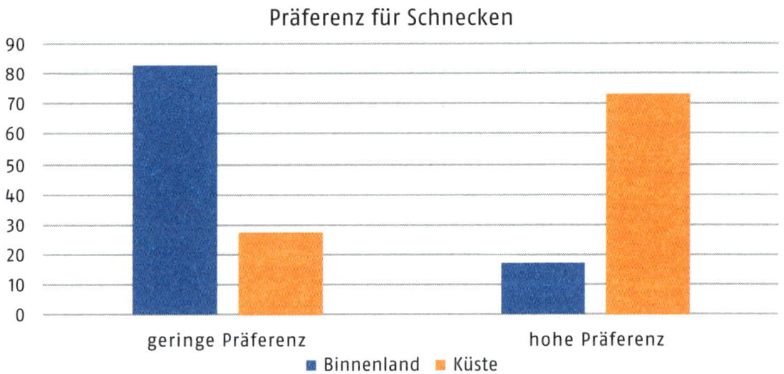

Präferenz von Strumpfbandnattern *(Thamnophis elegans)* für Schnecken. Vergleich einer Population, die an der Küste lebt mit einer Population, die im Binnenland lebt. (Neu gezeichnet nach Arnold 1981b, vereinfacht.)

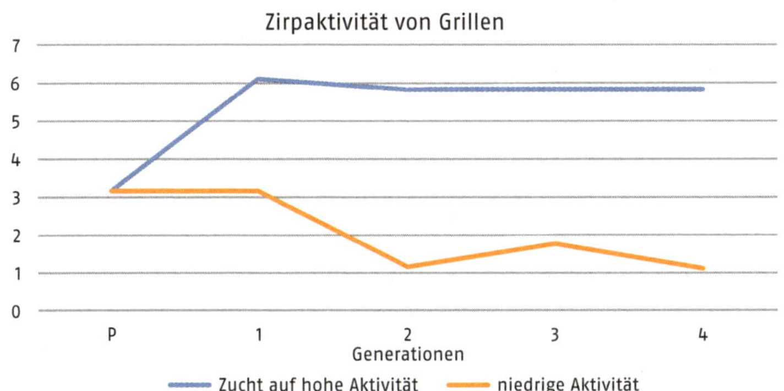

Abb. 4-2

Beispiele für eine künstliche Selektion. Zweigruppenselektion durch Zucht: Selektion auf Intensität nächtlichen Zirpens bei Grillen *(Gryllus integer)*. (Neu gezeichnet nach Cade 1981).

Um zu zeigen, dass Verhaltensmerkmale vererbt werden, sind **Zucht- und Kreuzungsexperimente (künstliche Selektion)** erforderlich. Künstliche Selektion kann nur stattfinden, wenn das interessierende Merkmal eine gewisse **Heritabilität** besitzt, also von einer in die nächste Generation weitervererbt wird. Die erwünschten Merkmale werden selektiert und Tiere, die dieses Verhalten zeigen, für die weitere Zucht verwendet. Oft zeigen sehr nah verwandte Individuen ein ähnliches Verhalten, weshalb bei Zuchten oft Familienmitglieder miteinander gekreuzt werden. Durch diese **Inzucht** werden die Verhaltensmerkmale häufig verstärkt, da die genetische Diversität verringert wird. In der Folge allerdings kann dies zu vermehrten Krankheiten führen und die Fitness reduzieren (Inzuchtdepression; Charlesworth & Charlesworth 1987). Besonders ausgeprägt sind solche Zuchtlinien bei Labortieren wie z. B. Hausmäusen. Hausmäuse können beispielsweise auf hohe oder niedrige lokomotorische Aktivität gezüchtet werden (Crawley et al. 1997). Dies bedeutet, dass Mäuse zuerst beobachtet und in Gruppen mit hohem und niedrigem Bewegungsdrang eingeordnet werden. Nun werden die Mäuse innerhalb ihrer jeweiligen Gruppe weiter gekreuzt. Nach einigen Generationen gibt es dann sehr aktive (quasi «hyperaktive») und relativ träge Mäuse. Solche experimentellen Studien belegen, dass Selektion auch auf das Verhalten einwirken kann. Ähnlich wird bei der Zucht und Domestikation von Haustieren vorgegangen.

Merksatz

Inzucht verringert die genetische Diversität und vereinheitlicht das Verhaltensrepertoire.

Auch bei Insekten wurden bestimmte Linien durch künstliche Selektion gezüchtet. Männchen der Grille *Gryllus integer* zeigen zwei Fortpflanzungsstrategien: Bei der einen zirpen Männchen, um Weibchen anzulocken, unentwegt, bei der anderen Linie sind die Männchen meistens ruhig und versuchen, Weibchen abzufangen, die von anderen Männchen angelockt wurden (Satelliten, → Kap. 7.4). Durch Zuchtwahl gelang es nun tatsächlich, daraus zwei klare Linien zu züchten (Cade 1981, 1984).

Die Methode des **Cross-fostering (Überkreuz-Aufzucht)** versucht nun in einem weiteren Schritt zu ermitteln, welchen Einfluss die Gene und welchen Einfluss die Umwelt hat. Dazu werden Geschwistertiere in verschiedenen Umwelten bzw. von verschiedenen Eltern aufgezogen. Da die Geschwister eine weitgehend ähnliche Genausstattung haben, lässt sich so die Gen-Umwelt-Interaktion abschätzen. Bei Vögeln werden in der Regel bereits die Eier oder die frisch geschlüpften Jungvögel vertauscht, um den Einfluss der Umwelt möglichst gering zu halten. Dadurch ergeben sich vier Vergleichsgruppen (→ Tab. 4-2). Bei Vögeln ist zudem die Zeit, die die Tiere im Mutterleib verbringen, relativ kurz, weshalb der pränatale Einfluss vor dem Legen eher gering ist. Allerdings kann es Unterschiede geben zwischen der Phase, in der das Ei bebrütet wird, und der Phase, in der die Jungen schlüpfen, sodass differenziert werden muss, ob ein Cross-fostering der bereits geschlüpften Jungvögel oder der frisch gelegten Eier stattfindet.

Merksatz

Cross-fostering bezeichnet den Austausch von Jungen zwischen verschiedenen Müttern (Nestern). Damit können genetische Einflüsse von Umwelteinflüssen unterschieden werden.

Ein klassisches Beispiel für Cross-fostering bei Säugetieren sind die Untersuchungen von Betty McGuire (1988) an Präriemäusen *(Microtus ochrogaster)* und Wiesenwühlmäusen *(Microtus pennsylvanicus)*. Präriemäuse zeigen mehr elterliche Fürsorge als Wiesenwühlmäuse. Vor allem die Präriemausmännchen investieren deutlich mehr Zeit in die Aufzucht des Nachwuchses, da sie im selben Nest leben, während bei Wiesenwühlmäusen die Männchen in getrennten Nestern leben. Die Männchen der Wiesenwühlmäuse zeigen entsprechend auch weniger Engagement bei der Nachwuchsaufzucht. In einem Überkreuzexperiment wurden nun die Jungtiere beider Arten nach der Geburt ausgetauscht, wodurch

Tab. 4-2 Möglichkeiten beim Cross-fostering (Überkreuzaufzucht).

Eltern A		Eltern B	
Eier/Jungtiere A	Eier/Jungtiere B	Eier/Jungtiere B	Eier/Jungtiere A
Gruppe AA	Gruppe AB	Gruppe BB	Gruppe BA

Abb. 4-3

Intrauterine Faktoren bei Mäusen verschiedener Linien (B6 und BALB). B6-Embryonen wurden in zwei verschiedenen Mäuselinien im Uterus verschiedener Individuen implantiert (B6 und BALB). Nach der Geburt wurde jeweils die Hälfte von Müttern der B6- resp. der BALB-Linie aufgezogen. Das BALB-Verhalten wurde letztendlich nur von Jungtieren gezeigt, die sowohl in einem BALB-Uterus heranwuchsen als auch von einer BALB-Mutter aufgezogen wurden. (Neu gezeichnet nach Crabbe & Philips 2003.)

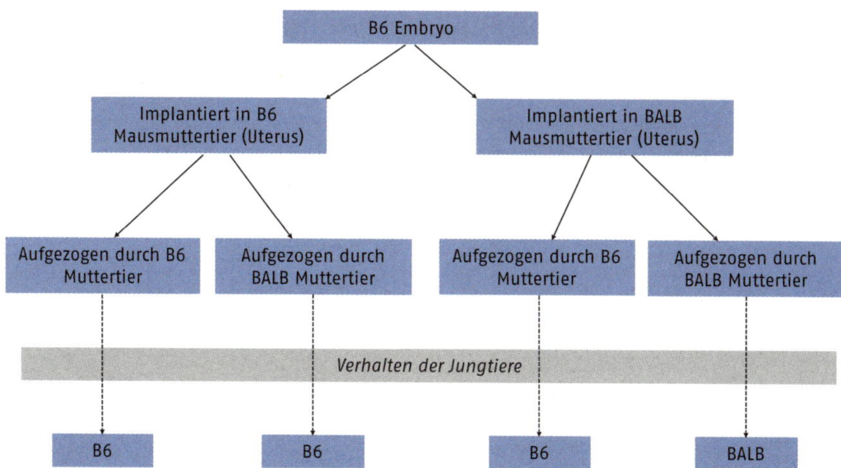

gezeigt werden konnte, dass tatsächlich ein Teil der Wiesenwühlmausmännchen später einen ähnlich hohen Anteil an der Nachwuchspflege ausübten, wie die Präriemausmännchen, mit denen sie aufgewachsen sind. Dies zeigt, dass das frühe Erleben der parentalen Fürsorge Einfluss auf das Verhalten der nachfolgenden Generation hat.

Die meisten Studien führen Adoptionsversuche durch und tauschen Eier bzw. Jungtiere aus. Man kann jedoch auch bestimmen, ob der mütterliche (maternale) Einfluss vor oder nach der Geburt größer ist. Die intrauterinen Faktoren werden jedoch bei vielen Studien nicht berücksichtigt. Crabbe und Phillips (2003) versuchten mehr dazu herauszufinden, indem sie bei Mäusen zweier Linien die Embryonen im Uterus austauschten und die Jungtiere nach der Geburt von Müttern der eigenen resp. der fremden Linie aufziehen ließen. Nur die Embryonen, die bereits im Uterus ausgetauscht wurden, zeigten das Verhalten einer bestimmten Zuchtlinie. Das zeigt, dass bereits der Einfluss im Mutterleib eine wichtige Komponente für das spätere Verhalten von Tieren darstellt (→ Abb. 4-3).

Auch beim Menschen gibt es Hinweise auf Einflüsse im Mutterleib. So wirkt sich Stress während der Schwangerschaft auf den Embryo aus, was längerfristige Auswirkungen auf das gesamte Leben des Nachwuchses hat, z. B. zu kognitiven und emotionalen Problemen des Kindes führen kann (van den Bergh et al. 2005).

Hybridisation ist eine weitere Methode, um den genetischen Einfluss abzuschätzen. Ein Hybride ist – strenggenommen – eine Kreuzung aus zwei verschiedenen Arten, aber in unserem Zusammenhang können auch unterschiedliche Populationen, Stämme oder Phänotypen als Ausgangsbasis für Hybridisation dienen. Es können sowohl natürliche Hybriden als auch künstlich selektierte Hybriden beobachtet werden.

Hybriden können einen Einblick in evolutionäre Prozesse ermöglichen. Bei der Mönchsgrasmücke *(Sylvia atricapilla)* beispielsweise gibt es eine südöstlich ziehende Population, die in Österreich am Neu-

Abb. 4-4

Vergleich eines Merkmals bei Eltern und Jungtieren A) mit hoher Heritabilität, B) mit geringer Heritabilität. (schematische Darstellung, verändert nach Barnard 2004, S. 45).

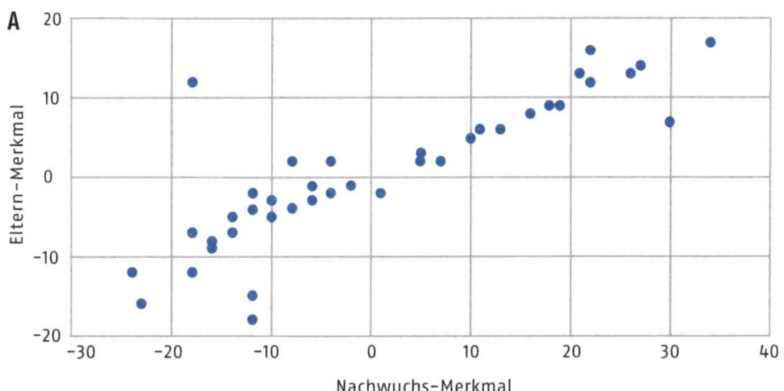

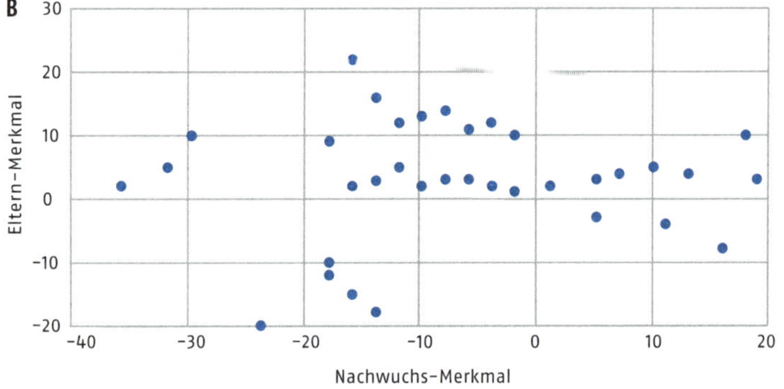

siedler See brütet, und eine südwestlich ziehende Population aus Südwestdeutschland. Beide zeigen ein klares Zugverhalten: Während die einen in Richtung Südwesten in ihr Überwinterungsquartier in Spanien ziehen, ziehen die anderen nach Südosten in die Türkei. Werden nun ein Südwestzieher und ein Südostzieher gekreuzt, finden sich in der Nachfolgegeneration (F_1, Filialgeneration) Individuen, die intermediär nach Süden ziehen. Dies deutet auf eine genetische Fixierung des Zugprogramms hin.

Zwillingsstudien eignen sich, um die Einflüsse von Umwelt und Genen abzuschätzen. Dabei sind Studien zur Adoption besonders interessant, wenn die Zwillinge in getrennten Umwelten aufwachsen und mit Zwillingen verglichen werden können, die in einer gemeinsamen Umgebung aufwachsen. Es werden drei Gruppen verglichen:

- eineiige Zwillinge
- getrennt aufgewachsene eineiige Zwillinge
- zweieiige Zwillinge

Beim Menschen sind diese Studien beschreibend oder «quasi-experimentell», da aus ethischen Gründen Zwillinge nicht experimentell aufgeteilt werden können. Bei Tieren entspricht dies dem Cross-fostering. Zwillingsstudien bei Menschen ergaben beispielsweise, dass Intelligenz erblich ist, aber auch von der Umwelt abhängt (Plomin et al. 1999).

Erblichkeitsstudien schätzen die Erblichkeit (Heritabilität) eines Merkmals auf dem Niveau der Population ein. Im Sinne der quantitativen Genetik geht es bei diesen Studien darum zu eruieren, wie groß der Anteil der phänotypischen Variabilität eines Merkmals ist, der auf genetische Ursachen zurückgeführt werden kann. Erblichkeitstudien können aber nicht zeigen, welche Gene für die Vererbung zuständig sind.

Molekulare Methoden werden in der Verhaltensgenetik ebenfalls eingesetzt, beispielsweise, um die phylogenetischen Verwandtschaftsbeziehungen zwischen Arten zu bestimmen (→ Kap. 2.3) oder um die Verwandtschaft innerhalb von sozialen Gruppen zu bestimmen (→ Kap. 11.1.2). Dazu benutzen Wissenschaftler die folgenden Methoden (Wink 2011):

- SNP (single-nucleotid-polymorphism, Einzelnukleotid-Polymorphismus) ist die Variation eines einzelnen Basenpaares innerhalb eines DNA-Strangs. Sie sind quasi «erfolgreiche Punktmutationen». Sie sind relativ schnell und einfach zu bestimmen und es finden sich Korrelationen zu verschiedenen Ausprägungen im Genpool.

- RAPD (randomly amplified polymorphic DNA, zufällig vervielfältigte polymorphe DNA) ist eine spezielle Form der Polymerase-Kettenreaktion (PCA). Dies wird für die Feststellung der phylogenetischen Verwandtschaft verwendet, z. B. um Beziehungen zwischen Arten zu klären.
- AFLP (amplified fragment-length polymorphism) ist eine Technik zur Erstellung eines genetischen Fingerabdrucks. Dieser kann zur Bestimmung der Verwandtschaftsverhältnisse (z. B. Vaterschaften) verwendet werden.

Mit den bisher vorgestellten Methoden konnte belegt werden, wie Gene und Umwelt im Rahmen der Evolution interagieren (ultimate Faktoren). Um hingegen untersuchen zu können, wie die Gene das Verhalten steuern (proximate Aspekte), sind andere Methoden nötig. Wichtige Methoden und Ansätze hierzu sind:

- Assoziationsstudien/Kandidatengene
- Knock-out- und Knock-in-Studien
- Genexpression/-exprimierung

Bei **Assoziationsstudien** werden **Kandidatengene** identifiziert und mit dem Verhalten (Phänotyp) in Zusammenhang gebracht. Genomweite Assoziationsstudien sequenzieren das gesamte Genom verschiedener Individuen und setzen dieses dann in Bezug zu verschiedenen Merkmalen. Diese Studien sind allerdings korrelativ (daher die Bezeichnung «Assoziationsstudien»). Es können also nur Gene identifiziert werden, die sehr wahrscheinlich für eine bestimmte Verhaltensausprägung verantwortlich sind.

Ein Beispiel: Bei Fliegen der Gattung *Drosophila* wurde ein Gen *(for)* identifiziert, das beim Futtersuchen eine wichtige Rolle spielt. Dabei werden zwei Varianten unterschieden: for^R und for^S. Die Genvariante for^R ist bei Individuen vorhanden, die bei der Nahrungssuche eine relativ große Umgebung erkunden, während die for^S-Variante Tiere kennzeichnet, die eher an einem Ort verbleiben und dort nach Nahrung suchen. Allerdings besteht auch hier eine Gen-Umwelt-Interaktion: Sind die Suchläufer hungrig, dann bleiben sie eher an einem Ort (Pereira & Sokolowski 1993).

Merksatz

Kandidatengene sind Gene, von denen man annimmt, dass sie eine hohe Wahrscheinlichkeit haben, einen bestimmten Phänotyp oder ein bestimmtes Verhalten auszuprägen.

Abb. 4-5

Inspektionsdauer von männlichen Mäusen beim wiederholten Einsetzen eines neuen, bislang unbekannten Weibchens. Vergleich zweier Hausmaustypen: Männchen der Hausmaus *(Mus musculus)*, denen ein bestimmtes Gen, das Oxt-Gen, fehlt, das für die Ausprägung von Oxytocin verantwortlich ist, haben Probleme, sich die weiblichen Tiere zu merken, mit denen sie bisher interagierten. Jedes Mal, wenn dasselbe Weibchen aus ihrem Umfeld entfernt und wiedereingesetzt wurde, reagierten sie so, als ob es sich um ein neues Weibchen handelte, während bei Männchen, die das Oxt-Gen besaßen, das Interesse an dem wieder eingesetzten, bereits bekannten Weibchen nachließ. (Neu gezeichnet nach Ferguson et al. 2000.)

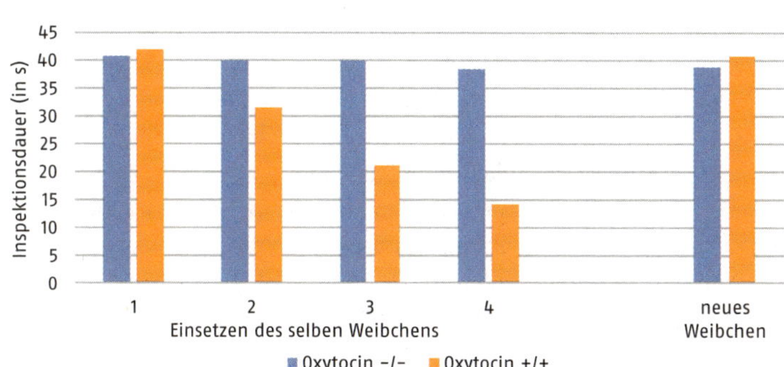

Von experimentellen Studien kann man erst sprechen, wenn Gene ausgeschaltet **(knock-out)** oder eingepflanzt werden können **(knock-in)**. In diesem Falle werden Varianten gezüchtet und beobachtet, die ein bestimmtes Gen nicht aufweisen. Ein RNA-knock-out wird durchgeführt, indem man eine RNA produziert, die komplementär zum Gen in der DNA ist. Dadurch bindet sich die RNA an das entsprechende Gen (die jeweiligen Basen) der DNA, wodurch diese stillgelegt wird. Wenn die Hypothese stimmt, dass ein bestimmtes Gen in ein Verhalten eingebunden ist, sollte sich das Verhalten des Tieres bei einem Knock-out entsprechend ändern. Problematisch ist, dass Gene das Verhalten nicht direkt bestimmen, sondern nur für die Kodierung von Proteinen (z. B. für Hormone, Enzyme etc.) verantwortlich sind. Daher muss bei einer solchen Analyse immer das Gesamtsystem betrachtet werden.

Genexpressionsanalysen (micro-arrays) und **Genregulation** beziehen sich auf die Genaktivität. Hier handelt es sich um eine Untersuchungsmethode, die auf die Umsetzung der genetischen Information fokussiert, d. h., es wird ermittelt, welche Gene jeweils gerade aktiv sind.

Merksatz

Die Genexpression und die Genregulation erläutern, ob, wann und in welchem Ausmaß Gene zu einem bestimmten Zeitpunkt jeweils «angeschaltet» sind (oder nicht).

4.2 Verhaltensphysiologie

4.2.1 Motorische Programme

Bei vielen Tieren lassen sich funktionskonstante Bewegungen bzw. Verhaltenselemente (**Erbkoordination**, «fixed action patterns») finden, die über eine lange Dauer immer relativ gleichartig ablaufen. Beispiele dafür sind Laufen, Fliegen und Schwimmen. Diese Verhaltenselemente beruhen auf rhythmischen, motorischen Mustern, hervorgerufen durch eine Interaktion von Nervenzellen und Muskeln. Werden beispielsweise Meeresschnecken der Gattung *Tritonia* von ihrem Prädator, einem Seestern, berührt, wird eine solche Erbkoordination ausgelöst, wodurch die Schnecke stereotyp ablaufende Schwimmbewegungen zeigt.

Bei Fischen konnte gezeigt werden, dass sie ihre Schwimmbewegungen auch dann noch ausführen, wenn die Verbindung zwischen Gehirn und Muskeln getrennt worden ist. Deshalb werden diese (und analoge) Bewegungen als **autorhythmische Netzwerke** bezeichnet, die ohne Einwirkung des Gehirns funktionieren.

Auch komplexeren Verhaltensweisen, wie dem Bau von Vogelnestern oder Spinnennetzen, liegen relativ einfache Programme zugrunde. Es handelt sich dabei um **genetisch fixierte neuronale Programme**. Webervögel *(Ploceidae)* bauen komplexe und kunstvolle Nester, oft mehrere parallel; auch zerstörte Nester werden wieder ausgebessert und repariert (→ Abb. 4-6). Man könnte nun vermuten, dass für den Nestbau eine höhere kognitive Leistung erforderlich ist, doch die ein-

Abb. 4-6

A B

Das Nestbauverhalten bei Webervögeln folgt einem genetisch fixierten neuronalen Programm. A) Webervogel, B) Webervogelnest. Foto: C. Randler.

fachste Erklärung ist, dass der Vogel immer am Nestrand sitzt und eine Reihe stereotyper Flecht- und Drehbewegungen ausführt. Entfernt man den Teil des Nestes, der als letzter hinzugefügt wurde, setzt sich das Männchen wieder an den untersten Rand und führt dieselben stereotypen Bewegungen aus. Somit lässt sich ein komplexes Resultat mit einfachen genetisch fixierten neuronalen Programmen erklären.

Damit ein Tier der Situation entsprechend «richtig» auf einen Reiz reagieren kann, muss es aus der Fülle der eintreffenden Außenreize die relevanten Reize bzw. die relevante Information herausfiltern. Dies geschieht durch die **sensorischen Filter**. Diese entsprechen den **Angeborenen Auslöse-Mechanismen (AAMs)** der klassischen Ethologie (→ Kap. 3.1). Ein Beispiel für das Herausfiltern der relevanten Information ist das Reiz-Reaktions-Schema bei Glühwürmchen: Glühwürmchen *(Photinus macdermotti)* senden regelmäßige Lichtblitze aus, damit die Paarungspartner zueinander finden. Während die Weibchen meistens auf niedrigen Pflanzen oder am Boden sitzen, fliegen die Männchen herum. Das Weibchen antwortet auf die Lichtblitze des Männchens, um seine Paarungsbereitschaft zu zeigen, und zwar mit einer Zeitverzögerung von 1,1 Sekunden nach dem zweiten Blitz des Männchens. Dadurch wird vermieden, dass das Weibchen auf jeden Lichtblitz (z.B. durch Gewitter etc.) reagiert. Erst wenn ein zweiter Lichtblitz mit definiertem zeitlichem Abstand erfolgt (Reiz), reagiert das Weibchen (Reaktion). Diese Reaktion wiederum signalisiert dem Männchen, dass es ein paarungsbereites Weibchen (Reiz) vor sich hat, worauf sich das Männchen dem Weibchen nähert und sich in dessen Nähe niederlässt.

Nicht jede äußere Reizsituation führt auch zu einer entsprechenden Reaktion. Manches Verhalten wird auch vom physiologischen Zustand des Tieres sowie von Umweltfaktoren moduliert. Ein solches Wechselspiel wurde bei Fliegen untersucht: Fliegen der Gattung *Phormia* messen mit ihren Geschmacksrezeptoren (sensorische Filter) die Konzentration einer Zuckerlösung und saugen umso stärker, je höher die Konzentration ist. Rezeptoren am Kropf messen den Spannungszustand und beenden den Saugvorgang, wenn der Kropf maximal gefüllt ist. Dabei wird diese Information über einen Nerv an das Gehirn gesendet. Wird dieser Nerv durchtrennt, saugt die Fliege so lange weiter, bis sie platzt (Gelperin 1967).

Homöostase | 4.2.2

Die Homöostase dient dazu, verschiedene physiologische Parameter gleich bzw. konstant zu halten, auch wenn die Außen- oder Innenreize variieren. Homöostase findet beispielsweise statt

- zur Aufrechterhaltung der Körpertemperatur bei gleichwarmen Tieren,
- zum Ausgleich der Energiebilanz (Nahrungsaufnahme),
- zur Erhaltung des Integuments (der Körperhülle).

Beispiele:
- Ist ein Tier hungrig (Innenreiz), sucht es nach Nahrung, um den Hunger zu stillen resp. seinen Energiebedarf zu stillen.
- Bei wechselwarmen (poikilothermen) Tieren findet eine Regulation der Körpertemperatur durch die Außentemperatur statt (Außenreiz). Ein Beispiel: Wenn eine Eidechse am Morgen ihren Körper auf höhere Temperaturen bringen muss, sucht sie oft Stellen auf, auf die die Sonne scheint. Dadurch steigt ihre Körpertemperatur. Wird es zu heiß, sucht sie Schatten. Sie hält damit ihre Körpertemperatur auf einem bestimmten Niveau.

Die Aufrechterhaltung des inneren Gleichgewichts wird durch Hormone und Neurotransmitter gesteuert. Dazu dienen Feedback-Schleifen bzw. Regelkreise. Wenn innere Stimuli ein Verhalten beeinflussen, welches die Homöostase erhält, wird dies auch als **Motivation** bezeichnet.

4.2.3 Hormone und Verhalten

Hormone sind Substanzen, die an einem Ort des Körpers produziert werden (Bildungsort) und an einem anderen Ort Änderungen hervorrufen (Wirkort). Hormone werden von endokrinen Drüsen oder Nervenzellen abgesondert (Neurohormone) und in die Blutbahn ausgeschüttet. Die Auswirkungen von Hormonen auf das Verhalten können vier Bereichen zugeschrieben werden (Barnard 2004):
- dem Nervensystem,
- den Sinneswahrnehmungen,
- den Effektorsysteme sowie
- der Entwicklung des Tieres.

Abb. 4-7

Rückkoppelung (Feedback) zwischen Testosteron und Aggression. (Verändert und neu gezeichnet nach Dugatkin 2014.)

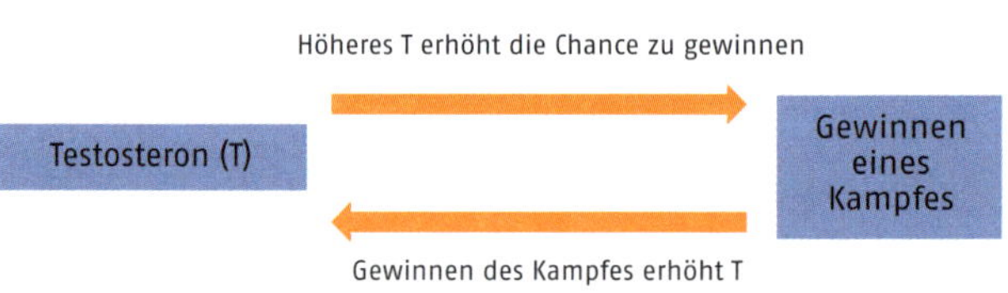

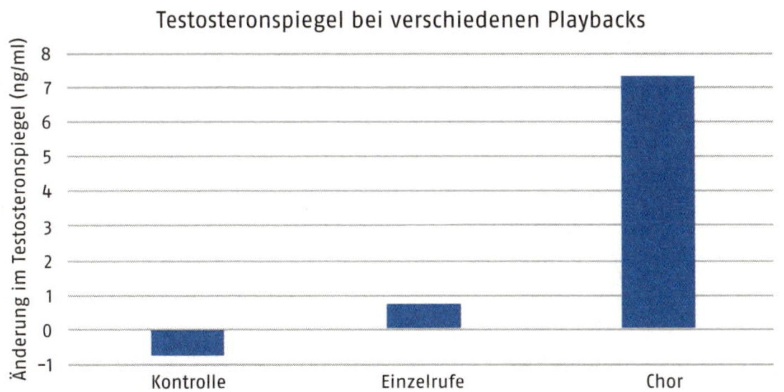

Abb. 4-8

Einfluss verschiedener Playback-Situationen auf den Hormonspiegel von Laubfröschen. Den Laubfröschen wurden jeweils keine Rufe (Kontrollgruppe), Einzelrufe und ein Reigen paarungsrufender Laubfrösche vorgespielt. (Neu gezeichnet nach Burmeister 2000.)

Hormone und Verhalten beeinflussen sich gegenseitig. (→ Abb. 4-7). Eine Beeinflussung von Hormonen durch Verhalten wurde an männlichen Laubfröschen *(Hyla cinera)* experimentell getestet. Die Laubfrösche wurden drei verschiedenen akustischen Reizen ausgesetzt (Burmeister 2000): (i) der Kontrollgruppe wurden keine Rufe vorgespielt, (ii) einer Experimentalgruppe wurden einfache artspezifische Rufe/Laute vorgespielt und (iii) einer zweiten Experimentalgruppe ein Reigen (Chorus) paarungsrufender Männchen vorgespielt. Die Ergebnisse zeigten einen signifikanten Anstieg im Testosteron- und im Corticosteronspiegel in Abhängigkeit zur Experimentalgruppe. Am höchsten waren die Hormonspiegel bei der Gruppe (iii). In diesem Falle bestimmten entsprechend Außenreize den Hormonspiegel der Tiere (vgl. Abb 4-8).

Hormone können sowohl kurzzeitig als auch längerfristig wirken. So wird beispielsweise beim Erscheinen eines Prädators eine Fight-or-Flight-Reaktion ausgelöst, die durch Adrenalin verursacht wird. Dieses wirkt nur sehr kurzfristig. Der Anstieg der Sexualhormone zur Brutzeit dagegen wirkt über einen Zeitraum von einigen Wochen.

Hormone sind **nicht unbedingt artspezifisch:** Testosteron findet man sowohl bei Säugetieren als auch bei Vögeln. Hormone sind aber **wirkungsspezifisch**, d.h., sie erzielen bei unterschiedlichen Tierarten ähnliche Wirkungen.

An den meisten Vorgängen im Tierverhalten sind **Hormone als Mittler** zwischen der Steuerung durch Außenreize und den endogenen neuronalen Mechanismen beteiligt. Bei der Analyse der Wirkzusammenhänge von Hormonen und Verhalten handelt es sich überwiegend um proximate Fragestellungen, die häufig experimentell untersucht werden. Studien an Hormonen sind sowohl korrelativ als auch kausal (→ Kap. 2.3). Man kann beispielsweise die Hormonkonzentration bei verschiedenen Tieren messen und in den Bezug zum Verhalten setzen.

Abb. 4-9 Viele Beutetiere reagieren auf Rufe ihrer Beutegreifer mit entsprechend angepassten Verhaltensänderungen. Dies zeigt sich an der Plasma Cortisol-Konzentrationen bei Golf-Krötenfischen *(Opsanus beta)*, denen Laute von Prädatoren (Delfinen) und Kontrolllaute vorgespielt wurden. Der Anstieg des Plasma-Cortisols wurde nach den Playbacks gemessen. (Neu gezeichnet nach Remage-Healey et al. 2006.)

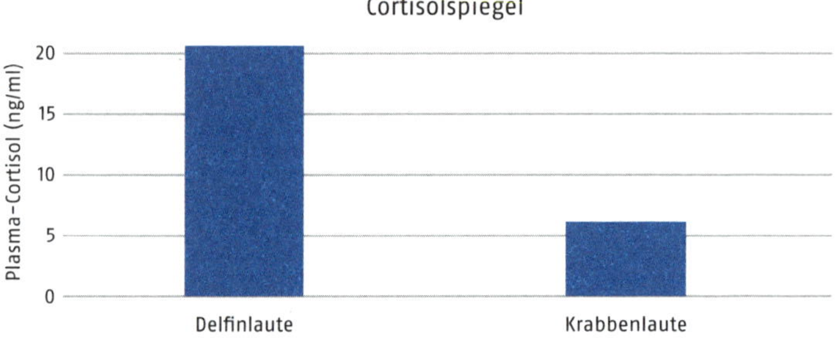

Abb. 4-10

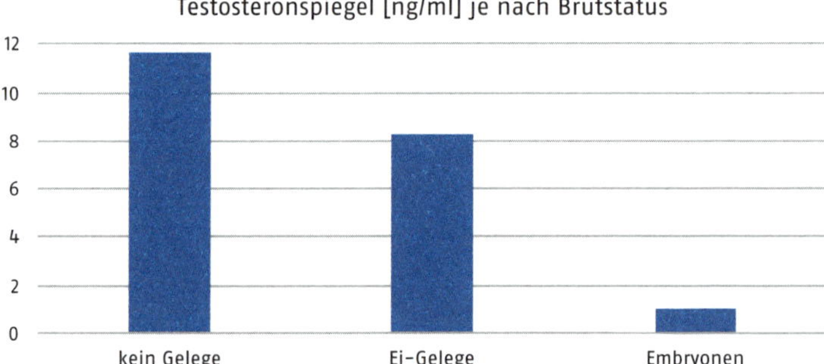

Abb 4-10: A) Testosteronspiegel bei Knochenfischen in verschiedenen Phasen des Brutzyklus. (Neu gezeichnet nach Knapp et al. 1999.)

Solche beschreibenden Studien sind sehr wichtig, werden aber in der Regel durch Experimente ergänzt. Experimentelle Studien zu Hormonen verwenden verschiedene Techniken, z. B. das Entfernen des jeweiligen Organs, welches das Hormon produziert.

Beim Entfernen des hormonproduzierenden Organs wird das Verhalten mit zwei Kontrollgruppen verglichen; nämlich einer Gruppe, bei der kein Eingriff erfolgte, und einer zweiten Gruppe, die sich einem Eingriff unterziehen musste (mit Narkose), bei dem die Hormondrüse aber nicht entfernt wurde. Die Durchführung des Experiments mit zwei Kontrollgruppen ist wichtig, um nachzuweisen, dass die Veränderung im Verhalten nicht allein durch den Eingriff (oder gar durch die Narkose) bedingt ist.

In einer Studie wurden bei Männchen des Mosambik-Buntbarschs *(Oreochromis mossambicus)* die Gonaden (Geschlechtsdrüsen) entfernt. Dies führte zu drastisch gesunkenen Werten an Androgenen im Blut, und damit auch zu einer «Abschaffung» von Nestbauverhalten, Balz und Balzfärbung. Allerdings zeigten sich keine Auswirkungen auf das Aggressionsverhalten. Möglicherweise wird das Aggressionsverhalten also durch andere Mechanismen gesteuert (Almeida et al. 2014).

Neurotransmitter | 4.2.4

Neurotransmitter sind Stoffe, die zwischen den Nervenzellen im synaptischen Spalt als Informationsträger fungieren. Dabei kann die Wirkung der Neurotransmitter von verschiedenen Aspekten abhängen:

- der Menge/Dosis des Neurotransmitters,
- der Anzahl der Rezeptoren und
- den Enzymen, die diese Transmitter aktivieren oder deaktivieren.

Die Neurotransmitter GABA (γ-Aminobuttersäure), Dopamin und Serotonin wurden bei Säugetieren und Vögeln bislang am besten untersucht. **GABA** ist mit Aggression verknüpft; Experimente konnten belegen, dass die Agression mit steigendem GABA-Spiegel sinkt. **Serotonin** kommt in fast allen Nervensystemen vor und beeinflusst die Stimmung von Tieren (und Menschen). Je aufmerksamer ein Tier ist, desto höher ist die Aktivitätsrate serotonerger Neuronen. Sinkt der Serotoninspiegel im Gehirn, nehmen Sexualverhalten, Nahrungsaufnahme und Angst-bedingte Aggression zu; bei Primaten führt ein höherer Spiegel auch zu ausgeprägterem Sozialverhalten und damit zu einem höheren Rang in der Gruppe (Heldmaier & Neuweiler 2004).

Verhaltensontogenie | 4.3

Die **Verhaltensontogenie** ist die individuelle Entwicklung des Verhaltens. Wichtige Fragen dieser Forschungsrichtung sind, ob

- ein bestimmtes Verhalten generell angeboren ist,
- nur das Grundmuster des Verhaltens angeboren ist und im Laufe der Ontogenese verfeinert/optimiert wird oder
- das Verhalten erlernt werden muss.

Instinkt ist ein Konzept der Ethologie (→ Kap. 3), das ein angeborenes Verhalten oder ein vorgegebenes Set an Verhaltensweisen und Reaktionen bezeichnet. Ein solches instinktives Verhalten benötigt weder Reifung noch Lernen, sondern wird bereits beim ersten Mal korrekt ausgeführt. Neben Instinkten gibt es aber noch weitere Verhaltensweisen, die **angeboren** sind und im Laufe des Lebens oft kaum noch verändert werden **(«geschlossene Programme»)**. Ein angeborenes Verhalten zeigt meist relativ geringe Varianz zwischen verschiedenen Individuen und unterliegt damit eher einer stabilisierenden Selektion. Dies kann man durch «**Kaspar-Hauser-Experimente**» testen. Benannt sind sie nach dem Jugendlichen Kaspar Hauser, der am 26.5.1828 in den Straßen Nürnbergs auftauchte. Er erschien mental zurückgeblieben und man vermutete, dass er in völliger Isolation aufgewachsen war. Bei Kaspar-Hauser-Experimenten werden Tiere entsprechend in vollständiger Isolation aufgezogen. Das Verhalten, das sie dann zeigen, muss folglich angeboren sein. Ein Beispiel dafür sind die Grillengesänge, die bei isoliert aufgewachsenen Grillen genauso klingen, wie bei Grillen, die in natürlichen Verhältnissen aufwachsen. Grillen entwickeln demnach ihr Zirpen auch ohne Erfahrung/Nachahmung von anderen Artgenossen. Solche geschlossenen Programme sind vor allem bei Arthropoden (Gliederfüßer) bekannt, es gibt sie aber auch anderswo. Bei Wirbeltieren beispielsweise sind die Grundmuster der Bewegung angeboren (Laufen, Fliegen). Auch der Gesang des Kuckucks *(Cuculus canorus)* ist angeboren und wird weitervererbt (Fuisz & de Kort 2007).

Viele Verhaltensweisen sind jedoch nur im Grunde **angeboren** und müssen **verfeinert** werden, reifen selbstständig oder werden durch Lernen optimiert **(«offene Programme»)**. Bei der **Reifung** (Maturation) ist das Verhalten an sich zwar schon vorhanden, aber die neuromuskuläre Koordination muss erst noch ausreifen. Dies ist oft bei Bewegungen der Fall: Grillen der Art *Teleogryllus commodus* zum Beispiel zeigen bereits in einem Stadium, in dem sie noch keine Flügel besitzen, dieselben Bewegungsmuster, wie die ausgewachsenen, flügeltragenen Tiere (Bentley & Hoy 1970).

Besonders bei Tieren mit einer sehr kurzen Lebensdauer, die keine Brutfürsorge kennen und die solitär (einzeln) leben, scheint die angeborene Komponente überlebenswichtig zu sein. Bei langlebigen, sozialen Arten mit langer Brutpflege kommt hingegen der erworbenen Komponente eine wichtige Bedeutung zu. Das ist beispielsweise bei Säugetieren, wie Elefanten oder Menschenaffen, der Fall, bei denen das **Lernen** eine sehr wichtige Rolle spielt (→ Kap. 9). Man würde also vermuten, dass erworbenes Verhalten eher stereotyp und rigide abläuft, während erlerntes Verhalten eher flexibel und variantenreich erscheinen sollte. Ganz so einfach und offensichtlich ist die Unterscheidung allerdings nicht: Wasserspitzmäuse *(Neomys fodiens)* z. B. erlernen ihre Umgebung sehr schnell und springen beispielsweise über Hindernisse hinweg, zeigen dieses Verhalten aber auch noch relativ stereotyp eine Zeit lang, wenn das Hindernis aus dem Weg geräumt wurde. Auch bei relativ flexiblen Programmen sind die individuellen

Modifikationsmöglichkeiten durch artspezifische Lerndispositionen beschränkt und meistens nur in einer bestimmten Phase der Verhaltensontogenese «eingeplant» (Wehner & Gehring 2007).

Angeboren versus erlernt

Die heutige Sicht der Verhaltensbiologen trennt nicht mehr so deutlich zwischen «angeboren» und «erlernt», sondern vertritt den Standpunkt, dass keine Verhaltensweise nur angeboren und keine ausschließlich erlernt wird. Man geht generell von einer angeborenen Basis (Disposition) aus und von flexiblen/erlernbaren Komponenten. Auch die Quantifizierung des angeborenen und erlernten Anteils eines Verhaltens wird von manchen Autoren grundsätzlich in Frage gestellt und kritisiert (Wehner & Gehring 2007).

Entwicklung des Sozialverhaltens

Über die Entwicklung des Sozialverhaltens sind wir durch eine Reihe klassischer Studien von Harlow gut informiert, der mit Rhesusaffen *(Macaca mulatta)* arbeitete (Harlow & Harlow 1962, Harlow et al. 1971). Dabei wurden Jungtiere einzeln in vollkommener sozialer Isolation aufgezogen (Kaspar-Hauser-Versuche). Sie hatten keinerlei optischen, akustischen oder körperlichen Kontakt zu anderen Tieren und das über 3, 6 oder 12 Monate. Die Tiere entwickelten stereotype Bewegungsmuster und bissen sich zum Teil selbst. Wenn sie nach einem Jahr zu anderen, sozial aufgewachsenen Tieren ins Gehege gesetzt wurden, zeigten sie entweder große Angst oder waren sehr aggressiv; sie hatten also kein Sozialverhalten entwickeln können. Wurden die weiblichen Tiere aus der Experimentalgruppe selbst Mutter, so zeigten sie oft keinerlei Kontakt zu und Interesse an ihrem Nachwuchs. In einer weiteren Studie wurden die Tiere nun wieder in Isolation gehalten, erhielten dann aber eine künstliche Modellmutter mit einem Holzkopf mit großen Augen, an die sich die Jungtiere auch ankuschelten. Sie entwickelten zwar weniger auf sich selbst gerichtetes Verhalten, ihr Sozialverhalten war aber dennoch nicht ausgeprägt. In einem dritten Versuchsansatz wurden die Jungtiere in einem Drahtkäfig gehalten, sodass sie Muttertiere und Altersgenossen sehen und hören, nicht jedoch berühren konnten. Auch in dieser Situation entwickelten die Jungtiere nur ein unvollständiges Verhaltensrepertoire. Wenn die Jungtiere allerdings mit einer Modellmutter aufwuchsen und täglich 20 Minuten Kontakt zu Altersgenossen hatten, entwickelte sich ihr Sozialverhalten normal. Außerdem war der physische Kontakt zu Altersgenossen wichtiger als derjenige zur Mutter.

4.3.1 Spiel bei Tieren

Spielen ist bei einigen Tierarten weit verbreitet. Die Ursprünge sind weitgehend unbekannt. Viele Vögel und die meisten Säugetiere spielen, für andere Tiergruppen ist es nicht sicher nachgewiesen (z. B. bei Reptilien). Folgende drei Typen werden unterschieden:

- Selbstspiel mit unbelebten Objekten,
- lokomotorisches Spielen und
- soziales Spielen.

Die Grenzen sind fließend, da ein Spiel mit Objekten und lokomotorisches Spiel sowohl im Selbstspiel als auch im sozialen Spiel stattfinden kann. Beim Spielen handelt es sich um Verhalten ohne einen erkennbaren äußeren Zweck und ohne einen direkten Überlebensvorteil. Es sind aber oft Verhaltensweisen, die einen Bezug zum Überleben der Tiere haben, sodass Spielen wohl einen adaptiven Zweck hat. Viele Raubtiere spielen als Jungtiere Anschleichen und Jagen, was ihnen später Vorteile bringt. Spielen beinhaltet allerdings auch Risiken, da die Tiere sich dabei verletzen können oder sie beim Spielen weniger aufmerksam sind und daher leichter Opfer von Beutegreifern werden. Verletzungen durch Spiel wurden bei Blaubrustpavianen *(Theropithecus gelada)* beobachtet: Die Paviane fallen beim Spielen oft einige Meter über ein Kliff hinab und ziehen sich dabei Verletzungen zu. Für das Prädationsrisiko gibt es Belege bei Südamerikanischen Seebären *(Arctocephalus australis)*: Junge Seebären spielen während etwa 6 % ihrer Zeit. In diesen Zeitraum fallen 86 % aller erfolgreichen Angriffe von Seelöwen *(Otaria byronia)*. Beide Beispiele belegen, dass Spielen Kosten mit sich bringt (Überblick Bekoff & Byers 1998).

Generell wird die Evolution des Spielens mit zwei Überlegungen in Verbindung gebracht. Die eine Hypothese sieht Spielen als ein Relikt aus der **evolutiven Vergangenheit** an. Wenn beispielsweise Kinder spielen und dabei Stöcke werfen, erinnert dies an die evolutive Vergangenheit als Jäger. Die andere Hypothese sieht Spielen als eine **Vorbereitung auf die Zukunft**. Wenn nun Spielen eine Vorbereitung für die Zukunft ist, können zwei weitere Hypothesen formuliert werden: die Übungshypothese und die Trainingshypothese. Gemäß der Übungshypothese dient Spielen dazu, Bewegungen zu verfeinern, die für das Überleben notwendig sind. Dies wird dadurch belegt, dass Spielen hauptsächlich bei Jungtieren vorkommt. Eine andere Hypothese ist die **Trainingshypothese**, gemäß der das Spielen die Muskulatur, das Herz und die Koordination trainiert, um diese für das weitere Überleben zu optimieren.

Außenreize und Innenreize wirken bei der Steuerung des Verhaltens zusammen

4.4

Außenreize und Innenreize wirken bei Tieren gemeinsam auf das Verhalten ein, was sich leicht am Schlaf-Wach-Rhythmus illustrieren lässt: Phasen der Ruhe/des Schlafens wechseln sich mit Phasen der Aktivität ab. Dabei gibt es Tiere, wie den Menschen (oder viele Vogelarten), die in der Regel innerhalb von 24 Stunden eine längere Schlaf- und eine längere Wachphase haben. Die innere Uhr sitzt über der Kreuzung der Sehnerven im sogenannten Suprachiasmatischen Nucleus (SCN) im Gehirn und bildet den angeborenen (endogenen) Reiz. Eine innere Uhr wurde bei fast allen Tierarten gefunden. Sie folgt jedoch nicht perfekt dem 24-Stunden-Rhythmus, sondern ist etwas länger. Da die innere Steuerung nur in etwa einem 24-Stunden-Rhythmus folgt, wird sie als circadian (circa = etwa, dies = Tag) bezeichnet. Um korrekt zu funktionieren, benötigt die innere Uhr daher Außenreize. Solche zyklischen Außenreize werden als Zeitgeber bezeichnet. Bei den meisten Lebewesen bilden die **Photoperiode,** d.h. die Phase zwischen Sonnenauf- und Sonnenuntergang den Reiz, der die innere Uhr auf die richtige Zeit einstellt. Dies ist der Grund, warum es Menschen gelingt, sich nach einiger Zeit des Jetlags auf die neuen Umweltbedingungen einzustellen – obwohl die innere Uhr eine andere Zeit kennt, passt sie sich zeitverzögert an die Außenreize an. Der Schlaf-Wach-Rhythmus ist typisch für viele biologische Rhythmen, da diese in der Regel durch die **Kombination einer inneren Uhr mit einem äußeren Zeitgeber** bestimmt werden. Bei vielen Lebewesen erfolgt auch eine **Rhythmisierung im Jahreslauf** (circannualer Rhythmus). Diese Rhythmen sind allerdings bedeutend schlechter erforscht als die circadianen. Circannuale Rhythmen steuern beispielsweise den Aufbau von Depotfett bei Säugetieren zur Vorbereitung auf den Winterschlaf. Bei der Erforschung von Rhythmen und Außenreizen liegt der Schwerpunkt auf der Erfassung der proximaten Ursachen, d.h. jener Mechanismen, die das jeweilige Verhalten auslösen. Dies liegt vor allem daran, dass die ultimaten Gründe recht offensichtlich sind (Winterschlaf – um den Winter zu überstehen, Vogelzug – um in nahrungsreichere Gefilde zu fliegen).

Außenreize wirken auch auf die **Fortbewegung**. Die einfachsten Mechanismen sind **Kinese** und **Taxis**. **Kinese** bezeichnet die Änderung der Fortbewegungsrate auf einen Reiz hin. Asseln beispielsweise bevorzugen eine feuchtere und dunklere Umgebung als Lebensraum. Deswegen bewegen sie sich in trockener und heller Umgebung mehr, um wieder in eine für sie besser geeignete Umgebung zu gelangen. Reize, die dabei wirksam sind, sind Helligkeit und Luftfeuchtigkeit. Die Kinese ist ungerichtet, das bedeutet, dass die Asseln so lange umherlaufen, bis die Umweltbedingungen wieder besser sind (Fraenkel & Gunn 1961). **Taxien** sind automatisch ablaufende, gerichtete Bewegungen als Reaktion auf einen Reiz. Bewegt sich ein Tier auf einen Reiz hin, spricht man von positiver Taxis, bewegt es sich davon weg, von negativer Taxis. Einige Nachtschmetterlinge werden vom Licht (beispielsweise Straßenlaternen) angelockt. Dies ist eine positive Phototaxis. Viele Fischarten in Fließgewässern sind rheotaktisch, d.h., sie richten sich mit dem Kopf in Richtung Strömung aus und schwimmen gegen den Strom, um nicht abgetrieben zu werden.

Auch **soziale Reize** kommen als Außenreize infrage. Wanderheuschrecken *(Locusta migratoria)* beispielsweise können von einer solitären Lebensweise auf Schwarmverhalten «umschalten». Auslöser sind mehrfache unintentionale Berührungen der Hinterbeine zwischen den Tieren. Die Verhaltensumstellung erfolgt innerhalb kürzester Zeit (Simpson et al. 1999).

Migrationsverhalten: Tierwanderungen und Vogelzug

Tierwanderungen finden bei vielen Arten statt, so bei Insekten wie dem Monarchfalter *(Danaus plexippus)*, Reptilien wie den Seeschildkröten (zu ihren Eiablageplätzen), zahlreichen Vogelarten und vielen Huftierarten. Dabei wird zwischen zwei Typen der Wanderung unterschieden:

- Zerstreuungswanderungen/Dispersal («einfache Fahrt ohne Rückfahrkarte») und
- regelmäßige Wanderungen vom Brut- zum Winterquartier («Hin- und Rückfahrt»).

Bei fast allen Tierarten findet **natales Dispersal** statt. Dies ist der Fall, wenn Jungtiere sich in anderen, weiter entfernten Lebensräumen niederlassen als ihre Eltern. Natales Dispersal steht damit für die Wanderung eines Individuums vom Platz der Geburt zum Ort seiner eigenen Reproduktion (Ansiedlungsstreuung). **Sekundäres Dispersal** bezeichnet dagegen auch die Ortswechsel der adulten Tiere. Bleibt ein Tier in der Nähe seines Geburtsorts, spricht man von **Geburtsortstreue (Philopatrie)**. Davon zu unterscheiden ist die **Brutortstreue**, bei der Tiere nicht zwischen Brutstätten wechseln. Am Geburtsort oder Brutort zu verbleiben, hat Vorteile (Kenntnis von Nahrungsquellen, Brutmöglichkeiten und anderen Ressourcen). Demgegenüber bietet auch Dispersal verschiedene Vorteile: Es hilft, Inzucht zu vermeiden, reduziert den Wettbewerb (z.B. um Nahrung), führt zur Besiedlung neuer Habitate und kann Infantizid vorbeugen.

Tab. 4-3

Natales Dispersal: Zahl der Tierarten, bei denen entweder Männchen oder Weibchen oder beide Geschlechter wandern in Bezug zum jeweilgen Paarungssystem. (Nach Dobson & Jones 1985, Greenwood 1980, Greenwood & Harvey 1982, Goodenough et al. 1993, S. 534 u. 535.).

	Hauptsächlich dispergierendes Geschlecht		
	Männchen	Weibchen	beide
Säugetiere	45	5	15
Vögel	3	21	6
monogam	0	1	11
polygyn oder promisk	46	2	9

Beim Dispersal gibt es Geschlechts- und Altersunterschiede. Es dispergieren eher die Jung- als die Alttiere und bei Säugetieren eher die Männchen als die Weibchen, bei Vögeln hingegen eher Weibchen als die Männchen. Welches Geschlecht dispergiert, hängt auch vom Paarungssystem ab. In polygynen Paarungssystemen dispergieren eher die Männchen (→ Tab. 4-3), da dort in einer Gruppe ein oder wenige Männchen alle Weibchen monopolisieren. Für die jüngeren Männchen erhöht sich bei dispergierenden Verhältnissen die Chance, eigenen Nachwuchs zu produzieren. Bei den meisten monogamen Vogelarten jedoch verteidigen die Männchen eine Ressource (Territorium), weshalb die Weibchen dispergieren.

Im Gegensatz zum Dispersal sind die großen und bekannten Tierwanderungen Ortsbewegungen vom Brutgebiet und wieder zurück. Am besten untersucht sind solche weiträumigen Wanderungen bei Zugvögeln. Im europäisch-afrikanischen Gebiet **ziehen** jährlich etwa 2 Milliarden Vögel. Dabei wird aufgrund der Zugstrecke kategorisiert zwischen Kurzstreckenziehern und Langstreckenziehern. **Kurzstreckenzieher**, die oft bereits im Mittelmeerraum überwintern (Stare *(Sturnus vulgaris)*; Hausrotschwanz *(Phoenicurus ochruros)*), sind relativ flexibel in ihren Zugstrategien und in ihrem Zugtiming und dabei oft wetter- und umweltabhängig. In warmen, trockenen Wintern verharren sie manchmal länger im Brutgebiet, ihr Zugverhalten ist stärker von Außenreizen abhängig **(exogene Steuerung)**. **Langstreckenzieher**, die in Afrika überwintern, folgen hingegen weitgehend einem inneren **(endogenen)** Programm. Viele Vogelarten besitzen neben einer inneren Uhr (circadian) auch einen inneren Kalender (circannual), der den Zug steuert. Man kann dies testen, indem man Vögel von Hand aufzieht und sie dann zur Zugzeit in einen Käfig mit speziellen Sitzstangen setzt, die die Aktivität laufend registrieren und aufzeichnen. Zugvögel zeigen auch im Labor bei konstanten Temperaturen und Lichtverhältnissen nächtliche **Zugunruhe**. Anhand der Zahl der Tage, an denen die Vögel Zugunruhe zeigen, lässt sich etwa auch die **Zugstrecke** bestimmen. Langstreckenzieher zeigen im Labor längere Zeit Zugunruhe (Berthold 1973, 2000).

Vögel finden ihre Überwinterungsgebiete auf unterschiedliche Weise. Zum einen gibt es eine angeborene Zugrichtung, die Vektornavigation. Mithilfe dieser finden die Vögel den Weg ins Überwinterungsgebiet, auch wenn sie alleine fliegen. Der Vektor gibt die Richtung vor und das Ausmaß angeborener Zugunruhe bestimmt die Zuglänge. Zum anderen orientieren sich manche Vogelarten an der Sonne, andere wiederum an den Sternen und manche mithilfe des Erdmagnetfeldes. Eine Orientierung an **Landmarken** findet meist nur auf kurze Entfernungen statt und scheint beim Vogelzug wenig Bedeutung zu haben.

Weiterführende Literatur

Bekoff M, Byers JA (1998): Animal Play. Evolutionary, comparative and ecological perspectives. Cambridge University Press, Cambridge, 274pp.

Müller W, Frings S (2009): Tier-und Humanphysiologie: eine Einführung. 4. Aufl. Springer-Verlag, Heidelberg, 674pp.

Wehner R, Gehring WJ, (2007): Zoologie. 25 Aufl. Thieme, Stuttgart, 792pp.

Nahrungssuche

5

Inhalt

Nahrungssuche kann man unter dem Aspekt von Kosten und Nutzen interpretieren. Tiere sollten Nahrung fressen, die sowohl vom Energie- als auch vom Nährstoff- und Mineralstoffgehalt optimal ist. Dabei sollten die Tiere an einem möglichst sicheren und möglichst ergiebigen Ort nach Nahrung suchen. Dadurch ergeben sich Konflikte zwischen der Sicherheit vor Prädatoren und einem optimalen Platz zur Nahrungssuche. Die Strategie der Nahrungssuche wird durch den Nettogewinn beeinflusst. Tiere sollten Beutegrößen wählen, bei denen sie mit möglichst geringem Zeitaufwand für Suche und «Behandlung» der Beute möglichst viel Energie gewinnen können. Ein weiterer Aspekt befasst sich mit der Verweildauer an einem Ort. Tiere können Ressourcen und Reviere verteidigen, wenn der Nettogewinn höher ist als die Kosten der Revierverteidigung.

Tiere müssen ihre Energiebilanz ausgeglichen halten und deshalb regelmäßig Energie zu sich nehmen. Dabei verbrauchen wechselwarme (ektotherme) Tiere weniger Energie pro Kilogramm Körpergewicht als gleichwarme (endotherme), weshalb gleichwarme Tiere mehr Energie aufnehmen, also mehr fressen müssen. Pflanzen liefern weniger Energie als Tiere, weshalb Pflanzenfresser größere Zeitanteile mit Fressen verbringen als Fleischfresser. Bei der Nahrungssuche stellen sich folgende grundsätzlichen Fragen (nach Bairlein 1996, verändert):

- Welche Nahrung fresse ich?
- Welche Strategie der Nahrungssuche wende ich an?
- Wo suche ich nach Nahrung?

- Wann suche ich nach Nahrung?
- Wie lange verweile ich, bis ich den Ort wechsle?

5.1 | Welche Nahrung fresse ich? Nahrungswahl

Hinsichtlich der Nahrungsaufnahme kann man verschiedene Typen unterscheiden. **Filtrierer** filtrieren das Wasser, nehmen die darin enthaltene Nahrung auf und scheiden das Wasser wieder aus. Die meisten Filtrierer sind Wirbellose, z. B. die Muscheln; es gibt aber auch Säugetiere, wie Bartenwale, und Vögel, wie die Flamingos, die ihre Nahrung aus einem Medium heraus filtrieren. **Substratfresser** leben in oder auf dem Substrat, das sie fressen. Miniermotten beispielsweise fressen sich als Raupen durch die Blätter des Baumes, auf dem sie geschlüpft sind. Der Regenwurm frisst sich durch den Boden, in dem er lebt. **Sauger**, wie Blattläuse, Stechmücken oder Bienen, nehmen ihre flüssige Nahrung mithilfe ihrer (stechend-)saugenden Mundwerkzeuge auf. **Kauer und Schlinger** zerkleinern ihre Nahrung mehr oder weniger mithilfe von Scheren, Klauen, Kiefern und Zähnen. Beispiele hierzu sind Käfer, aber auch Pflanzen- und Fleischfresser, wie Antilopen und Raubtiere.

Reine Pflanzenfresser werden als **Herbivoren**, reine Fleischfresser als **Carnivoren** und Allesfresser als **Omnivoren** bezeichnet. Herbivoren fressen verschiedene Bestandteile der Pflanzen, von denen manche sehr nahrhaft sind (z. B. Knollen), manche aber auch relativ nährstoffarm (etwa die Blätter von Gräsern). Je nach Energiereichtum und Nährstoffgehalt der Nahrung müssen die Tierarten ihre Zeitbudgets anpas-

Abb. 5-1 |

Chilenische Flamingos *(Phoenicopeterus chilensis)* sind Beispiele für Filtrierer, die Wasser mit ihrem Schnabel durchseihen.
Foto: C. Randler.

Faktoren, die die Nahrungswahl beeinflussen. (Neu gezeichnet nach Bairlein 1996, p. 26, verändert.) | **Abb. 5-2**

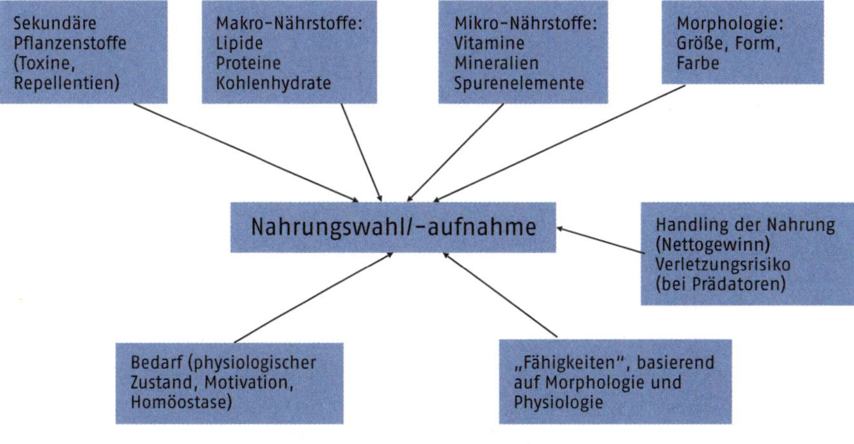

sen. Je energieärmer die Nahrung, desto mehr Zeit muss mit Nahrungsaufnahme verbracht werden.

Die Einteilung in die oben genannten Ernährungstypen ist allerdings nicht so streng und konsequent, wie die Auflistung suggeriert. Die Nahrungswahl bleibt auch nicht unbedingt über die gesamte Lebensspanne eines Individuums gleich. Libellenlarven leben beispielsweise im Wasser und ernähren sich von kleineren Fischen, Kaulquappen und anderen Wassertieren, während die adulten Libellen Luftjäger sind und Fluginsekten fangen (Corbet 1999). Auch saisonale Unterschiede können festgestellt werden: Zum einen unterliegt das Nahrungsangebot jahreszeitlichen Schwankungen, zum anderen können die (Nährstoff-) Ansprüche im Jahresverlauf unterschiedlich sein (z.B. während der Jungenaufzucht oder, weil Fettdepots für den Winter angelegt werden). Insektenfressende Singvögel bevorzugen beispielsweise vor dem Abzug in das Winterquartier zuckerreiche Beeren, um ihre Energievorräte aufzufüllen.

Es gibt **Nahrungsgeneralisten**, die eine große Auswahl an Futter fressen (omnivor), sowie **Nahrungsspezialisten**, die ein sehr eingeschränktes Nahrungsspektrum haben, wie die Raupen des Monarchfalters *(Danaus plexippus)*, die sich nur von Blättern der Seidenpflanze ernähren (Mattila & Otis 2003). Manche Tierarten kultivieren sogar ihre Nahrung, d.h., sie gärtnern. Blattschneiderameisen (*Acromyrmex* sp.) «schnei-

Abb. 5-3

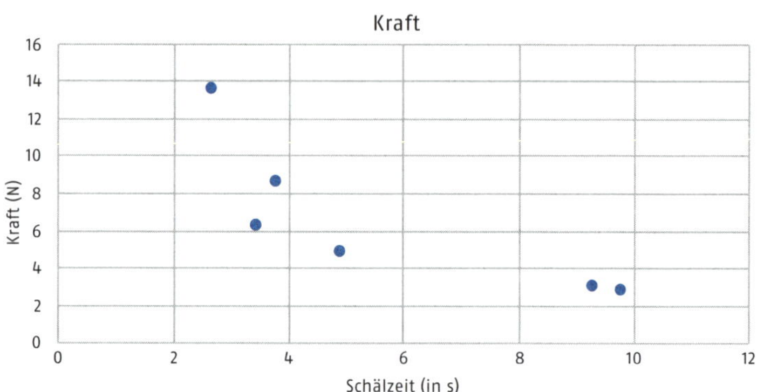

Beziehung zwischen Schnabelstruktur und Nahrung. Kraft des Schnabels bei europäischen Finkenarten und Schälzeit von Samen. (Neu gezeichnet nach van der Meij & Bout 2006, verändert.)

den» frische Blätter ab und transportieren sie zu ihrem Bau. Dort werden sie zuerst von ihrer Wachsschicht befreit, gekaut, und dann mit den Hyphen (Pilzfäden) versetzt.

Auch die **Morphologie** der Tiere spielt bei der Nahrungswahl und -aufnahme eine Rolle (→ Abb. 5-2). So können manche Pflanzenfresser, wie z. B. Kühe, auch relativ unergiebige Nahrung fressen und sie durch Wiederkäuen ein zweites Mal nutzen. Blinddärme helfen ebenfalls bei der Verwertung pflanzlicher Nahrung. Deshalb findet man bei Fleischfressern relativ kurze Blinddärme. Die Morphologie eines Tieres kann auch als äußeres Merkmal die Nahrungswahl bestimmen: Je kräftiger der Schnabel eines Vogels ist, desto größer sind die Kerne, die er aufknacken kann (Bairlein 1996; Newton 1972).

Auch die Inhaltsstoffe der Nahrung spielen eine Rolle. Energielieferanten sind die Makronährstoffe: Fette (Lipide), Kohlenhydrate und Proteine. **Fette** liefern 930 kcal (3894 kJ) pro 100g, **Proteine** 420 kcal (1759 kJ) und **Kohlenhydrate** 410 kcal (1717 kJ). Deshalb bevorzugen viele Säugetiere vor dem Winterschlaf bzw. winteraktive Tiere im Winter fetthaltige Nahrung als Energiequelle. Proteine werden darüber hinaus für den Bau- und Erhaltungsstoffwechsel benötigt.

Nicht nur der Energiegehalt der Nahrung spielt eine Rolle, sondern auch der Gehalt an **Mikronährstoffen** wie Vitaminen und Mineralstoffen. Die Bedeutung von Mikronährstoffen sei am Beispiel der Carotinoide bei Vögeln erläutert: Carotinoide spielen eine wichtige Rolle bei der Ausprägung und Intensität von Federfarben. Gut untersucht ist dies bei Hihis *(Notiomystis cincta)*, neuseeländischen Singvögeln, die Sexualdimorphismus zeigen (→ Kap. 7.4). Die Männchen haben ein auffälliges gelbes Gefieder, das von Carotinoiden herrührt. Während der Mauser (wenn die Vögel ihre Federn wechseln) wählen männliche Hihis – im Gegensatz zu Weibchen – besonders carotinoidhaltiges Futter (Walker et al. 2014). Sie tun das, um ihr prächtiges Gefieder wiederaufzubauen (proximater Aspekt), was ihnen Vorteile bei der Balz bringt (ultimater Aspekt), da Weibchen Männchen mit möglichst gelbem Gefieder bevorzugen. Das gelbe Gefieder ist somit ein ehrliches Signal für den Ernährungszustand des Männchens.

Merksatz

Nahrungswahl bezieht sowohl den kalorischen Gehalt (Energie) als auch die verschiedenen Nähr- und Mineralstoffe mit ein (Qualität der Nahrung).

Auch **Abwehrstoffe** von Tieren und Pflanzen werden gelegentlich gefressen. Pyrrolizidine Alkaloide sind solche **sekundären Pflanzenstoffe**, die Fressfeinde abschrecken sollen und eine Pflanze ungenießbar machen. Manche Schmetterlingsarten jedoch ernähren sich von solchen giftigen Pflanzen, um selbst dadurch für Fressfeinde ungenießbar zu werden (→ Kap. 6). Es gibt auch Hinweise, dass manche Tiere spezielle Pflanzen fressen, wenn sie eine Infektion haben oder von Parasiten befallen sind (Pharmakophagie; Erler et al. 2016). Nahrungswahl ist somit weit mehr als nur die Aufnahme von Energie und Mikronährstoffen.

5.2 Strategien der Nahrungssuche

Bei der Nahrungswahl werden verschiedene Entscheidungen getroffen, die in das Modell der optimalen Nahrungswahl integriert werden können. Ein Tier kann entweder in einer bestimmten Zeiteinheit mehr

Abb. 5-4

Nahrungswahl der Bachstelze *(Motacilla alba)*. Häufigkeit (Verfügbarkeit) von Dungfliegen einer bestimmten Größenklasse und tatsächliche Nahrungsaufnahme durch die Bachstelze. Dies belegt, dass die Bachstelze eine bestimmte Beutetiergröße bevorzugt. Zu kleine Fliegen enthalten zu wenig Energie, zu große Fliegen dagegen müssen länger bearbeitet werden, bevor sie gefressen werden können. (Neu gezeichnet nach Davies 1977.)

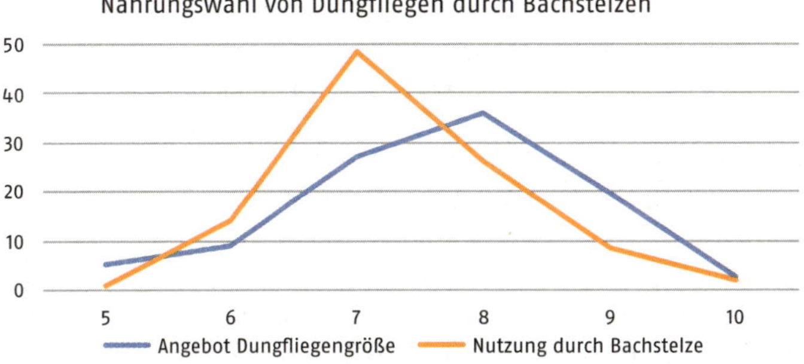

Abb. 5-5 | Präferenz der Strandkrabbenart *Carcinus maenas* für eine bestimmte Beutegröße (Muschel). Die Krabben selektieren also die Beutegröße mit dem größten Energiegewinn. (Neu gezeichnet nach Elner & Hughes 1978.)

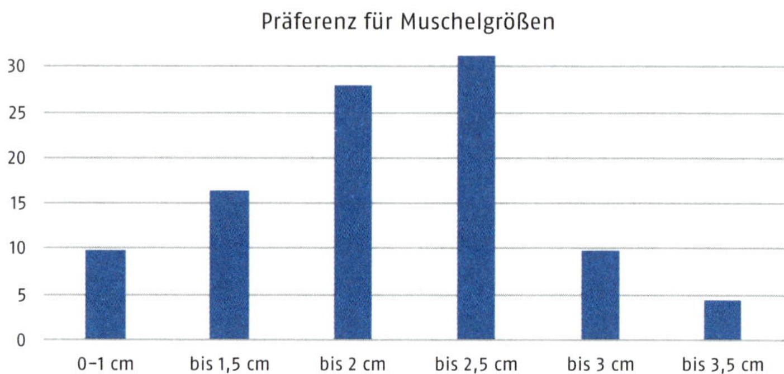

fressen oder aber profitableres (energiereicheres) Futter wählen (Scott 2005). Manche Nahrungsteile sind häufiger (Verfügbarkeit), einfacher zu finden, leichter zu erbeuten, leichter zu verdauen oder haben höheren kalorischen Wert als andere. Da die Kosten und der Gewinn relativ leicht in der Währung Kalorien bzw. Joule berechnet werden können, hat die Nahrungswahl in der Theorie des optimalen Verhaltens besonderen Wert.

Tiere sollten theoretisch wegen des Energiegehalts generell eher größere Beutestücke fressen als kleinere. Experimente mit Kohlmeisen *(Parus major)* in einem Labor zeigten, dass Meisen die größeren Nahrungsstücke bevorzugten, wenn sie zwischen großen und kleineren Nahrungsstücken wählen konnten. Allerdings ist die Sache nicht so einfach, wie es den Anschein hat. Normalerweise sind größere Beutestücke auch mit höheren Kosten verbunden, sie sind z. B. schwerer zu töten. Bei Strandkrabben der Art *Carcinus maenas* zeigte sich eine klare Bevorzugung einer mittleren Beutegröße (→ Abb. 5-5): Da eine Muschel umso mehr essbaren Inhalt aufweist, je größer sie ist, sollten die Krabben möglichst große Muscheln vorziehen. Der Energieaufwand für das Öffnen großer Muscheln ist aber höher, sie sind daher unprofitabel. Kleine Muscheln lassen sich leichter knacken, bieten aber auch weniger essbaren Inhalt. Das Nahrungswahlverhalten der Strandkrabben ist also optimal.

Ein weiterer Aspekt ist die **Variabilität** der Nahrung. Krebs und Davies (1996) erläutern dies folgendermaßen: Wenn ein Tier täglich 10 Einheiten einer bestimmten Nahrung bekommen kann oder zufällig einmal 5 und am nächsten Tag einmal 20 Einheiten, dann bekäme es bei der Wahl der zufälligen Verteilung durchschnittlich mehr (täglich im Schnitt 12,5 Einheiten). Genügen einem Tier jedoch 10 Einheiten pro Tag zum Überleben, sollte es die sichere Version wählen. Reichen 10 Einheiten nicht zum Überleben, muss die unsichere, aber durchschnittlich profitablere Alternative gewählt werden. Tiere müssen deshalb nicht nur den möglichen Energiegewinn berücksichtigen, sondern auch die Variabilität des Nahrungsangebots.

Die oben behandelten energetischen Aspekte und die Variabilität der Nahrung führen zu unterschiedlichen Strategien bei der Nahrungssuche. Sind die energetischen Kosten geringer als der Ertrag, sollten Tiere vorsichtiger sein und sich deshalb für die 10 Einheiten pro Tag entscheiden (risikovermeidendes Verhalten). Wenn der Energiebedarf aber über dem Durchschnitt liegt (im obigen Beispiel die 12,5 Einheiten), sollten Tiere die variablere Option wählen (riskantes Verhalten). Das Verhalten wird auch durch innere Faktoren gesteuert, wie aktueller Hunger und Fettreserven. Caraco et al. (1990) testeten dies an Rotrückenjuncos *(Junco phaeonotus)*. Diese konnten in einem Käfig wählen zwischen einer risikoarmen Variante (immer 3 Samen) oder einer risikoreicheren Variante, nämlich 0 oder 6 Samen, mit einer Wahrscheinlichkeit von 50 %. Bei niedriger Temperatur, wenn der Energiebedarf erhöht war, wählten die Juncos die riskantere Option, bei höheren Temperaturen dagegen die konstante und damit risikoärmere Option. Ähnliches Verhalten ergibt sich, wenn Tiere über Nacht hungern.

Manche Tiere umgehen dieses Problem und machen bezüglich ihrer Fettreserven ein «outsourcing»: Sie legen **Futterverstecke** an. Futterverstecke können an einem zentralen Platz liegen **(larder hoard)**, z. B. im Bau eines Feldhamsters, der davon während der Winterruhe zehrt, oder in vielen verschiedenen Verstecken (Eichhörnchen). Manche Arten wie etwa der Leopard, horten das Futter, z. B. einen Tierkadaver, nur über eine kürzere Zeit, während andere Futter über einen längeren Zeitraum horten oder verstecken. Ein Futterversteck an einem zentralen Platz hat den Vorteil, dass der kognitive Aufwand für das Tier generell gering ist, weil es nur einen einzigen Platz wiederfinden muss. Wird Futter an vielen verschiedenen Stellen versteckt **(scatter hoard)**, ist dies ein Mehraufwand (→ Kap. 9). Allerdings findet auch eine Risikostreuung statt: wird eines von vielen Verstecken von einem anderen Tier gefunden und leer gefressen, ist dies ein geringerer Verlust.

Strategien von Räubern (Prädatoren)

Als Prädatoren werden in diesem Zusammenhang Tiere bezeichnet,

Abb. 5-6 | Beispiele für Ansitzjäger. A) Krabbenspinne (Thomisidae), B) Gottesanbeterin *(Mantis religiosa)*. Fotos: C. Randler.

die ihre Beute töten und fressen (Kappeler 2012). Die Jagdstrategien der Prädatoren hängen von der präferierten Beute, der Physiologie von Räuber und Beute sowie dem Lebensraum ab. **Ansitzjäger** (z. B. Krokodile, Libellenlarven, Eisvögel) sind gut getarnt und verharren ruhig an einer Stelle, bis ihnen Beute nahe genug kommt. Die Kosten für die Beutesuche sind sehr gering bzw. beschränken sich auf die Wahl eines guten (optimalen) Platzes. Die meisten Ansitzjäger sind wenig selektiv und fressen, was sie erwischen. Die meiste Energie wird auf das Warten verwendet. Manche Ansitzjäger, wie der Pottwal oder bestimmte Schildkröten, stellen **Fallen**, um ihre Beute anzulocken. Spinnen nutzen ihre Netze als Fallen, Ameisenlöwen bauen Fangtrichter. In diesen Fällen wird die Umwelt in einer geeigneten Form manipuliert. Ansitzjäger nutzen die Möglichkeiten der **Tarnung** (→ Kap. 6): Leoparden verschmelzen durch ihre Fleckung mit ihrer Umgebung und sind so für die Beute schlecht sichtbar. Die Gottesanbeterin *(Mantis religiosa)* ist infolge ihrer grünen Färbung auf Pflanzenteilen oft kaum erkennbar.

Such-/Verfolgungsjäger

Diese suchen aktiv nach Beute und haben dadurch höhere Energiekosten, sind aber bei der Wahl der Beute selektiver, da sie Energie in deren Verfolgung investieren. Suchjäger können sowohl einzeln jagen (**solitäre Jäger**; z. B. der Fuchs) oder aber in Gruppen (z. B. Wölfe). Das **Jagen in Gruppen** hat Vorteile, da ungleich größere Beutetiere erlegt werden. Dem Nutzen eines größeren Beutetiers stehen die Kosten der

Beuteteilung mit der Gruppe gegenüber. Die Zahl der Jagdhandlungen pro Zeiteinheit hängt von der Beutegröße ab. Kleine Singvögel, wie Meisen oder Schnäpper, die von Insekten leben, müssen pro Zeiteinheit mehr Jagdhandlungen ausüben, um ihren Nahrungsbedarf zu decken, als Löwen, die vom Jagderfolg tagelang zehren können.

Viele Beutearten versuchen, sich den Beutegreifern zu entziehen (→ Kap. 6), weswegen die Prädatoren wiederum besondere Anpassungen besitzen, um ihre Beute zu entdecken. Manche Schlangenarten (z.B. Klapperschlangen) können Körperwärme ihrer Beutetiere mithilfe von Infrarotrezeptoren wahrnehmen, während Fledermäuse die Echoortung nutzen, um ihre Beute zu finden. Skorpione wiederum erkennen die Bewegung ihrer Beute anhand der Vibrationen im Sandboden. Schnabeltiere können elektrische Felder wahrnehmen, die ihre Beute verursacht. Es gibt also eine Reihe von Anpassungen, durch die Beutegreifer einen Vorsprung gegenüber ihren Beutetieren haben.

Viele Tiere besitzen bei der Nahrungssuche ein **Suchbild**, das auf bestimmten Merkmalen der Nahrung beruht. Dadurch kann die Suche schneller vonstattengehen. Das Suchbild wird durch Lernen optimiert und kann sich auch ändern (Ruxton et al. 2004). Es besteht noch Uneinigkeit darüber, ob sich Tiere beim Suchbild an einem oder wenigen Merkmalen orientieren oder, ob es eine Art Repräsentation der Gesamtbeute darstellt (Dugatkin 2014). Möglicherweise evolvierten Suchbilder deshalb, weil Tiere lernen mussten, gut getarnte Beute zu entdecken.

Verschiedene **Sinnesmodalitäten** wirken bei der Suche zusammen. An Grauen Mausmakis *(Microcebus murinus)* wurde der Einfluss verschiedener Stimuli auf die Häufigkeit, mit der sie erfolgreich Beute fanden, untersucht. Zuerst wurden visuelle Stimuli getestet, dann akustische und olfaktorische. Visuelle Stimuli waren am wichtigsten und führten zu einem höheren Erfolg. Im zweiten Durchlauf wurden nun zwei Modalitäten kombiniert, dabei lag die Erfolgsrate über 80 % Prozent. Schlussendlich wurden alle drei Stimuli kombiniert, was zu einer Erfolgsrate von fast 100 % führte. Dies zeigt, dass eine Kombination von verschiedenen Sinnen die Beutesuche effektiver machen kann.

Box 5.1

Besondere Strategien von Beutegreifern

- Der Kaligono-Buntbarsch *(Nimbochromis livingstonii)* ist blass gefärbt, legt sich auf die Seite und erweckt den Eindruck, dass er tot sei. Dadurch nähern sich andere Arten an, um ihn zu fressen und werden dadurch selbst zur Beute (McKaye 1981).

- Die Wüstentodesotter *(Cerastes vipera)* besitzt am Schwanzende eine Segmentierung, die an eine Larve erinnert. Sie gräbt sich im Sand ein, sodass nur Schnauze und Augen sichtbar sind. Nähert sich ein anderes Reptil (z. B. eine Eidechse), dann imitiert sie mit ihrem Schwanzende die Bewegungen einer Larve und lockt damit ihre Beute an (Heatwole & Davison 1976).
- Schützenfische *(Toxotes jaculatrix)* spritzen mit Wasser nach Insekten, die oberhalb der Wasseroberfläche auf Blättern sitzen. Werden diese getroffen, fallen sie ins Wasser und können gefressen werden. Zur komplexen Technik des Beutefangs kommt hier noch die Schwierigkeit hinzu, dass Wasser und Luft einen unterschiedlichen Brechungsindex haben (Temple et al. 2010).
- 12 verschiedene Vogelarten (davon 7 Reiherarten) fischen mit Ködern. Reiher werfen z. B. Brotstückchen in einen Teich, um Fische anzulocken (Ruxton & Hansell 2011).
- Kanincheneulen *(Athene cunicularia)* legen Tierkot in der Nähe ihres Baus aus. Dies lockt besonders Insekten an, die die Eulen dann verspeisen (Smith & Conway 2007).
- Die Bolaspinnen (Tribus Mastophoreae) imitieren Pheromone von weiblichen Eulenfaltern, um deren Männchen anzulocken. Wenn diese nahe genug sind, wirft sie eine «Bola», um sie einzufangen – eine Lehmkugel an einem Spinnenfaden (Eberhard 1980).
- Honiganzeiger *(Indicator indicator)* sind Vögel, die in Afrika leben und Wachs von verlassenen Bienennestern fressen. Besetzte Nester auszurauben, ist sehr gefährlich, da die Bienen zustechen und die Vögel sterben, wenn sie oft genug gestochen wurden. Nun locken die Honiganzeiger Menschen an (meist indigene Stämme), die dem Vogel bis zum Nest folgen. Dieses wird dann ausgeräuchert, sodass die Bienen es verlassen und die Menschen den Honig nehmen können, der Honiganzeiger bekommt das Wachs und die Larven (Isack & Reyer 1989).

Verändert und ergänzt nach Bennemann (2008)

Box 5.2

Optimale Nahrungssuche

Täglich treffen Tiere «Entscheidungen», die auf evolvierten «Trade-offs» beruhen. Erste wichtige Entscheidungen betreffen den Ort, die Zeit und die Art der Nahrungswahl. Da alle Tiere fressen müssen und die meisten Beuteobjekte versuchen, nicht gefressen zu werden, entsteht ein packender «Zweikampf». Selbst Pflanzenarten versuchen sich durch Abwehrmechanismen (Stacheln, Dornen, sekundäre Inhaltsstoffe) vor Tierfraß zu schützen. Der Optimalitätshypothese folgend sollten sich Tiere so ernähren, dass der Überlebens- und Fortpflanzungserfolg maximiert ist. Dies bedeutet, dass ein Nettogewinn entsteht, wenn man die Kosten für die Nahrungssuche dem Ertrag gegenüberstellt. Bei der Auswahl der Nahrung, der Suchzeit sowie des Orts der Nahrungssuche spielen folgende Kriterien eine Rolle:

- ausreichende Energiemenge,
- möglichst geringer Zeitaufwand,
- hohe Qualität der Nahrung (z. B. Proteinreichtum),
- möglichst sicherer Ort der Nahrungssuche,
- möglichst ergiebiger Ort der Nahrungssuche,
- möglichst sichere Zeit zur Nahrungssuche.

Ein gut untersuchtes Beispiel sind Sundkrähen *(Corvus caurinus)*. Diese suchen am Strand nach Wellhornschnecken *(Thais lamellosa)*, die sie allerdings nicht selbst öffnen können (Zach 1979). Die Krähe muss vielmehr mit der Schnecke im Schnabel in die Höhe fliegen und sie auf den Steinboden fallen lassen. Platzt die Schnecke auf, kann die Krähe sie fressen, ansonsten muss sie ein weiteres Mal mit dieser Schnecke nach oben fliegen. In einem mathematischen Modell kann man nun das optimale Verhalten berechnen. Je größer die Schnecke, desto höher der energetische Wert. Optimale Nahrungssucher sollten deshalb eine Schneckengröße wählen, die bei möglichst wenig Energieinvestment einen möglichst hohen kalorischen Wert aufweist. In einem ersten Schritt konnte gezeigt werden, dass die Krähen nicht die durchschnittliche Schneckengröße bevorzugen, sondern größere Schnecken, was erstens als ein Beleg für die Selektivität gewertet werden kann und zweitens als Beleg für die optimale Nahrungssuche, da größere Schnecken einen größeren energetischen Wert haben. Durch Experimente konnte bewiesen werden, dass die größeren Schnecken sogar leichter zerbrechen als kleinere, wenn sie aus derselben Höhe fallen gelassen wurden.
Regeln:

1. Die Akzeptanz von Futter hängt von der Abundanz profitabler Futterstücke ab; d. h., dass Tiere im Zweifelsfall die profitablere (energiereichere) Beute wählen, unabhängig von der Häufigkeit der Beutestücke insgesamt.
2. Je häufiger höherwertiges Futter wird, desto eher wird weniger profitables Futter gemieden.

In bestimmten Situationen ist die **Abundanz der Beute** ausschlaggebend. Dies ist oft bei Massenauftreten von Beutetieren der Fall, beispielsweise bei simultan schlüpfenden Käfern, besonders Blatthornkäfern (Lamellicornia) wie den Maikäfern (*Melolontha* sp.). Viele insektenfressende Vogelarten stellen während solcher Schwärmzeiten ihre Nahrung um und fressen bevorzugt die massenhaft auftretende Beute.

▲

Suchzeit: Wann suche ich nach Nahrung?

Tiere sollten bestimmte Suchzeiten für die Nahrungssuche wählen. Relevante Faktoren sind hier:

- Die Aktivitätszeit der Beute, d.h. Beutegreifer orientieren sich an den Aktivitätszeiten ihrer Beute.
- Morphologische Einschränkungen der nahrungssuchenden Tiere, wenn z.B. die Sehstärke nicht ausreicht, bei einer gewissen Dunkelheit noch zu jagen.
- Die Aktivität von Prädatoren: Viele Tiere sind Mesoprädatoren, sodass sie einerseits selbst Beute jagen, andererseits aber auch Beute für andere Prädatoren sind. Tiere weichen deshalb auf Zeitfenster aus, zu denen ihre Prädatoren weniger aktiv sind (→ Kap. 6.5).

Pflanzenfresser sind wenig oder kaum von der Aktivität ihrer Nahrung beeinflusst. Prädatoren dagegen müssen sich an der Aktivitätszeit ihrer Beute orientieren.

5.3 | Habitatwahl: Wo suche ich nach Nahrung?

Verschiedene Faktoren beeinflussen die Habitatwahl eines Tieres: Es müssen genügend Futter und Rückzugsmöglichkeiten vorhanden sein und das Habitat sollte Schutz vor Feinden bieten. Da es nur schwer möglich ist, die Profitabilität einer Beute gegenüber dem Risiko, bei der Nahrungssuche gefressen zu werden, abzuschätzen, lässt sich der Trade-off nicht ganz so leicht berechnen wie bei der Nahrungswahl

Abb. 5-7 | Zwei-Busch-Experimente mit Heuschrecken. Anzahl nach 12 Stunden (bzw. 36 Stunden) anwesender Heuschreckenmännchen. Blaue Balken: Büsche, die bereits von anderen Männchen derselben Art besiedelt sind; orangefarbene Balken: Büsche ohne Heuschreckenbesiedlung. Es wurden Playbacks von Heuschreckenzirpen abgespielt. (Neu gezeichnet nach Muller 1998.)

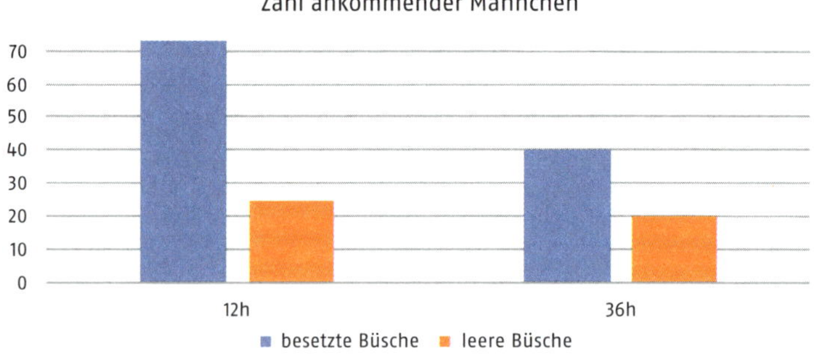

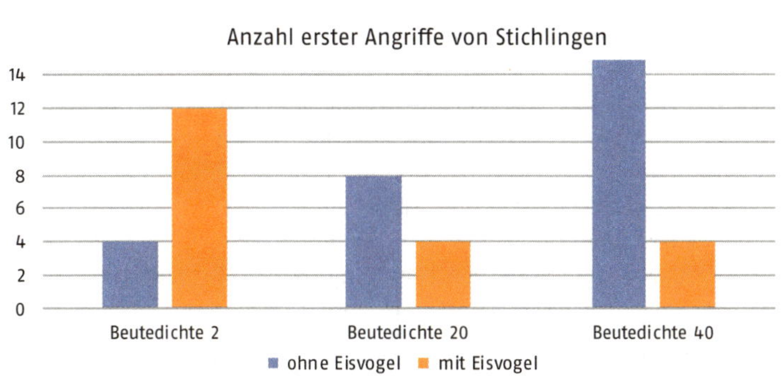

Abb. 5-8

Beziehung zwischen Beutedichte und Prädation beim Stichling *(Gasterosteus aculeatus)*. Anzahl der Angriffe von Stichlingen auf ihre Beute in Abhängigkeit von Eisvögeln *(Alcedo atthis)*, die ihrerseits wiederum die Stichlinge jagen. (Neu gezeichnet nach Milinski & Heller 1978.)

(→ Kap. 5.1). Um festzustellen, welche Habitate geeignet sind, müssen Tiere genutzte Stellen immer wieder aufsuchen, da sich das Nahrungsangebot in Raum und Zeit ändert. Kohlmeisen *(Parus major)* wurden in Futterexperimenten immer wieder an verschiedenen Stellen mit Mehlwürmern gefüttert. Die Menge an Mehlwürmern wurde dabei variiert. Kohlmeisen suchten zuerst den Bereich mit den meisten Mehlwürmern auf, wurde jedoch deren Anzahl an diesem Ort drastisch reduziert, suchten sie die Stelle auf, die ihnen als jene mit den zweitmeisten Mehlwürmern bekannt war.

Einschätzen der Habitatqualität

Habitatqualität kann unter anderem anhand des Auftretens anderer Individuen eingeschätzt werden: An Stellen, an denen Artgenossen fressen, wird wohl eine passende Nahrung vorhanden sein. Experimente mit Grashüpfern der Art *Ligurotettix coquilletti* zeigten, dass die Tiere bei einer Wahl zwischen zwei verschiedenen Büschen überwiegend jenen bevorzugten, aus dem heraus bereits Artgenossen zirpten (durch Playback simuliert). Zur Kontrolle wurden einmal Rufe einer anderen Art (heterospezifische Rufe) abgespielt, das andere Mal gar keine (Muller 1998; → Abb. 5-7).

Die Wahl des optimalen Nahrungsorts wird auch durch das **Prädationsrisiko** beeinflusst. Nicht immer kann ein Tier am vom Angebot her optimalen Platz nach Nahrung suchen, da das Risiko, selbst gefressen zu werden, dort höher ist; d.h., der ergiebigere Platz kann gleichzeitig auch der gefährlichere sein. Drent und Swierstra (1977) wählten bei ihren Untersuchungen an Gänsen den Aspekt der Wachsamkeit als Maß für eine angenommene Prädatordichte. Sie verwendeten zwei Gruppen von Gänsemodellen: In der «sicheren Gruppe» nahmen sehr viele Tiere mit dem Kopf nach unten Nahrung auf, in der unsicheren zeigten viele mit erhobenem Kopf Wachsamkeit. Nun wurden die beiden Gruppen auf verschiedenen Feldern platziert. Bei der Gruppe der simulierten fressenden Gänse ließen sich überfliegende Gänse deutlich häufiger zum Fressen nieder als bei der Gruppe der simulierten wachsamen Gänse. Dies ist ein Hinweis dafür, dass die Nahrungssuche auch durch eine wahrgenommene geringere Gefahr beeinflusst wird.

Milinski und Heller (1978; Heller & Milinski 1979) belegten im Labor einen ähnlichen Effekt beim Stichling *(Gasterosteus aculeatus)*: Bei freier Auswahl bevorzugten Stichlinge Plätze, an denen ihre Beute, Wasserflöhe, besonders häufig vorkommt. Weniger hungrige Stichlinge fraßen auch an Plätzen, an denen weniger Wasserflöhe vorhanden waren. Als die Attrappe eines Eisvogels *(Alcedo atthis)* über dem Aquarium präsentiert wurde, bevorzugten die Stichlinge nun den Platz mit einer geringeren Beutedichte (→ Abb. 5-8). Der Eisvogel agiert als Beutegreifer und die Stichlinge müssen zwischen den beiden Aspekten Sicherheit und Profitabilität abwägen.

Ein theoretischer Grundsatz bei der Nahrungswahl ist die ideale freie Verteilung. Man geht grundsätzlich davon aus, dass sich die Tiere frei verteilen können. Hat ein Individuum die Auswahl zwischen einem ergiebigen und weniger ergiebigen Habitat, so sollte es sich für das ergiebigere entscheiden. Allerdings wird die Habitatwahl durch die Anwesenheit von Prädatoren (s.o.) sowie Konkurrenten beeinflusst. Wenn man die Aspekte Aggressivität und Kampfverhalten ausblendet, würde man bei einem ergiebigen Habitat erwarten, dass so lange weitere Individuen in dieses Habitat bzw. zu dieser Nahrungsquelle strömen, bis die Ressourcen verbraucht oder unergiebig geworden sind. Jedes weitere hinzukommende Tier würde dann woanders nach Nahrung suchen, eventuell in einem Bereich, in dem zwar das Ange-

Abb. 5-9

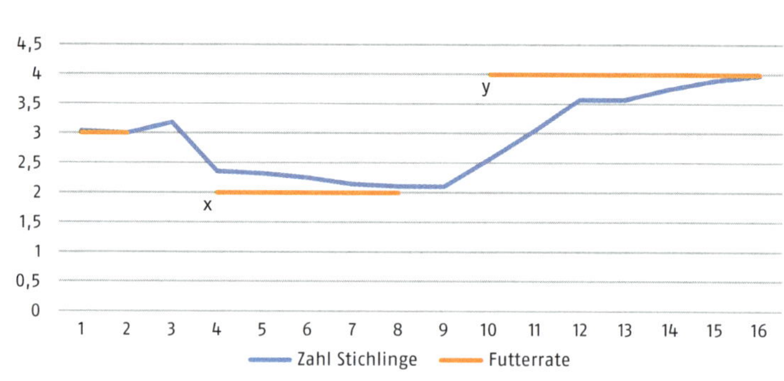

Die ideale freie Verteilung. Fütterungsexperiment mit sechs Stichlingen *(Gasterosteus aculeatus)*. Zu Beginn ist die Fütterrate an beiden Stellen gleich hoch, zum Zeitpunkt x ist die Rate an der einen Stelle doppelt so hoch, zum Zeitpunkt y an der anderen. (Neu gezeichnet nach Milinski 1979.)

bot weniger gut ist, aber auch die Konkurrenz geringer. Das Ergebnis wurde formal von Fretwell (1972) als **ideale freie Verteilung** bezeichnet und setzt Folgendes voraus:

- Alle Individuen können sich frei bewegen,
- Individuen gehen dorthin, wo sie den größtmöglichen Nutzen haben,
- es besteht kein Ausschluss von Mitbewerbern durch Kampfhandlungen und
- alle Individuen sind gleich gut darüber informiert, wo sich viel Nahrung befindet.

Milinski (1979) konnte diese Verteilung am Beispiel von Stichlingen *(Gasterosteus aculeatus)* zeigen, die an zwei verschiedenen Seiten eines Aquariums mit jeweils einer wechselnden Anzahl Wasserflöhen gefüttert wurden. Die sechs Stichlinge verteilten sich gleichmäßig, wenn an beiden Seiten die gleiche Anzahl Wasserflöhe verfüttert wurde. Gab es an einer Seite doppelt so viele Wasserflöhe, dann sammelten sich dort vier und an der anderen zwei Stichlinge (→ Abb. 5-9).

Beim Menschen lässt sich dieses Phänomen bei Warteschlangen an Supermarktkassen beobachten (Krebs & Davies 1996). Die meisten Menschen stellen sich so lange an der kürzesten Schlange an, bis alle Warteschlangen gleich lang sind.

Intra- und interspezifische Konkurrenz um Ressourcen/ Territorialität

Im Gegensatz zur idealen freien Verteilung ist die **despotische Verteilung** durch direkte Konkurrenz und Revierkämpfe geprägt. Da es unterschiedlich ergiebige Nahrungsreviere gibt, kann es sich für ein Individuum lohnen, ein bestimmtes Revier gegenüber Konkurrenten zu verteidigen und diese damit von einer ergiebigen Nahrungsquelle fernzuhalten (→ Kap. 7.3). Die Kosten für die Verteidigung (Energie, Risiko von Verletzungen) müssen jedoch geringer sein als jene für das Tolerieren von Konkurrenten in Form von erschwerter Ressourcenausbeutung. Bei einer unendlichen Ressource lohnt sich die Verteidigung deshalb nie, bei einer extrem knappen Ressource dagegen immer, vor allem dann, wenn es sich um eine abnehmende Ressource handelt (z. B. den Kadaver eines erlegten Beutetiers). Der Übergang ist allerdings fließend; bei *Nectarinia reichenowi*, einer Nektarvogelart, konnten diese Aspekte genau quantifiziert werden (Gill & Wolf 1975): Diese Vogelart saugt überwiegend Nektar vom Löwenohr, einem Lippenblütler. Gill und Wolf (1975) bestimmten den Zuckergehalt solcher Blüten und konnten so ihren Energiegehalt berechnen. Danach wurde der Energieverbrauch der Nektarvögel bei bestimmten

Abb. 5-10

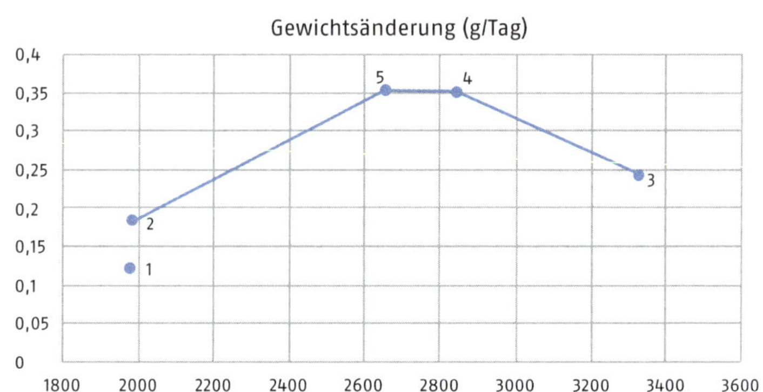

Revierverteidigung beim Fuchskolibri *(Selasphorus rufus)*: Größe des verteidigten Reviers an fünf aufeinanderfolgenden Tagen in Bezug zur Gewichtsänderung der Kolibris und zur Blütenzahl. (Neu gezeichnet nach Krebs & Davies 1996, 130.)

Tätigkeiten gemessen (Nahrungssuche, Fliegen, Revierverteidigung). Berechnet wurde nun, ab welchem Nettogewinn sich die Revierverteidigung lohnte. War der Nektargehalt der jeweiligen Blüten sehr hoch, lohnte sich die Revierverteidigung, war er gering, wurden keine Reviere verteidigt, weil die Revierverteidigung sehr energieintensiv ist. Eine weitere Studie am verwandten Fuchskolibri *(Selasphorus rufus)* ergänzte die Ergebnisse. Fuchskolibris sind in Nordamerika Zugvögel und besetzen auf dem Zug Nahrungsreviere, die sie auch gegen Konkurrenten verteidigen. Carpenter et al. (1983) untersuchten die tägliche Gewichtszunahme der Kolibris und stellten diese in Bezug zur Reviergröße. Die stärkste Gewichtszunahme war bei Revieren festzustellen, in denen etwa 2700–2800 Blütenstände verteidigt wurden. Wurden größere oder kleinere Reviere verteidigt, war die Gewichtszunahme geringer (→ Abb. 5-10).

Territorien werden nicht nur zur Brutzeit verteidigt, sondern teilweise auch zu anderen Zeiten. Besonders bei wandernden Tierarten, wie z. B. bei Zugvögeln, werden Territorien nicht ganzjährig verteidigt, sondern erst im Frühjahr besetzt. Dabei werden gute Territorien früher besetzt als schlechte. Durchsetzungsstarke Individuen besetzen möglichst bald ein gut geeignetes Revier und vertreiben potenzielle Konkurrenten in schlechtere Gebiete. Dies wurde bei Kohlmeisen *(Parus major)* in einer Reihe von Experimenten bestätigt. Zuerst musste allerdings nachgewiesen werden, dass die später besetzten Reviere auch tatsächlich schlechter sind. Durch die Bestimmung des Bruterfolgs und des Ernährungszustands der Jungvögel konnte man beweisen, dass es Unterschiede in der Qualität der Reviere gibt. Im nächsten Schritt wurde durch Wegfang der Inhaber guter Reviere gezeigt, dass freigewordene Top-Reviere sehr schnell von Nachrückern besetzt werden. Mithilfe von Playback-Experimenten gelang dann der Nachweis, dass Nachrücker den Gesang als Information nutzen, um festzustellen, ob ein Revier besetzt ist oder nicht. Durch Wegfang frei gewordene Reviere wurden deutlich früher von anderen Männchen besucht, wenn keine Gesangs-Playbacks oder Kontrollgeräusche abgespielt wurden, als wenn der zuvor aufgenommene Gesang des Revierinhabers zu hören war. Die Größe des Territoriums wird bestimmt durch:

- Die Anzahl der Nahrung/Beute: Je mehr Nahrung vorhanden ist, desto kleiner das Territorium.
- Die Anzahl der Konkurrenten: Je mehr Konkurrenten, desto geringer der Beuteanteil für das Individuum.
- Weitere ökologische Faktoren, wie z. B. Sitzwarten oder Brutmöglichkeiten.

Ressourcenverteidigung setzt kein Revierverhalten voraus. Wenn beispielsweise Raben einen Kadaver verteidigen (Heinrich 1988), wird lediglich die Ressource ortsungebunden verteidigt. Dass in solchen Fällen auch zwischenartliche, also interspezifische Ressourcenverteidigung vorkommt, zeigte sich bei verschiedenen Geierarten, die am selben Kadaver fressen (Petrides 1959).

Revierkämpfe

Tiere kämpfen nicht nur um Brutreviere (→ Kap. 7.3), sondern auch um Nahrungsreviere (s. o.). Da Revierkämpfe Kosten beinhalten, z. B. in Form von Verletzungen und Zeitverlust, sollten Tiere ihr Verhalten dahingehend optimieren, solche Kämpfe möglichst zu umgehen und den Gegner richtig einzuschätzen. Damit bekommen Indikatoren und ehrliche Signale eine wichtige Funktion (→ Kap. 10.4). Kämpfe werden vermieden, wenn die Tiere sich gegenseitig einschätzen können und Konflikten aus dem Weg gehen. Gänse gewinnen beispielsweise etwa 80 % aller Auseinandersetzungen, die sie eingehen. Dies wird damit erklärt, dass die Tiere einschätzen können, ob sie eine Chance haben, zu gewinnen. Ist der Wert einer Ressource allerdings sehr hoch, dann lohnt sich der Kampf, weshalb Tiere das Risiko von Verletzungen in diesen Fällen eingehen.

Merksatz

Die meisten Kämpfe sind direkte, aggressive Konkurrenz um eine Ressource mit einem Gewinner und einem Verlierer.

Häufig gewinnen die Territoriumsbesitzer einen Konflikt. Dies wird mit drei Hypothesen erklärt (Krebs & Davies 1996):

1. Sie sind die besseren Kämpfer und konnten deshalb ein Revier besetzen.
2. Sie haben in der Auseinandersetzung mehr zu verlieren und können die Ressource besser beurteilen.
3. Die durch die Besitzverhältnisse festgelegte Asymmetrie ist wie eine Konvention und damit die Grundlage für die Entscheidung eines Konflikts.

Prachtlibellen (*Calopteryx* sp.) besetzen kleine Territorien an Bachläufen und sind regelmäßig in Konflikte und aggressive Auseinandersetzungen verwickelt. Bei einem Vergleich von Individuen, die ein Territorium besetzten, und solchen, die dies nicht taten, wurde festgestellt, dass die Territoriumsbesitzer über größere Fettreserven verfügten (Contreras-Garduño et al. 2006). Dies belegt Hypothese 1. Krebs (1982) konnte Hypothese 2 bestätigen, indem er Kohlmeisen *(Parus major)* aus ihren Territorien wegfing. Diese wurden von anderen Individuen besetzt. Nach unterschiedlichen Zeitabständen ließ er die weggefangenen Tiere wieder frei. Je länger die Neuankömmlinge die Qualität des Revieres erfahren konnten, desto härter kämpften sie in den Auseinandersetzungen mit den ehemaligen Besitzern.

Direkte versus versteckte Konkurrenz (Aggression)

Konflikte werden nicht notwendigerweise offensichtlich ausgetragen, sondern können auch über bestehende Dominanzhierarchien gesteuert werden (→ Kap. 11.1). So werden schwächere Tiere in weniger ergiebige Nahrungsgebiete abgedrängt oder müssen am Rand einer Gruppe fressen, wo die Gefahr, selbst zur Beute zu werden, größer ist. Das durchsetzungsstärkere Tier muss sich hierbei oft auf keine Auseinandersetzung einlassen, allein die physische Präsenz, ggf. unterstützt durch Drohgebärden, kann bereits genügen.

Stahl et al. (2001) zeigten einen solchen Effekt an Nonnengänsen *(Branta leucopsis)*. Sie düngten in der Arktis kleinere Vegetationsflächen, auf denen sich daher ein gutes Pflanzenwachstum entwickelte. Diese Flächen waren zunächst umzäunt, damit die Gänse dort nicht fressen konnten. Nach einiger Zeit wurden die Zäune entfernt. Es zeigte sich, dass die Flächen meist zuerst von subdominanten oder jungen Tieren entdeckt wurden (Erstbesucher), während die Ausbeutung dann durch die dominanten Tiere erfolgte (Zweitbesucher), die deutlich länger auf den entsprechenden Flächen fraßen.

Abb. 5-11

Profitabilität eines Nahrungsplatzes nach Experimenten von Holling (1959). Dabei wurden verschiedene Mengen von kleinen Plättchen auf einem Tisch verteilt und ein menschlicher Prädator musste mit verbundenen Augen möglichst viele davon einsammeln. Die Kurve zeigt eine Sättigung an. Schematische Darstellung (neu gezeichnet und verändert nach Holling, 1959).

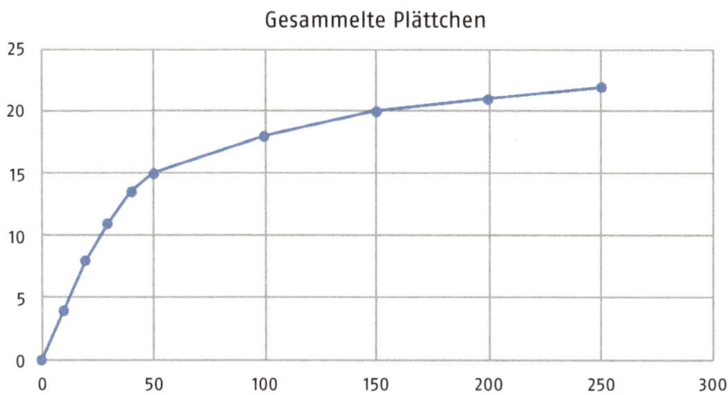

Wie lange verweile ich, bis ich den Ort wechsle? 5.4

Ein weiterer Aspekt bei der Nahrungssuche betrifft die Frage, nach welcher Zeit man den Nahrungsort wechseln sollte (→ Abb. 5-11). Ein einfaches Experiment (Holling 1959) hilft hier weiter. Auf einem Tisch werden Plättchen von etwa 4 cm Durchmesser als «Nahrungsbrocken» verteilt. Diese dienen als Modell für die Beute. Ein Prädator – in diesem Fall ein Mensch mit verbundenen Augen – muss nun so viele Plättchen wie möglich einsammeln. Zu Beginn werden diese sehr schnell viele davon eingesammelt. Es zeigt sich aber, dass nach einiger Zeit die Plättchen seltener eingesammelt werden. Dies deutet daraufhin, dass ein Prädator irgendwann seine Beute so stark dezimiert hat, dass sich der Wechsel des Nahrungsplatzes lohnt.

Bei einigen Experimenten mit Tieren zeigte sich eine ähnliche Sättigungskurve. Man spricht hier von **funktioneller Reaktion**. Dieses Modell wurde in der Theorie weiterentwickelt. Neben der Sättigungskurve spielt auch die Entfernung zum nächsten Nahrungsplatz eine wichtige Rolle. Je weiter dieser Platz weg ist, desto mehr Zeit benötigt das Tier, um dorthin zu gelangen, und desto später sollte es seinen angestammten Platz verlassen. Betrachten wir einen Beerenfresser: Je mehr Beeren er an einem Busch frisst, desto weniger bleiben übrig und desto länger benötigt er, um die nächste Beere zu finden oder zu erreichen; der Energieaufwand pro aufgenommener Beere steigt. Steht nun der nächste Beerenbusch nur wenige Meter entfernt, wird ein Tier den aktuellen Busch schneller verlassen. Ist der nächste Busch weiter weg, so wird es länger am aktuellen Platz verharren. Ist es gar unsicher, wo sich der nächste Busch befindet und ob dieser Beeren trägt, wird der aktuelle Busch weitgehend abgeerntet, denn der Aufwand für einen Ortswechsel könnte ja vergeblich sein. Dieses Konzept wird als **Grenzertrags-Theorem** bezeichnet.

Definition

GRENZERTRAGSTHEOREM: Je länger ich an einem bestimmten Platz fresse und je mehr ich diesen Platz ausbeute, desto geringer wird die Fressrate (der Ertrag).

5.5 | Nahrungssuche in Gruppen

Nahrungssuche in Gruppen kann Vorteile haben, beispielsweise eine erhöhte Sicherheit (→ Kap. 6). Je weniger Zeit ein Tier mit Sicherungsverhalten verbringt, desto länger kann es fressen. Einzelgänger bei der Nahrungssuche (solitäre Arten) sind eher jene,

- die eine seltene oder weit verstreute Beute jagen, die möglicherweise auch noch schwierig zu fangen ist,
- oder weit verstreute, einzelne Nahrungsquellen ausbeuten.

Ein Experiment mit Lachmöwen *(Larus ridibundus)* zeigte, dass jene, die in Gruppen nach Nahrung suchen, erfolgreicher sind als Einzeltiere. In Experimenten ließen Götmark et al. (1986) entweder eine, drei oder sechs Möwen über einen Teich mit Fischen fliegen. Mit zunehmender Gruppengröße fraßen die Möwen mehr Fische. Selbst für die Möwe, die den Fischschwarm als erste entdeckte, hatte dies einen Vorteil, da der Schwarm durch die verschiedenen Angriffe in mehrere kleine Gruppen aufgeteilt wurde und somit Verwirrungs- und Verdünnungseffekt verringert wurden (→ Kap. 6.6).

Entdecker und Ausbeuter

Individuen können das Investment oder die Kenntnisse eines anderen ausnutzen, z. B. durch **Kleptoparasitismus:** Raubmöwen stehlen Futter von kleineren Möwen und Seeschwalben, indem sie beobachten, wie diese mit Nahrung zum Nest fliegen. Dann rempeln sie sie an oder verfolgen sie im Flug so lange, bis sie die Nahrung fallen lassen oder sogar auswürgen. Bei Fischadlern *(Pandion haliaetus)* gibt es Individuen, die erfolgreicher bei der Nahrungssuche sind als andere. Deren Verhalten (Platz der Nahrungssuche) wird dann von den weniger erfolgreichen kopiert. Fischadler brüten an manchen Orten in Kolonien. Wenn sie von der Kolonie aus auf die Jagd gehen, orientieren sie sich beim Abflug an den ankommenden Fischadlern (Greene 1987). Bringen die ankommenden Tiere Fische mit, die in großen Gruppen (Schulen) auftreten, so fliegen die Fischadler in die Richtung ab, aus der die erfolgreichen Artgenossen kamen. Bringen diese dagegen einzeln (solitär) lebende Fische, wirkt sich dies nicht auf die Abflugrichtung aus.

Weiterführende Literatur

Barnard CJ, Thompson DBA (1985): Gulls and plovers. Springer, Dordrecht, 302pp.
Bell WJ (1991): Searching Behaviour: The Behavioural Ecology of Finding Resources. Chapman & Hall, London. 309pp.
Krebs JR, Davies NB (1996): Einführung in die Verhaltensökologie. Blackwell, Berlin, 484pp.
Zach, R (1979): Shell dropping: decision-making and optimal foraging in northwestern crows. Behaviour, 68(1), 106–117.

Räuber-Beute-Beziehungen: Anti-Prädationsverhalten

6

Inhalt

Die meisten Tiere müssen sich vor Beutegreifern (Prädatoren) schützen. Viele Tiere haben Mechanismen entwickelt, um Prädatoren zu erkennen. Tiere können sich tarnen oder einen schützenden Ort aufsuchen oder durch Aposematismus auf ihre Ungenießbarkeit hinweisen. Tarnfärbungen sind oft mit einem bewegungslosen Verhalten gekoppelt, um Beutegreifer nicht auf sich aufmerksam zu machen. Einen wichtigen Schutz vor Beutegreifern bildet Wachsamkeit. In Gruppen können die Tiere die Aufmerksamkeit untereinander aufteilen. Ein weiterer Vorteil von Gruppen ist der Verdünnungseffekt. Wird ein Individuum von einem Prädator entdeckt, kann es versuchen, seine Kondition oder Ungenießbarkeit zu signalisieren oder zu fliehen. Flucht wiederum wird durch eine hohe Geschwindigkeit oder erratisches Verhalten effektiver. Wird

das Tier vom Beutegreifer ergriffen, können morphologische Anpassungen (Waffen) oder chemische Verteidigung ein Entkommen noch ermöglichen. Letztendlich kann es sich noch totstellen oder Angstschreie aussenden. Eine Spezialform der Gruppenverteidigung ist das Mobbing, welches man z. B. oft bei Singvögeln beobachten kann.

6.1 Überblick und Definitionen

Prädation bezeichnet die **Wechselwirkung** zwischen zwei Arten (interspezifische Wechselwirkung), bei der die eine Art (Prädator) die andere Art teilweise oder ganz konsumiert, also auffrisst. Auch innerhalb einer Art kann Prädation stattfinden, wenn beispielsweise Jungtiere von erwachsenen Tieren aufgefressen werden. Dann spricht man jedoch von **Kannibalismus** (= innerartliche Prädation). Prädation ist einer der stärksten natürlichen Selektionsfaktoren. Da die meisten Beutegreifer lebende, tierische Nahrung fressen, entsteht ein evolutiver Wettlauf um das Fressen und Gefressen werden, der letztendlich zur Koexistenz von Räuber und Beute führt.

Merksatz

Prädation bezeichnet die Wechselwirkung zwischen zwei Arten, bei denen der Prädator (Räuber) die Beute ganz oder teilweise konsumiert.

Man vermutet, dass die Beutetiere in diesem Wettlauf immer einen kleinen Vorsprung haben und die Selektion stärker auf die Beute als

Abb. 6-1 | Östliche Eidechsennatter *(Malpolon insignitus)* mit erbeutetem Hardun *(Laudakia stellio)*. Zypern, Mai 2012, Mavrokolympos-Staudamm. Foto: C. Randler.

auf den Beutegreifer wirkt. Dies ist durch den bei Beutetieren meist **schnelleren Generationenwechsel** begründet; sie können sich in derselben Zeit häufiger fortpflanzen. Mäuse zeugen mehrere Generationen pro Jahr. Einer ihrer Jäger, der Fuchs, dagegen nur eine. Für die Beute ist der **Selektionsdruck** auch deshalb größer, da sie aufgefressen wird und sich dann nicht mehr fortpflanzen kann. Für den Beutegreifer wirkt ein misslungener Beutezug dagegen nur kurzfristig, es sei denn, er würde immer bei der Jagd «versagen». Die meisten Tierarten sind in irgendeiner Form Prädatoren, stehen aber gleichzeitig selbst unter Prädationsdruck. Sie leben deshalb in beiden Welten. Die Blaumeise *(Cyanistes caeruleus)* ist ein Prädator von verschiedenen Insekten, wird ihrerseits aber von Greifvögeln, wie dem Sperber *(Accipiter nisus)*, gejagt. Solche Prädatoren werden **Meso-Prädatoren** genannt.

Merksatz

Meso-Prädatoren fressen andere Tiere, sind aber gleichzeitig Nahrung für größere Prädatoren.

Prädation hat einerseits Auswirkungen durch die **direkte Prädation**, wenn ein Tier als Beute angegriffen wird. Andererseits hat Prädation auch **indirekte Effekte**, da Beutetiere versuchen, einem Angriff vorzubeugen und Zeit und Energie in die Feindvermeidung investieren. Dabei entsteht ein Trade-off, z. B. zwischen Nahrungssuche und Feindvermeidung (→ Kap. 6.6). Das bedeutet, dass Prädation auch dann auf das Verhalten wirkt, wenn keine direkte Bedrohung vorliegt (nicht-letaler Effekt). So wachsen Jungtiere unter hohem Prädationsdruck oft langsamer als ohne Prädation, da sie mehr Zeit mit Verstecken und Wachsamkeit verbringen und weniger Zeit mit der Nahrungssuche.

Die Frage, ob Beutegreifer zum Aussterben der Beute führen können, ist weitgehend ungeklärt. Bei natürlichen Prädatoren wird dies eher verneint, bei eingeführten dagegen scheint es möglich. Beispielsweise führte die Verschleppung der Braunen Nachtbaumnatter *(Boiga irregularis)* nach Guam zum Aussterben der Waldvögel auf dieser Insel (Savidge 1987).

6.2 Der Ablauf der Prädation

Den Prozess des Aufeinandertreffens von Beute und Prädator kann man aus Sicht der Beute grob in drei Schritte einteilen:

- Nicht vom Prädator entdeckt werden (Tarnung),
- bei Entdeckung fliehen und
- sich gegen das Gefressen werden wehren.

Abb. 6-2 | Flussdiagramm des Aufeinandertreffens von Räuber und Beute. (Neu gezeichnet nach Caro 2005; Lima & Dill 1990.)

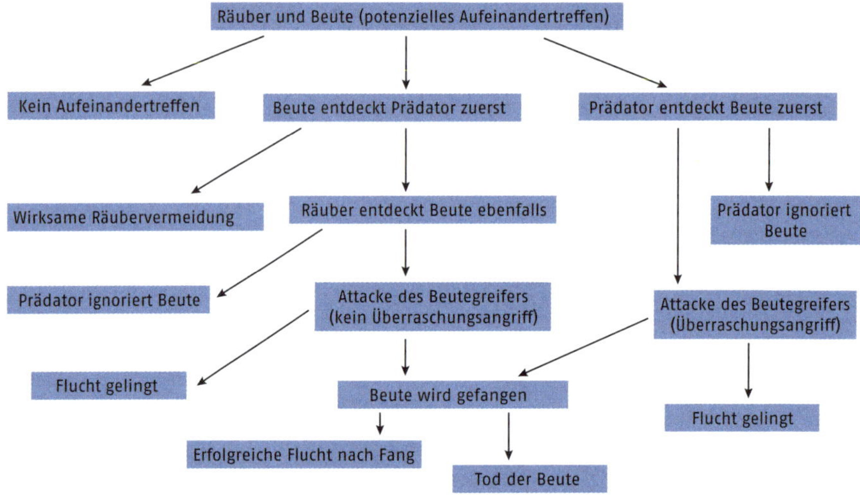

→ Abb. 6-2 zeigt in einem etwas detaillierteren Flussdiagramm, wie Räuber und Beute miteinander interagieren können. Allerdings ist dabei zu berücksichtigen, dass es sich nicht um eine ausgefeilte Choreografie handelt und sich viele Situationen plötzlich ergeben. Ein Sperber *(Accipiter nisus)* erscheint, die Blaumeise *(Cyanistes caeruleus)* sieht ihn und flieht in ihre Höhle.

Die verschiedenen Aspekte der Räuber-Beute-Interaktion werden im Folgenden anhand dieses Ablaufschemas dargestellt. Als **primäre Verteidigungsstrategie** wird oft die Vermeidung einer Entdeckung oder Attacke bezeichnet. Die anderen Strategien, die die Wahrscheinlichkeit reduzieren, gefangen zu werden, werden unter dem Begriff **sekundäre Verteidigungsstrategien** zusammengefasst.

Merksatz

Primäre Verteidigungsstrategien reduzieren die Wahrscheinlichkeit einer Attacke, sekundäre dagegen das Gefangenwerden bei einer Attacke.

6.3 Erkennen von Prädatoren

Ein wichtiger Schritt, der den Verteidigungsstrategien vorgeschaltet sein kann, ist das **Erkennen des Beutegreifers** durch die Beute, was in Feldstudien von Hettena et al. (2014) und Randler (2006) nachgewiesen wurde (z.B. an Eichhörnchen *(Sciurus vulgaris)* und anderen Nagetieren): Die Beutetiere reagierten mit Verstecken, Flucht oder erhöhter Aufmerksamkeit. Das Erkennen von Prädatoren ist für das Überleben aber nicht zwangsläufig nötig, denn Tiere, die sehr gut getarnt sind, können große Zeit ihres Lebens oder das gesamte Leben verbringen, ohne dabei attackiert zu werden. Generell bringt jedoch das Erkennen von Prädatoren einen Überlebensvorteil und damit einen Fitnessgewinn.

Beutegreifer können anhand chemischer, optischer und akustischer Stimuli erkannt werden.

Optisches Erkennen ist bei Belding-Zieseln *(Urocitellus beldingi)* belegt (Robinson 1980): Gegenüber harmlosen Arten änderten die Ziesel ihr Verhalten nicht, beim Erscheinen von Greifvögeln flüchteten sie, beim Auftreten von weniger gefährlichen, omnivoren Prädatoren nahmen sie eine aufrechte Wachsamkeitspose ein. Darüber hinaus gaben sie verschiedene Alarmrufe von sich (→ Kap. 10).

Akustisches Erkennen von Prädatoren wurde an Seehunden *(Phoca vitulina)* nachgewiesen. Die Prädatoren, in diesem Fall Killerwale *(Orcinus orca)*, leben im Pazifik und kommen in zwei Ökotypen vor, die sich in ihrem Verhalten und den ökologischen Ansprüchen unterscheiden: die ganzjährig anwesenden Killerwale, die sich ausschließlich von Fisch ernähren, sowie durchziehende (migrierende) Killerwale, die vor allem Meeressäugetiere fressen (Riesch und Deecke 2011). Beide Walgruppen verwenden Rufe zur Kommunikation, die sich aber unterscheiden. In einem Experiment wurden nun Seehunden Rufe dieser beiden Gruppen vorgespielt; während die Seehunde auf die ihnen bekannten Rufe der fischfressenden Killerwale nicht reagierten, reagierten sie auf die Rufe der säugerfressenden Wale dadurch, dass sie abtauchten (es waren weniger an der Oberfläche sichtbar) (Deecke et al. 2002). Da die Seehunde auch auf die ihnen unbekannten Rufe einer fischfressenden Killerwalpopulation reagierten, kann man annehmen, dass die Seehunde gelernt hatten, auf die Rufe der lokalen Killerwale, die lediglich Fisch fressen, nicht mit Feindvermeidungsverhalten zu reagieren.

Chemisches Erkennen ist bei Säugetieren verbreitet. Die Beutetiere reagieren auf drei verschiedenen Weisen:

- Aktivität wird reduziert,
- nicht der Verteidigung dienendes Verhalten wird unterdrückt (Fressen, Fellpflege),
- es findet eine Verlagerung hin zu Habitaten statt, die mehr Sicherheit oder Schutz bieten, oder es werden Bereiche aufgesucht, an denen der Geruch des Beutegreifers nicht vorhanden ist (Apfelbach et al. 2005)

Auch Amphibien können ihre Prädatoren chemisch erkennen. Kaulquappen der Krötenart *Bufo boreas* reagierten auf ihre Beutegreifer, z. B. den Rückenschwimmer *(Notonectus)*, mit Vermeidungsstrategien (Zurückziehen unter Pflanzen). Sie reagierten auch, wenn ihnen in einem Experiment nur die chemischen Merkmale dieser Beutegreifer präsentiert wurden (Kiesecker 1996).

Bei vielen Vogel- und Säugetierarten geht man davon aus, dass die Anti-Prädator-Reaktionen angeboren und nicht erlernt sind, da viele Jungtiere den Prädator bereits beim ersten Zusammentreffen erkennen und mit Flucht oder anderem Vermeidungsverhalten reagieren. Das Erkennen von Prädatoren kann jedoch auch erlernt werden; beispielsweise konnte bei verschiedenen Tieren, die auf Prädator-freien Inseln lebten, beigebracht werden, auf Prädatoren adäquat zu reagieren (Überblick: Griffin et al. 2000).

6.4 Körperliche Anpassungen, um einer Entdeckung zu entgehen

Optische Mechanismen

Tarnung oder **Krypsis** ist eine Methode, sich vor einem Beutegreifer zu verstecken, indem man Farben und/oder Formen der Umgebung nach-

Abb. 6-3

Beispiele für Tarnung. A) Das Alpenschneehuhn *(Lagopus muta)* mausert sein Gefieder und ist im Sommer bräunlich, im Winter weiß gefärbt. B) Wandelnde Blätter (*Phylliinae* sp.) ahmen Äste und Blätter nach und unterstützen den Eindruck durch zitternde Bewegungen. C) Kraken (*Octopodidae* sp.) und D) das Gewöhnliche Chamäleon *(Chamaeleo chamaeleon)* passen sich aktiv an ihre Umgebung an. Fotos: C. Randler.

ahmt und sich unauffällig verhält. Die Tarnung durch Nachahmung wird **Mimese** genannt. Dabei können Tiere sowohl Pflanzen (Phytomimese) als auch totes Material (z.B. Steine; Allomimese) nachahmen. Manche Schmetterlingsraupen ahmen einen Zweig nach, andere sehen aus wie ein Kotfleck. Gespenstschrecken (Phasmidae) ahmen durch ihre Farbe und Form Blätter nach und «zittern» ein wenig, sodass es scheint, als würden sich Blätter im Wind bewegen. Ahmen die Tiere einen eher unspezifischen Hintergrund nach, wird von einer **Anpassung an den Hintergrund** («background matching») gesprochen, was im weitesten Sinne auch ein Unterpunkt der Mimese sein kann. Diese Anpassung an den Hintergrund bzw. Untergrund wird auch durch das Verhalten unterstützt. Die kalifornische Froschart *Rana muscosa* ist sehr auffällig, wenn sie auf Steinen sitzt. Bei Gefahr springt der Frosch jedoch ins Wasser und versteckt sich zwischen Algen, von denen er dann optisch kaum zu unterscheiden ist (Norris & Lowe 1964). Manche Tiere, wie die Familie der Chamäleons oder Kraken (*Octopodidae* sp.), können ihre Färbung sogar aktiv an den Hintergrund anpassen (Hanlon 2007; Mäthger et al. 2008), der Tintenfisch sogar, obwohl er farbenblind ist. Manche Tiere haben einen Fellwechsel, sind also im Winter weiß gefärbt und im Sommer bräunlich, sodass sich die Tarnung mit den Jahreszeiten ändert (Schneehase, Hermelin).

Ein Experiment mit Blaubuschhähern *(Aphalocoma coerulescens)* und Nachtfaltern (Ordensbänder; Fam. Noctuidae) konnte die Tarnungsfunktion der Mimese experimentell bestätigen. Die Vorderflügel der Ordensbänder liegen in Ruhestellung über den Hinterflügeln und sehen einer Baumrinde sehr ähnlich. Menschen können solche Schmetterlinge nur schwer entdecken. Dadurch entstand die Hypothese, dass es sich bei dieser Flügelfärbung um eine Tarnfärbung handle. Nun wurden Blaubuschhäher darauf trainiert, in einer Laborapparatur Bilder von Schmetterlingen zu betrachten – auf manchen war kein Falter zu sehen, auf anderen war der Falter auf einer Baumrinde getarnt und auf einer dritten Serie waren die Falter gut zu entdecken. Wenn der Häher auf ein Bild pickte, das einen Falter zeigte, wurde er mit einem Mehlwurm belohnt und konnte die Bilder mit einem Schalter weiterschalten. War kein Falter zu sehen, konnte der Häher direkt zum nächsten Bild schalten. Pickte der Vogel auf ein Bild, auf dem kein Falter zu sehen war, bekam er keine Belohnung und die Zeit bis zum Weiterschalten wurde verzögert. Schaltete der Häher weiter, obwohl ein Falter zu sehen war, gab es ebenfalls eine Verzögerung. Der Häher konnte also zwei Typen von Fehlern machen: Auf ein Bild ohne Nachtfalter zu picken oder weiterzuschalten, obwohl ein Falter zu sehen war. Vor einem kryptischen Hintergrund war die Erkennungsrate der

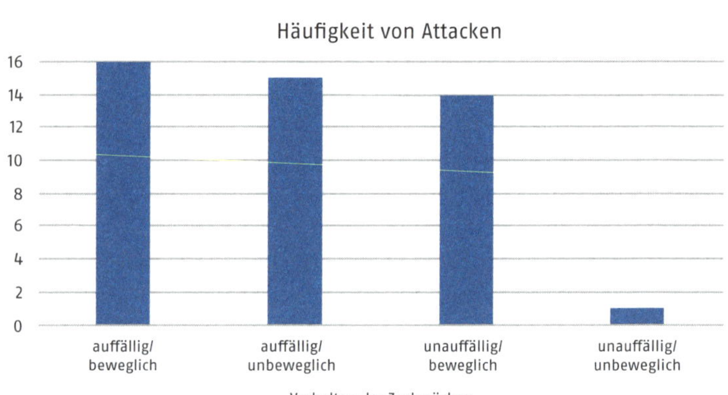

Abb. 6-4 Häufigkeit von Stichlingsattacken auf Zuckmückenlarven. Dargestellt ist jeweils, ob die Larven vor dem Hintergrund auffällig oder getarnt waren und ob sie sich bewegten. (Neu gezeichnet nach Ioannou & Krause 2008.)

Nachtfalter deutlich geringer, was als Beleg für die Tarnungshypothese gewertet werden kann.

Tarnung ist auch mit **physiologischen Veränderungen** korreliert. Beim Moorschneehuhn *(Lagopus lagopus)*, einer extrem gut getarnten, bodenbrütenden Vogelart, wurde die Pulsfrequenz über einen Datenlogger gemessen. Wenn sich nun ein Beobachter einem brütenden Weibchen näherte, sank die Pulsfrequenz deutlich von etwa 200 auf 100 Schläge pro Minute. Nachdem sich der Beobachter wieder entfernte, stieg der Puls rapide an (auf etwa 500), bis er sich danach wieder auf dem Wert um die 200 Schläge/Minute einregelte (Gabrielsen et al. 1985). Dieses Verhalten ist deshalb adaptiv, da das Schneehuhn sich durch den niedrigeren Puls ruhiger verhält. Käme der Beobachter allerdings zu nahe, würde das Schneehuhn explosiv und mit lauten Flügelschlägen auffliegen (Schreckreaktion). Tarnung ist deshalb auch mit **Bewegungslosigkeit** gekoppelt. Ioannou und Krause (2008) zeigten anhand von Zuckmückenlarven (*Chironomidae* sp.), dass erst eine **Kombination beider Faktoren** den besten Schutz vor Angriffen bietet (Synergieeffekt). In einem Experiment zählten sie die Angriffe von Stichlingen auf die Zuckmückenlarven, die entweder getarnt oder nicht getarnt waren und sich gleichzeitig bewegten oder stillhielten (→ Abb. 6-4). Die Ergebnisse zeigten klar, dass erst die Kombination von Tarnung und Bewegungslosigkeit optimalen Schutz bietet.

Eine weitere tarnende Färbungsvariante ist die **Konterschattierung**. Besonders auffällig ist dies bei Fischarten: Wenn der Prädator von unten angreift, verschmilzt der helle Bauch eher mit dem Himmel, beim Blick von oben ist der dunklere Rücken eher mit dem Untergrund im Gewässer verbunden. **Disruptive** Färbung beruht darauf, dass Linien eine Form auflösen und die Tiere dann quasi verschwimmen und sich ihre **Körperkontur** auflöst (Zebra). Bei der einheimischen Rohrdommel *(Botaurus stellaris),* einem Schilfbewohner, führt die Längsstrichelung des Gefieders dazu, dass sie von Schilfhalmen kaum noch zu unterscheiden ist.

Bei der Färbung spielen neben der Prädation aber auch noch andere Faktoren eine Rolle, z. B. Thermoregulation und Partnerwahl (sexuelle Selektion).

6.5 Verhaltensmechanismen verhindern die Entdeckung durch Beutegreifer

Zurückziehen in einen Schutzraum ist eine Möglichkeit, Prädation zu vermeiden. Solche Schutzräume können Baum-, Erd- oder Gesteinshöhlen sein, aber auch dichtes Gestrüpp. Diese Bereiche sind sicherer als andere, weil Prädatoren dort nicht hineingelangen können (z. B. ein Fuchs in ein Mauseloch) oder sie sich in diesen Bereichen seltener aufhalten. Auch Tiere, die eine Tarnfärbung haben, müssen aktiv den passenden Untergrund aufsuchen, um ihre Färbung zu ihrem Vorteil zu nutzen. Ein Schmetterling, der perfekt an die weiße Birkenrinde angepasst ist, sollte deshalb nicht auf einer dunklen Fichte sitzen.

Eine besondere Gefahr kann beim Verlassen des Verstecks drohen, denn manche Beutegreifer haben sich darauf spezialisiert, vor dem Bau oder der Höhle zu warten. Graureiher *(Ardea cinerea)* lauern oft lange unbeweglich an Gewässerrändern, bis sich die Fische wieder aus dem Versteck bewegen. Eine weitere Möglichkeit zum Schutz ist es, den Schutzraum gleich mitzunehmen, wie dies beim Einsiedlerkrebs *(Pagu-*

Abb. 6-5 Schutzräume: A) Graureiher *(Ardea cinerea)* wartet an einem Ufer, B) Scholle *(Pleuronectes platessa)* gräbt sich direkt im Untergrund ein. Fotos: C. Randler.

Abb. 6-6

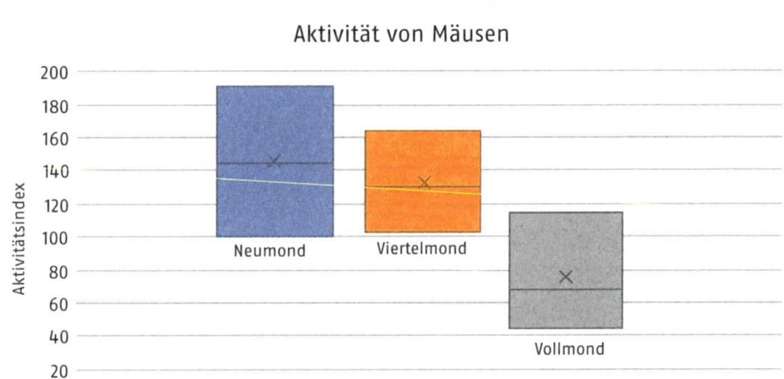

Nächtliche Aktivität von Mäusen in Abhängigkeit von der Mondphase. (Neu gezeichnet nach Clarke 1983.)

rus bernhardus) der Fall ist: Dieser Krebs lebt in leeren Schneckenhäusern und zieht sich bei Gefahr in diese zurück.

Vermeiden von Orten und Zeiten mit hohem Aufkommen von Prädatoren. Werden Orte gemieden, an denen viele Beutegreifer vorkommen, spricht man von einer Veränderung der **räumlichen Habitatnutzung**. Eine Umstellung in Bezug auf die Zeit nennt man hingegen Änderung der **zeitlichen Habitatnutzung**. Ein Beispiel für Letzteres sind nachtaktive Mäusearten. Clarke (1983) wies experimentell nach, dass Mäuse ihre Aktivität in Vollmondnächten signifikant einschränkten, da sie in diesen für ihre Beutegreifer leichter erkennbar sind.

6.6 Die Vorteile des Gruppenlebens und die Beziehung zur Wachsamkeit

Beutetiere, die sich nicht auf Verteidigungsstrategien verlassen können, müssen entweder fliehen oder durch eigene **Wachsamkeit** dem Beutegreifer rechtzeitig entgehen. Um einen Räuber zu entdecken, ist Wachsamkeit einer der wichtigsten Faktoren. Wachsamkeit unterliegt einem Trade-off, da die meisten Tiere nicht gleichzeitig fressen können, wenn sie wachsam sind. Antilopen senken den Kopf, wenn sie in der Savanne grasen. Dadurch schränkt sich ihr Sichtfeld deutlich ein und sie können herannahende Beutegreifer schwerer und später entdecken. Wachsamkeit wird also am ehesten durch die Kopfposition definiert. Dabei werden unterschiedliche Referenzpunkte festgelegt: Antilopen und Gazellen beispielsweise gelten als wachsam, wenn sich der Kopf oberhalb der Schultern befindet (FitzGibbon 1989). Bei Singvögeln werden die Positionen «Kopf unten» und «Kopf oben» unterschieden. Man kann verschiedene Parameter der Wachsamkeit messen; z. B. die Zeit, die das Tier den Kopf oben hält, die Anzahl der

Kopfhebungen (besonders bei Tieren, die fast immer gleich lange, aber besonders kurze Wachsamkeitsphasen haben) oder die Inter-Scan-Intervalle, also die Phasen zwischen zwei Wachsamkeitsphasen, die dann z. B. mit Fressen verbracht werden können.

Wachsamkeit wird auch durch **körperliche Voraussetzungen** beeinflusst, wie z. B. das Gesichtsfeld. Pfeifenten *(Anas penelope)* haben ein kleineres Gesichtsfeld als Löffelenten *(Anas clypeata)* und zeigten in Studien tatsächlich auch ein höheres Maß an Wachsamkeit (Guillemain et al. 2002). Ein Extremfall ist die Waldschnepfe *(Scolopax rusticola)*, bei der sich die Sehfelder des linken und rechten Auges sowohl vor als auch hinter dem Kopf überlappen. Sie kann also auch beim Bohren nach Würmern im Waldboden perfekt rundum sehen. Tatsächlich gibt es Belege aus dem Freiland und dem Labor, dass Individuen mit einer hohen Wachsamkeit Beutegreifer schneller entdecken (Rattenborg et al. 1999; Cowlishaw 1997; Caro 2005). Allerdings beinhaltet Wachsamkeit Kosten; sie kostet Zeit, in der andere Aktivitäten, wie z. B. Fressen, Fellpflege oder Schlafen, nicht möglich sind. Durch andere Mechanismen, wie dem Leben in Gruppen, können diese allerdings wieder ausgeglichen werden, da sich Tiere die Wachsamkeit teilen können. Einer der wichtigsten Faktoren ist hierbei der **Gruppeneffekt** (Elgar 1989): Je größer eine Gruppe ist, desto weniger Zeit muss das einzelne Tier in seine Wachsamkeit investieren, da viele Augen einen Prädator eher entdecken als wenige Augen (**«many-eyes»-Hypothese**; Pulliam 1973; Elgar 1989). Die Individuen teilen gleichsam Wachsamkeit untereinander auf.

Merksatz

Die Zeit, die einzelne Tiere in der Gruppe mit Wachsamkeit verbringen, sinkt mit zunehmender Gruppengröße.

Pulliam (1973) formalisierte diese Idee als erster mathematisch. Er ging dabei von folgenden Bedingungen aus:

- Die Dauer der Wachsamkeit ist «vernachlässigbar».
- Die Wachsamkeit der einzelnen Individuen ist vollständig unabhängig voneinander.
- Die Wachsamkeit ist zufällig verteilt (Poisson-Verteilung).
- Wenn ein Gruppenmitglied einen Prädator entdeckt, werden alle anderen Gruppenmitglieder dadurch gleichzeitig informiert/gewarnt.

Eine weitere Schlussfolgerung aus diesem Modell ist, dass Tiere in größeren Gruppen einen herannahenden Prädator schneller erkennen sollten. Experimente von Kenward (1978) mit Haustauben (*Columba livia* f. *domestica*) und einem trainierten Habicht *(Accipiter gentilis)* zeigten,

Abb. 6-7

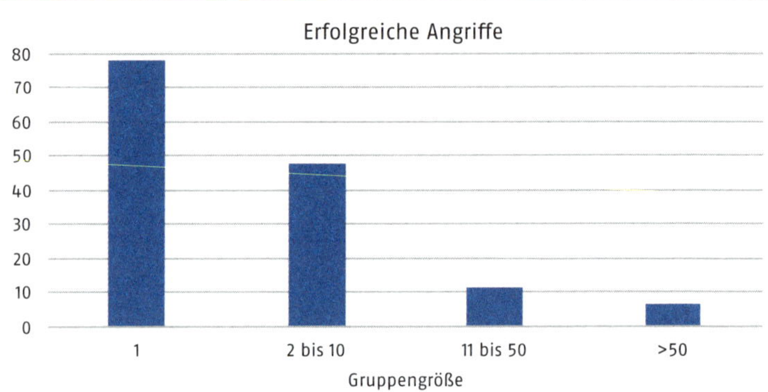

Beziehung zwischen Gruppengröße und dem Entdecken eines Prädators. (Neu gezeichnet nach Kenward 1978.)

dass der Habicht von größeren Taubengruppen früher entdeckt wurde und dass die Chance des Habichts, eine Taube zu fangen, mit steigender Größe der Taubengruppen abnahm (→ Abb. 6-7). Ebenso sollte ein Individuum, das sich einer Gruppe anschließt, seine Wachsamkeitsrate sofort senken.

Roberts (1995) belegte eine «Echtzeit»-Reaktion auf Änderungen in der Gruppengröße. Bei Eilseeschwalben *(Thalasseus bergii)*, die sich an einem bestimmten Platz regelmäßig zur Gefiederpflege niederließen, nahm die Wachsamkeitsrate ab, wenn weitere Individuen hinzukamen. Umgekehrt nahm die Wachsamkeitsrate wieder zu, wenn einige Seeschwalben den Putzplatz verließen. Die Vögel reagierten also direkt auf die Anzahl der anwesenden Individuen.

Es wäre optimal, wenn Tiere in Herden ihre Wachsamkeit so koordinieren würden, dass sie sich regelmäßig (und auch kurzfristig) abwechseln können. Allerdings scheint dies nur bei höher entwickelten Tieren der Fall zu sein, bei vielen Pflanzenfressern scheint eher die Regel zu gelten «Mach, was der Nachbar macht!» (Parrish & Edelstein-Keshet 1999). Dennoch zeigen einige Studien, dass die Fressrate steigt, wenn die Wachsamkeitsrate sinkt.

- Einige Studien konnten jedoch keinen Zusammenhang zwischen Gruppengröße und Wachsamkeit belegen (Elgar 1989). Dies mag verschiedene Gründe haben:
- In größeren Gruppen könnte Konkurrenz um Futter dazu führen, dass die Wachsamkeitsrate sinkt,
- größere Gruppen könnten in Bereichen mit hoher Futterqualität fressen,
- in größeren Gruppen gibt es mehr Individuen in der Mitte, die ihrerseits aufgrund ihrer Position (s.u.) weniger wachsam sein müssen (also eher ein statistischer Effekt),

- Einfluss könnte die Gruppenzusammensetzung haben, da manche Individuen (Männchen, Subordinate etc.) unterschiedliche Wachsamkeit zeigen,
- weitere Einflussfaktoren sind die Distanz zu einem Schutzraum, Zentrums-Rand-Effekte etc. (s.u.).

Diese Aspekte konnten in weiteren, klarer strukturierten Studien und Experimenten ausgeräumt werden; beispielsweise wurde der Gruppeneffekt auch nachgewiesen, wenn sich Tiere putzten (Randler 2005; Roberts 1995), was einen Einfluss der Futterkonkurrenz auf die Wachsamkeit eindeutig ausschließt. Wachsamkeit funktioniert auch in **Gruppen aus verschiedenen Arten** (Übersicht: Caro 2005). Solche gemischten Gruppen gibt es bei Fischen, Vögeln und Säugetieren. Der Gruppeneffekt wirkt besonders stark bei Ansammlungen von Arten, die von denselben Prädatoren gejagt werden, z. B. bei manchen Singvogelarten.

Bezüglich der Wachsamkeit gibt es eine Reihe gut untersuchter Hypothesen. Ein wichtiger Aspekt ist die Beziehung zwischen der **Nähe zu einem sicheren Platz** und der Aufmerkrate; sie konnte z. B. bei Blässhühnern *(Fulica atra)* untersucht werden. Blässhühner verlassen gelegentlich das schützende Wasser, um an Land Gras zu fressen. Dabei dient ihnen die Wasserfläche als Rückzugsraum vor Prädatoren (z. B. Fuchs; aber auch freilaufende «Der-tut-nix»-Hunde). Hypothesenkonform steigt die Wachsamkeit mit zunehmender Entfernung von der Wasserfläche an (→ Abb. 6-8).

Die **Gruppengeometrie** spielt ebenfalls eine wichtige Rolle. In vielen Gruppen ist die Wachsamkeit am **Rande der Gruppe** höher, da dort auch das Risiko, gefressen zu werden, höher ist (Hamilton 1971). Tiere, die eher in einer Linie fressen, sind häufiger wachsam als Tiere, die sich in

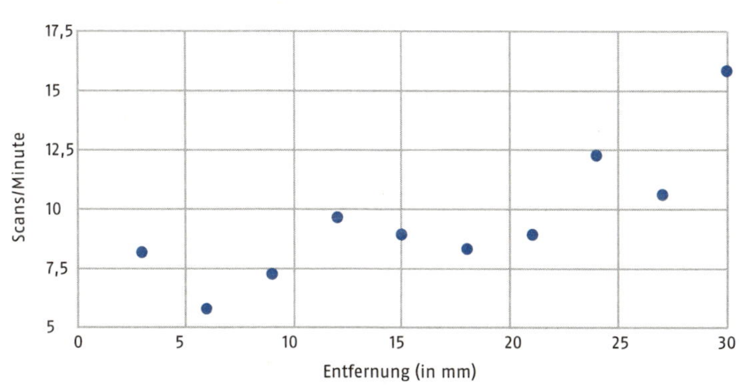

Abb. 6-8

Beziehung zwischen Wachsamkeitsrate (Scans/Minute) und Distanz zu einem sicheren Platz. (Aus Randler 2006.)

einer kreisförmigen Ansammlung organisieren. Bekoff (1995) konnte dies zeigen, indem er entsprechend angeordnete Futterstellen einrichtete. In der kreisförmigen Anordnung können Individuen mehr nächste Nachbarn sehen als in einer linienförmigen Anordnung, was zu einer Verringerung der Wachsamkeit führte. Auch diese Studie belegt, dass Tiere wohl ihr näheres Umfeld prüfen und so Informationen über die Gruppengröße gewinnen.

Ebenso gibt es **Alters- und Geschlechtseffekte:** Normalerweise sind Jungtiere gefährdeter, was sich u. a. in der hohen Sterblichkeit durch Prädation im ersten Lebensjahr ausdrückt. Man würde deshalb erwarten, dass die Wachsamkeit bei Jungtieren generell höher ist als bei erwachsenen (adulten) Tieren. Oft ist jedoch das Gegenteil der Fall. Einerseits fehlt ihnen das Wissen über oder die Erfahrung mit Prädatoren, andererseits können sie aber auch Risiken noch nicht so effektiv einschätzen wie die Elterntiere oder sie entdecken Prädatoren möglicherweise erst später (Caro 2005). Zudem haben Jungvögel auch einen erhöhten Nährstoffbedarf, sodass der Trade-off zwischen Fressen und Aufmerken hin zum Fressen verschoben ist. Bei Gänsefamilien mit Jungen sind die Jungvögel am wenigsten wachsam, da sie viel Zeit mit

Abb. 6-9

Aufmerken bei Graugänsen: A) Graugänse mit Jungen. Foto: C. Randler. B) Aufmerkrate von Graugänsen *(Anser anser)* in Bezug zum Alter der Jungvögel gemittelt über verschiedene Familien (rechts). (Aus Weisser & Randler 2005.)

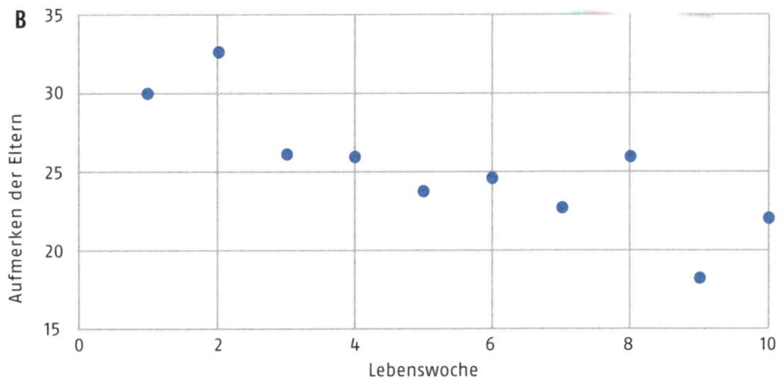

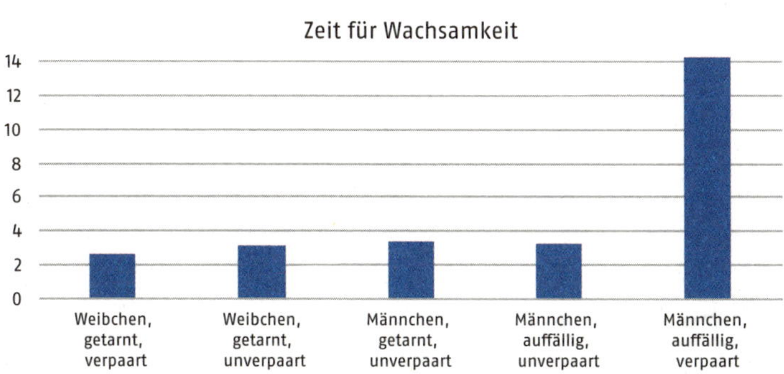

Abb. 6-10

Geschlechtseffekte beim Aufmerken bei der Pfeifente *(Anas penelope)*. Untersucht wurde die Frage, wie viel Zeit die Pfeifenten mit Aufmerken verbringen, in Bezug auf ihre Gefiederfärbung und den Paarstatus. (Neu gezeichnet nach Guillemain et al. 2003.)

Fressen verbringen. Weibchen haben ebenfalls eine reduzierte Wachsamkeit, da sie ihre Fettreserven erneuern müssen, die während der mehrwöchigen Brutzeit verloren gingen. Meist haben die Männchen daher die höchste Wachsamkeit in der Familiengruppe. Sie ersetzen teilweise die Wachsamkeit der Weibchen. Es besteht allerdings auch hier ein Zusammenhang zwischen der Gruppengröße und der Wachsamkeit. Da im Gegensatz zur «many-eyes»-Hypothese die Jungen kaum Wachsamkeit erbringen können, steigt die Wachsamkeit des Gänserichs mit zunehmender Gruppengröße, da eine höhere Zahl an Nachkommen wertvoller ist und deshalb besser bewacht werden muss (→ Kap. 8). Mit zunehmendem Alter der Gössel nimmt deren Wachsamkeit zu und die der Eltern ab.

Merksatz

Die Aufmerkrate (Wachsamkeit) ist durch einen Trade-off von Nährstoffbedarf (Fressen) und Wachsamkeit bestimmt.

Geschlechtseffekte bei der Aufmerkrate wurden an Pfeifenten *(Anas penelope)* untersucht (Guillemain et al. 2002): Am meisten Zeit verbrachten verpaarte Männchen im auffälligen Brutkleid mit Aufmerken. Da sie mehr Zeit mit Aufmerken verbrachten als die unverpaarten Männchen im Brutkleid, schlossen die Autoren, dass das Aufmerken vor allem dazu dient, das Weibchen vor Konkurrenten zu schützen (Guillemain et al. 2003, → Abb. 6-10).

Verdünnungseffekt

Ein weiterer Effekt des Gruppenlebens ist der **Verdünnungseffekt**. Da viele Beutegreifer nur ein Tier aus einer Gruppe angreifen, sinkt die Wahrscheinlichkeit, gefressen zu werden, mit zunehmender Gruppengröße. Hamilton (1971) berechnete diesen Effekt unter der Vorgabe,

Abb. 6-11 Stare *(Sturnus vulgaris)* bilden im Herbst oft sehr große Schwärme, die ihnen als Schutz vor Attacken durch Greifvögel dienen (Verdünnungs-Effekt). Foto: C. Randler.

dass unterschiedlich große Gruppen gleich häufig von einem Prädator angegriffen werden. Das Risiko ist am höchsten, wenn ein einzelnes Tier angegriffen wird, halbiert sich bei zwei Tieren, drittelt sich bei dreien usw.; der größte Effekt besteht deshalb bei kleineren Gruppen; warum Tiere dennoch sehr große Gruppen mit Hunderten oder Tausenden Tieren bilden, muss demnach weitere Gründe haben, z.B. zur **Verwirrung** des Prädators.

Box 6.1

Aufmerken bei Menschen

Studien ergaben, dass Menschen, die einzeln in Cafés, Restaurants oder Mensen essen, häufiger den Kopf heben, um sich umzuschauen, und auch länger die Umgebung absuchen als Menschen, die zu zweit oder in Gruppen zusammen sind. Sie zeigen demnach ein ähnliches Sicherungsverhalten wie viele Tiere. Mit steigender Gruppengröße nahm das Aufmerken ab. Wirtz und Wawra (1986) untersuchten dabei Gruppengrößen von 1 bis 5 Personen. Sie fanden auch Unterschiede zwischen Männern und Frauen: Männer schauten öfter hoch als Frauen. Allerdings findet beim Essen auch viel Kommunikation statt, sodass das Kopfheben durchaus auch für andere Aspekte als für die «Feindvermeidung» genutzt werden kann. Dunbar et al. (2002) konnten diese Ergebnisse teilweise replizieren. Bei Männern fanden sie genau denselben Effekt: Je größer die Gruppe, desto geringer das Aufmerken. Bei Frauen zeigte sich zwar ein ähnlicher Effekt, aber gerade allein sitzende Frauen hatten eine niedrige Aufmerkrate – entgegen den Erwartungen. Allein sitzende Personen sollten eine höhere Aufmerkrate haben. Dies wurde so interpretiert: Einzelne

Frauen haben möglicherweise Sorge, dass sie durch zu häufiges Aufschauen eventuell Männer anziehen und «einladen». Die Autoren interpretieren ihre Ergebnisse auch dahingehend, dass Partnersuche ein gewichtiger Faktor ist, der das Aufschauen bestimmt. Vor allem bei Männern stellten sie fest, dass diese eher Frauen ansahen, wenn sie aufschauten.

Wachposten (Sentinels): Einer für alle
Erdmännchen *(Suricata suricatta)* teilen sich die Wachsamkeit dadurch, dass immer ein Individuum ausschließlich mit Wachsamkeit beschäftigt ist und als **Wachtposten** fungiert, während die anderen fressen (Rasa 1986). Der Wachposten wird in regelmäßigem Turnus durchgewechselt. Da Erdmännchen in Familiengruppen leben, kann das uneigennützige (altruistische) Verhalten auch mit einem indirekten Fitnessgewinn erklärt werden (→ Kap. 11.2).

Signale an den Beutegreifer | 6.7

Aposematismus (Warnfärbung) bezeichnet eine Färbung, mit der Tiere signalisieren, dass sie entweder ungenießbar, giftig oder wehrhaft sind. Meist werden die Farben Rot, Gelb oder Orange verwendet, oft in Kombination mit Schwarz, was die Tiere vor dem natürlichen braun-grünen Hintergrund besonders auffällig macht. Das Vermeiden von aposematischer Beute bei Prädatoren kann sowohl angeboren als auch erlernt sein.

Abb. 6-12

Bei Erdmännchen *(Suricata suricatta)* übernehmen jeweils einzelne Tiere die Aufgabe des Wachpostens und warnen andere vor Prädatoren. Foto: C. Randler.

Manche Hautflügler (z. B. Wespen) besitzen einen Giftstachel und warnen potenzielle Beutegreifer durch eine schwarz-gelbe Färbung. Diese Färbung wird als Mimikry bezeichnet. Wenn verschiedene Arten dieselbe Warnfärbung nutzen, also dasselbe Warnsignal verwenden, spricht man von **Müllerscher Mimikry**. Unter den Wirbeltieren kommt sie bei Fischen, Schlangen und Fröschen vor. In der giftigen Vogelgattung *Pitohui* sind mehrere Arten ähnlich auffällig gefärbt, aber unterschiedlich giftig (Dumbacher et al. 1992). Bei der **Batesschen Mimikry** ahmen ungefährliche Tiere eine gefährliche Tierart nach. So ahmen Schwebfliegen die Färbung giftiger Wespen nach oder ähneln ihnen, haben selbst jedoch keinen Giftstachel (→ Abb. 6-13). Bei Wirbeltieren ist Batessche Mimikry hingegen seltener. Ein interessantes Beispiel für **akustische Mimikry** ist die Kanincheneule *(Athene cunicularia)*, die Rufe ausstoßen kann, die denen der Klapperschlange (*Crotalus* sp.) ähneln. Sowohl Eule als auch Schlange leben in der Wüste und ihre Verbreitungsgebiete überlappen sich. Dies führte zur Hypothese, dass Kanincheneulen das Klappern der Schlange imitieren, um Feinde von ihrem Bau abzuhalten (Rowe et al. 1986).

Bei Vogelarten wird Aposematismus ebenfalls diskutiert. Man nimmt an, dass besonders auffällige Arten ebenfalls Ungenießbarkeit signalisieren. Die ersten Studien gehen auf Cott (1947) zurück, der die Vogelarten nach ihrer Auffälligkeit in verschiedene Gruppen einteilte. Dann ließ er Hornissen *(Vespa crabro)* zwischen dem Fleisch auffälliger und wenig auffälliger Vogelarten wählen. Zusätzlich berücksichtigte er Aussagen von Menschen über genießbare und weniger genießbare Vogelarten. Er erstellte dann einen Sichtbarkeits-Index und einen Genießbarkeits-Index für jede Art. Wohlschmeckende Arten hatten

Abb. 6-13 Mimikry bei A) Schwebfliegen (Syrphidae) und B) Wespen (Vespidae). Wespen warnen, ungiftige Schwebfliegen imitieren die Färbung. Fotos: C. Randler

Abb. 6-14

Anzahl von Trauerschnäpper *(Ficedula hypoleuca)*-Präparaten, die «überlebten». Je 15 männliche (schwarzweiß, auffällig) und 15 weibliche (braungrau, getarnt) Präparate wurden am Tag 1 ausgesetzt und jeden weiteren Morgen kontrolliert. (Neu gezeichnet nach Götmark 1992.)

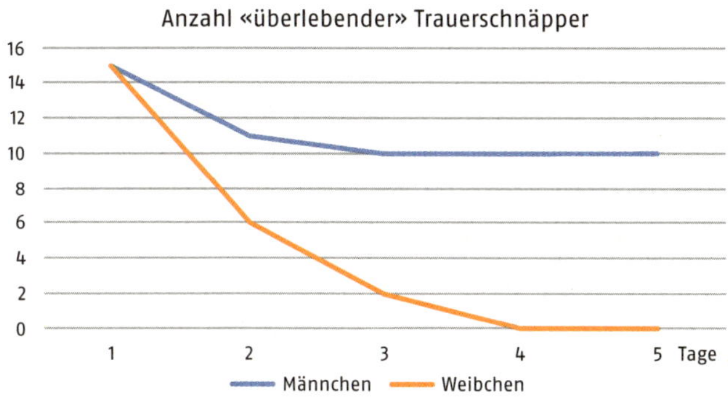

Abb. 6-15

Anzahl von Greifvogelattacken auf verschiedene Modelle/Präparate. In einem Zwei-Wahl-Experiment (Götmark & Unger 1994) wurden je eine auffällige Vogelart (Bachstelze, Buntspecht) und eine wenig auffällige, getarnte (Wiesenpieper, Amsel) ausgesetzt. Die Greifvogelattacken wurden durch eine automatisch ausgelöste Kamera nachgewiesen. (Neu gezeichnet nach Götmark & Unger 1994.)

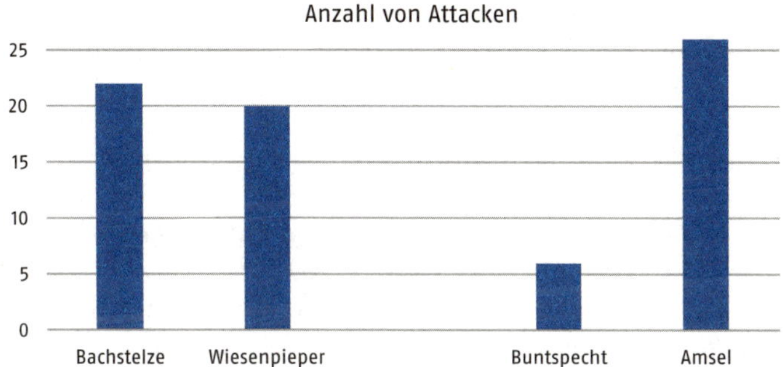

einen geringen Sichtbarkeitsindex, waren also besser getarnt, während schlecht schmeckende Arten auffälliger gefärbt waren. Götmark (1992) führte 50 Jahre danach eine Re-Analyse und eigene Experimente durch. Zum einen platzierte er Attrappen männlicher und weiblicher Trauerschnäpper *(Ficedula hypoleuca)* in einem Waldstück. Seine Männchen-Attrappten waren auffälliger gefärbt als die Weibchen-Attrappen. Nach einiger Zeit waren mehr Weibchenattrappen verschwunden, was dahingehend interpretiert wurde, dass die Weibchen-Attrappen eher durch Prädatoren angegriffen wurden als die Männchen-Attrappen (→ Abb. 6-14).

Aposematismus gibt es auch bei Säugetieren. Manche Arten, wie Igel oder Stachelschweine, zeigen ihre Ungenießbarkeit durch Stacheln; beim Stachelschwein kommt oft noch die schwarz-weiße Färbung der Stacheln hinzu (→ Abb. 6-17). Auch Säuger, die sich chemisch verteidigen können, wie das Stinktier, weisen durch ihre auffällige Färbung auf ihre Ungenießbarkeit hin. Weitere Abwehrmechanismen sind beispielsweise Augenflecken bei Schmetterlingen (wie dem Tagpfauenauge), die ein anderes großes Tier vortäuschen. Manche Nachtfalter verbergen ihre großen Augen auf den Hinterflügeln, indem sie sie mit den Vorderflügeln überdecken. Besteht Gefahr, klappen sie die Flügel auf und «erschrecken» damit den Beutegreifer.

Akustischer Aposematismus wird bei Raupen vermutet (Brown et al. 2007). Schwärmerraupen (Sphingidae) produzieren mit ihren Mandibeln klickende Signale. Simulierte Attacken von Prädatoren (mithilfe einer Pinzette) führten dazu, dass die Raupen ihre Klickraten erhöhten und ein Sekret abgaben. Dieses wirkt abschreckend auf Beutegreifer. Durch die Kombination des Klickens mit der Abgabe eines Sekrets können Beutegreifer lernen, dass «klickende» Raupen ungenießbar sind.

Chemischer Aposematismus ist bei Meeresschmetterlingen *(Clione antarctica)* bekannt, einer schalenlosen Schneckenart. Diese Tiere schützen sich durch Abgabe eines chemischen Stoffes (Pteroenon), bei dessen Geruch sich Angreifer abwenden (Heldmaier & Neuweiler 2004).

6.8 | Signale, die eine Verfolgung verhindern sollen

Tiere verfügen auch über flexible Verhaltensmerkmale, die einen Prädator von der Verfolgung abhalten sollen. Diese Verhaltensmerkmale werden als Signale bezeichnet, die die **Verfolger abschrecken** (Woodland et al. 1980). Generell können zwei Kategorien dieser Signale unterschieden werden: Zum einen signalisiert das Individuum quasi, dass es den Prädator bereits **entdeckt** hat und sich ein Angriff nicht lohnt. **Anzeige der Entdeckung** (Alvarez et al. 2006; Murphy 2006; Randler 2006, 2007). Zum anderen können Signale den Prädator über die Qualität der potenziellen Beute informieren, ihm also signalisieren, dass die körperliche Verfassung des Tieres gut ist und somit eine Verfolgung erfolglos wäre: **Anzeige der Beutequalität**. Dies ist für beide Seiten von Vorteil. Der Beutegreifer spart sich die Energie für einen erfolglosen Beutezug, während die Beute ihrerseits Energie spart, die durch die Flucht verbraucht würde.

Signale dieser Art werden nur dann gegeben, wenn der Prädator noch relativ weit weg ist. Manche Gazellenarten, z. B. die Thomsons

Gazelle *(Eudorcas thomsonii),* zeigen einen Prellsprung, bei dem sie mit steifen Beinen gleichzeitig in die Höhe springen. Dieses Verhalten wurde von Caro (2005) ausgiebig untersucht; dabei wurden verschiedene Hypothesen einander gegenübergestellt. Am wahrscheinlichsten ist, dass dieses Verhalten als Signal an einen Beutegreifer gerichtet ist: Die Gazelle signalisiert, dass sie den Beutegreifer entdeckt hat und durch die Höhe ihres Sprunges auch ihre Fluchtqualität. Caro (2005) fand nun heraus, dass Geparden in der Serengeti tatsächlich seltener angriffen, wenn die Gazellen sprangen. Weitere Studien (FitzGibbon 1989) belegten, dass der Jagderfolg von Wildhunden besonders bei den zuvor sehr schnell und hochspringenden Gazellen am geringsten war.

Bei vielen Vogelarten kommen auffällige Bewegungen vor, wie beispielsweise ein Schwanzwippen bei der Bachstelze *(Motacilla alba)* oder ein Knicksen wie beim Hausrotschwanz *(Phoenicurus ochruros).* Manche Studien zeigten, dass sich die Wipprate erhöht, wenn ein Prädator präsent ist oder sich annähert (Woodland et al. 1980; Randler 2016).

Manche Vögel wippen jedoch dauerhaft mit dem Schwanz oder knicksen mit den Beinen. Dies kann dahingehend interpretiert werden, dass das Schwanzwippen an einen potenziellen, versteckten Prädator gerichtet ist und als «Dauersignal» gesendet wird. Dieses Signal reflektiert dann hauptsächlich die Wachsamkeit und Aufmerksamkeit oder Kondition eines Individuums. Obwohl der Prädator nicht sichtbar ist, wird die Wachsamkeit kontinuierlich signalisiert (Hasson 1991; Randler 2006). Dies scheint insofern sinnvoll zu sein, als dass viele Vogelarten durch Überraschungsjäger gefährdet sind (z. B. durch Sperber).

Bei Feldlerchen *(Alauda arvensis)* findet sich eine ähnliche Situation (Cresswell 1994): Wurden Feldlerchen von einem Greifvogel, einem

Studien, bei denen Prädatoren anwesend waren	Studien ohne Anwesenheit von Prädatoren
Feldhasen signalisieren einem Fuchs durch Aufrechtstehen, dass sie ihn entdeckt haben; Fuchs unterlässt Angriff (Holley 1993)	Schwanzwippen bei Bachstelzen, Teichhühnern etc. (Randler 2016)
Prellsprung der Gazelle (FitzGibbon 1989)	Bellen beim Reh (Reby et al. 1999)
«Push-up» bei Anolis-Eidechsen: Kopfwippen und Körperbewegungen signalisieren, dass Prädator erkannt wurde (Leal 1999)	Schnauben bei afrikanischen Boviden/Rinderarten (Caro 2005)
Feldlerchen singen, während sie gejagt werden, um ihre Kondition zu zeigen; Merlin lässt von der Verfolgung ab (Cresswell 1994)	

Tab. 6-1

Beispiele für Signale, die an Beutegreifer gerichtet sein könnten. (Verändert nach Ruxton et al. 2004.)

Merlin *(Falco columbaris)*, verfolgt, so begannen manche von ihnen zu singen. Dieser Gesang, so interpretierte es Cresswell, zeigt dem Verfolger, dass das Individuum in Top-Kondition ist und der Prädator keine Chance hat, es zu ergreifen. Tatsächlich ließen Merline öfter von der Verfolgung ab, wenn die Lerchen sangen und wenn sie besonders lange sangen.

Es gibt Signale mit relativ geringen Kosten, wie das Schwanzwippen bei einigen Vogelarten oder das Schwanzwedeln bei Hirschen. Manche Abschreckungssignale haben mittlere Kosten, wie etwa das Schnauben bei Huftieren. Hohe Kosten dagegen bestehen z. B. beim Prellsprung der Gazellen oder dem Gesang der Feldlerchen während des Verfolgungsfluges (Caro 2005).

6.9 Fluchtverhalten und Fluchtstrategien

Normalerweise fliehen Tiere ab einer gewissen Entfernung vor einem herannahenden Prädator (Frid & Dill 2002; Beale & Monaghan 2004). Diese Entfernung wird als Fluchtdistanz bezeichnet. Generell besteht ein Trade-off zwischen Bleiben und Fliehen, weshalb Fluchtdistanzen optimiert sein sollten (Ydenberg & Dill 1986). Die Variation in der Fluchtdistanz zwischen Individuen derselben Art oder zwischen Arten repräsentiert die individuelle Wahrnehmung und Einschätzung einer Gefahr und kann deshalb als eine Messgröße benutzt werden, um die Einschätzung zu quantifizieren (Stankowich & Blumstein 2005). Ferner korreliert die Fluchtdistanz mit anderen Variablen, z. B. der Wachsamkeit (Fernández-Juricic & Schroeder 2003). Einige Variablen, die einen Einfluss auf die Fluchtdistanz haben, wurden mittlerweile identifiziert:

- die Gruppengröße (Burger & Gochfeld 1992),
- der Winkel und die Richtung der Annäherung (Kramer & Bonenfant 1997; Fernández-Juricic & Schroeder 2003),
- die Entfernung zu einem sicheren Platz (Stankowich & Blumstein (2005),
- Wetterfaktoren, z. B. Windgeschwindigkeit und Bewölkung (Yasué 2006),
- Tageszeit (Delaney et al. 1999) und
- Jahreszeit (Richardson & Miller 1997).

Einige Tiere tolerieren sich annähernde Bedrohungen eher, wenn sie sich in einer **Gruppe** befinden (Fernández-Juricic & Schroeder 2003), da sie in dieser aufgrund des Verdünnungseffekts (→ Kap. 6.6) sicherer sind. Andererseits können größere Trupps näherkommende Beutegreifer früher entdecken (Boland 2003) und fliehen deshalb oft früher (Kenward 1978). Eine **direkte Annäherung** an die Beute führt bei dieser zu einer schnelleren Flucht als eine tangentiale (Fernández-Juricic et al. 2006). Ydenberg und Dill (1986) sowie Stankowich und Blumstein (2005) belegten in Übersichtsarbeiten, dass besonders die Entfernung zu einem **sicheren Platz** einen hohen Einfluss auf die Fluchtdistanz hat: Je weiter weg sich Tiere von einem schützenden Platz befinden, desto eher ergreifen sie die Flucht. **Wetterfaktoren** und auch Sichtbedingungen tragen ebenfalls zur Fluchtentscheidung bei (z. B. Windgeschwindigkeit und Bewölkung; Yasué 2006). Bei schlechten Sichtbedingungen fliehen Tiere oft früher. Die **Tageszeit** hat häufig einen Einfluss, da Tiere am Morgen als Erstes nach Nahrung suchen, nachdem sie die Nacht über gehungert haben. Gegen Nachmittag oder Abend sind sie hingegen eher satt und verbringen mehr Zeit mit Aufmerken; sie fliehen am Nachmittag deshalb früher als am Morgen(Delaney et al. 1999). Die **Jahreszeit** spielt in den gemäßigten Breiten oder im Norden eine Rolle, da im Sommer mehr Zeit für die Nahrungssuche zur Verfügung steht als im Winter und der Nahrungsbedarf im Winter oft höher ist (Richardson & Miller 1997). Deshalb flüchten Tiere im Winter auf eine geringere Distanz.

Beim **Flüchten** stehen den potenziellen Beutetieren verschiedene Möglichkeiten zur Verfügung. Sie können z. B. mit möglichst großer Geschwindigkeit dem Prädator zu entkommen versuchen. Da die meisten Prädatoren nur auf kurzen Strecken hohe Geschwindigkeiten erreichen, ist es vorteilhaft, möglichst schnell die Maximalgeschwindigkeit zu errechen, um den Beutegreifer so schnell abzuschütteln. Allerdings ist Fliehen mit dieser Methode relativ teuer und wirkt als Selektion negativ auf die Körpermasse. Für größere und schwerere Tierarten ist es daher in vielen Fällen ökonomischer, anstatt auf Flucht auf Verteidigung zu setzen. Diese theoretische Überlegung lässt sich im Feld auch tatsächlich nachweisen: Kohlmeisen *(Parus major)* in Wytham Woods hatten in den Jahren, in denen Greifvögel selten waren oder gar fehlten, eine höhere Körpermasse. Der Trade-off war also im Hinblick auf höhere Fettreserven ausgeprägt, da dies für die Kohlmeisen einen selektiven Vorteil darstellte (z. B. im Winter). Als die Greifvögel wieder häufiger wurden, setzte entsprechend eine Selektion hin zu leichteren Meisen ein, da Tiere mit geringerer Körpermasse leichter entkommen können (Gosler et al. 1995). Etwas anders sieht die Situation bei Zugvögeln aus: Auf Helgoland wurden die leichtesten 20 % von den beiden Beutegreifern Hauskatze *(Felis silvestris catus)* und Sperber *(Accipiter nisus)* erbeutet (Dierschke 2003). Dies interpretierte Dierschke (2003) dahingehend, dass die leichteren Vögel sich mehr bewegen müssen,

Abb. 6-16

Feldhase *(Lepus europaeus)* stiftet Verwirrung bei Prädatoren durch sein plötzliches, explosives Aufspringen und Haken schlagen.
Foto: C. Randler.

um Nahrung zu finden und ihre Fettreserven aufzufüllen, um für den Weiterflug gerüstet zu sein. Dadurch sind die Tiere möglicherweise auffälliger für Prädatoren, oder aber ihr Zeitbudget ist stärker zum Fressen als zur Wachsamkeit hin verschoben.

Auffliegen und Einfrieren: Besonders gut getarnte Tiere nutzen auch die «Schrecksekunde» des Beutegreifers, indem sie warten, bis dieser auf eine bestimmte Distanz herannaht, um dann mit lautem Flügelschlagen oder plötzlichem Aufspringen Verwirrung zu stiften und dadurch Zeit zu gewinnen. Manche gut getarnten Heuschreckenarten irritieren zu nahekommende Prädatoren beim Absprung mit ihren farbigen Flügeln, die sie dann aber sofort wieder zusammengeklappten, sodass sie nach erneuter Landung am Boden wieder optimal getarnt sind. Ähnlich verhält es sich bei Nachtfaltern, die große Augenflecken auf den Hinterflügeln besitzen und diese in Ruhestellung unter den Vorderflügeln verstecken. Droht ein Angriff, öffnen sie die Flügel und erschrecken mit ihren großen «Augen» den Angreifer oder gewinnen durch dessen Zögern («Schrecksekunde») Zeit. Falls der Prädator dennoch angreift, werden oft die Augenflecken attackiert, was den Vorteil hat, dass keine lebenswichtigen Organe getroffen werden.

Alternativ können Tiere durch erratische Bewegungen **Verwirrung stiften** und dadurch die Verfolgung erschweren; so etwa hackenschlagende Hasen, erratisch fliegende Schmetterlinge. Auch das Ausstoßen einer farbigen Tintenwolke durch den Oktopus ist der Strategie «Verwirrung stiften» zuzuordnen. Manchmal werden aber auch verschiedene Strategien kombiniert: Die Tiere flüchten zuerst schnell, um dann den Prädator durch schnelle Richtungswechsel zu verwirren, wenn er ihnen doch noch zu nahekommt.

Autotomie bezeichnet das Abwerfen von Körperteilen, die danach regeneriert werden können. Am häufigsten ist dies bei Eidechsen zu beobachten: Ist ein Beutegreifer sehr nahe oder hat er die Eidechse bereits ergriffen, wird der Schwanz an einer Sollbruchstelle abgeworfen. Dieser bewegt sich dann noch einige Zeit selbstständig, was den Beutegreifer entweder verwirrt oder beschäftigt und gleichzeitig der Eidechse die Möglichkeit gibt, sich in Sicherheit zu bringen. Streng genommen handelt es sich bei der Autotomie beinahe um eine Win-win-Situation: Die Eidechse entkommt, aber der Prädator bekommt auch einen «Teil» ab.

6.10 Morphologische und physiologische Verteidigungsmechanismen

Die **Einschüchterung** des Prädators soll dazu führen, dass dieser die Verfolgung und den Angriff beendet. Ein zentraler Aspekt dieser Taktik ist die Täuschung des Prädators; z. B. durch die optische Vergrößerung des Körpers (z. B. durch das Aufstellen von Haaren resp. Stacheln bei Säugetieren oder das Sich-mit-Luft-vollpumpen von Fröschen). Solche visuellen Signale können mit akustischen Signalen gekoppelt werden, z. B. dann, wenn sich eine Klapperschlange aufrichtet und dabei zischende Geräusche von sich gibt. Verteidigungsmechanismen

Abb. 6-17 Verteidigungsstrategien. A) Stachelschwein (Hystricidae) mit wehrhaften Stacheln, B) Büffel *(Syncerus caffer)* setzen ihre Hörner zur Verteidigung ein, profitieren aber auch vom Gruppeneffekt. Fotos: C. Randler.

dieser Art beruhen auf bestimmten Verhaltensmechanismen. Davon zu unterscheiden sind die morphologischen Verteidigungsmechanismen, wie z. B. die Präsentation und der Einsatz von Waffen, wie Geweihen, Hörnern, Stacheln etc.

Von **chemischen Verteidigungsmechanismen** spricht man, wenn Tiere bei der Begegnung mit einem Beutegreifer irritierende oder übelriechende Substanzen abgeben, die diesen vom Zugriff abhalten sollen. Beispiele hierfür sind Laufkäfer der Gattung *Carabus,* die eine stark riechende, säurehaltige und abschreckende Flüssigkeit absondern (Forsyth 1972), der Bombardierkäfer *(Stenaptinus insignis)* und das Stinktier, die beide übelriechende Substanzen auf den Beutegreifer spritzen. Vögel der Gattung *Pitohui* lagern Batrachotoxin (ein Alkaloid) in ihrem Gefieder und in ihrer Haut ein (Dumbacher et al. 1992) und werden dadurch für Beutegreifer giftig. Eine ähnliche Strategie verfolgen einige Insektenarten, die entweder bereits im Larvalstadium oder aber als adulte Tiere giftige Teile von Pflanzen fressen und dabei für ihre Fressfeinde selbst ungenießbar werden (Wink 1998). Tests mit Blattläusen ergaben, dass diese an giftigen, alkaloidreichen Lupinen saugen konnten, ohne selbst Schaden davonzutragen. Wurden nun in Experimenten solche Blattläuse an Laufkäfer verfüttert, so wurden diese narkotisiert und bewegungsunfähig (Wink & Römer 1986). Allerdings gibt es auch Prädatoren, die, ganz im Sinne des evolutiven Wettrüstens, gegen manche Gifte immun geworden sind. Die Schlangenart *Thamnophis sirtalis* etwa frisst Molche der Art *Taricha granulosa*, die ein Neurotoxin (Nervengift) in ihrer Haut besitzen, das zum Tod des Beutegreifers führen kann. Es gibt jedoch hochresistente Schlangen, die viele dieser Molche fressen können, ohne daran zu sterben. Sie weisen nach dem Verzehr giftiger Molche selber große Mengen des Molchgifts in ihren Geweben auf, was ihnen aber offenbar nicht schadet (Williams et al. 2004).

Eine weitere Überlebensstrategie ist das Sich-Totstellen **(Thanatose)**. Sie funktioniert vor allem bei Beutegreifern, die lebende Beute bevorzugen und Aas verschmähen (ggf. wegen Pathogenen). Bekanntestes Beispiel hierfür ist das Opossum *(Didelphis virginiana)*; «das Opossum machen» (sich also quasi tot zu stellen) ist dabei geradezu zum geflügelten Wort geworden.

Wenn all diese Strategien und Taktiken nutzlos waren, können die Tiere nur noch **kämpfen** bzw. sich verteidigen. Hier bietet das Leben in Gruppen Vorteile, wie die Gruppenverteidigung der Moschusochsen zeigt. Dabei bilden die Tiere einen Kreis gegen Angreifer (z. B. Wölfe) und orientieren sich mit ihren Hörnern nach außen hin zu den Beutegreifern. Die Jungtiere befinden sich im Inneren des Kreises und sind somit am besten geschützt (Altruismus, → Kap. 11). Als einzelne Tiere wären die Moschusochsen ihren Angreifern unterlegen, in der Gruppe sind sie hingegen übermächtig.

Werden sie vom Prädator ergriffen, äußern viele Vögel, Säuger und auch Amphibien **Angstschreie**. Diese werden manchmal von schnellen und kräftigen Körperbewegungen sowie (je nach Tierart) auch von Bissen oder Schnabelhieben begleitet. Angstschreie sind in der Regel laut, über weite Entfernungen zu hören und einfach zu lokalisieren. Sie locken manchmal Artgenossen (aber auch artfremde Individuen und andere Prädatoren) an, ebenso gibt es Beobachtungen, dass Artgenossen bei Angstschreien fliehen. Nach Neudorf & Sealy (2002) können Angstschreie (a) andere (verwandte Individuen) warnen, (b) Hilfe herbeirufen (Artgenossen), (c) ein Mobbing initiieren (konspezifisch und heterospezifisch), (d) den Prädator erschrecken und (e) andere, größere Prädatoren anlocken, die wiederum den angreifenden Prädator angreifen. Das erscheint alles stichhaltig, eine Überprüfung steht allerdings teilweise noch aus.

Mobbing | 6.11

Einen Sonderfall der Verteidigung bzw. des Anti-Prädationsverhaltens ist das **Mobbing**, das manche Tiere gegenüber ihren Beutegreifern zeigen. Am besten ist dies bei Singvögeln untersucht und belegt (Caro 2005). Beim Mobbing kehren sich die Verhältnisse zwischen Beute und Prädator quasi um, die Beute greift den Prädator an, und das auch, wenn dieser selbst nicht attackiert. Die Tiere nähern sich dabei einem potenziellen Beutegreifer und stoßen laute, leicht zu verortende Rufe aus, fliegen manchmal Attacken und berühren den Prädator z. T. dabei auch. Dieses Verhalten beinhaltet direkte und indirekte Kosten, scheint aber eine adaptive Funktion zu haben. Diesbezüglich gibt es verschiedene Hypothesen (→ Box 6.2). Leider sind diese nicht wechselseitig exklusiv und manche lassen sich kaum widerlegen bzw. belegen. Es gibt jedoch Belege, dass Mobbing für die Beute gefährlich sein kann, weil es gelegentlich vorkommt, dass ein Beutegreifer seinen Mob angreift (direkte Kosten; Caro 2005). Indirekte Kosten konnten mithilfe von experimentellen Studien am Trauerschnäpper *(Ficedula hypoleuca)* mit Playbacks von Mobbingrufen und Rauschen als Kontrolle in der Nähe von Nistkästen gezeigt werden: Es stellte sich nämlich heraus, dass jene Nistkästen, an denen Playbacks von Mobbingrufen abgespielt wurden, eher von Prädatoren (in diesem Fall Baummardern, *Martes martes*) abgesucht wurden (Krama & Krams 2005).

Box 6.2

Hypothesen zum Mobbing (basierend auf Curio et al. 1978, Caro 2005)

Mobbing ist ein äußerst schwierig zu erklärendes Verhalten. Bislang wurden folgende Hypothesen dazu aufgestellt:

Direkte Vorteile

Letale Attacke: Der Beutegreifer wird verletzt oder getötet. Dadurch entsteht ein Vorteil für den Mobber. Solche Attacken sind jedoch kaum belegt und nur bei etwa gleich großen Arten oder Tieren, die mit besonderen Waffen ausgestattet sind, möglich (Caro 2005).

Move-on-Hypothese (Vertreibungshypothese): Mobbing soll dazu führen, dass ein Beutegreifer einen bestimmten Platz verlässt. Durch dieses kurzzeitig hohe Kosten verursachende Verhalten soll längerfristig ein Nutzen entstehen, wenn der Beutegreifer das Gebiet dann meidet. Turmfalken *(Falco tinnunculus)*, die gemobbt wurden, flogen weiter weg als solche, die einen Ortswechsel ohne Mobbing vollzogen (Pettifor 1990). Verschiedene Greifvögel in Volieren reagierten stärker mit Stressverhalten auf Mobbingrufe als auf den Gesang der Vögel (Consla & Mumme 2012).

Perception advertisement (Entdecken anzeigen): Anzeigen, dass der Prädator entdeckt wurde und sich eine Attacke nicht (mehr) lohnt. Sehr ähnlich der Move-on-Hypothese. Allerdings kann diese Hypothese nicht erklären, warum sich die Vögel dem Prädator annähern, da die Anzeige, dass er entdeckt wurde, durch den Mobbingruf bereits vollzogen ist.

Quality advertisement (Individuelle Qualität anzeigen): Beuteindividuen zeigen, dass sie in einer guten Kondition sind und sich eine Attacke nicht lohnt.

Selfish herd (Schutz durch die Gruppe): Größere Gruppen finden sich zusammen, sodass ein Schutz durch die Gruppe erfolgt (Gruppeneffekt). Die zuvor verteilten Individuen finden sich auf kleinerem Raum zusammen. Aus Sicht eines einzelnen Individuums bringt dies zunächst keinen Vorteil, aber wenn Individuen gegenseitig beim Mobben kooperieren, kann die Strategie erfolgreicher sein.

Confusion effect (Verwirrungseffekt): Durch Umherhüpfen, -fliegen und Rufen wird der Prädator verwirrt. Bislang nicht belegt.

Attract the mightier (den großen Gegner anlocken): Mobbing lockt einen noch größeren Prädator herbei, der dann den kleineren Prädator attackiert. Einzelne Beobachtungen, aber Hypothese nicht eindeutig belegt.

Indirekte Vorteile

Alerting others (andere herbeirufen): Dies konnte durch Experimente leicht belegt werden. Man spielt Playbacks von Mobbingrufen ab und notiert, welche Vogelarten und wie viele Individuen sich annähern. Sozusagen als Gegenprobe wird Gesang vorgespielt. Auf diese Weise konnte belegt werden, dass beim Mobbing-Playback mehr Individuen und mehr Vogelarten angelockt werden als beim Gesangsplayback (Hurd 1996).

Silencing offspring (Nachwuchs ruhigstellen): Mobbingrufe führen dazu, dass bettelnde Jungvögel verstummen, um den Prädator nicht auf sich aufmerksam zu machen.

Signal to conspecifics (Signale an Artgenossen): Die eigene gute Kondition wird nicht dem Prädator, sondern den Artgenossen angezeigt (Dominanzrang, Sexualpartner).

Vorteile unklar

Cultural transmission (Kulturelle Weitergabe): Mobbing zeigt Jungvögeln, dass es sich um einen gefährlichen Feind (oder Ort) handelt.

▲

Mobbing findet auch über Artgrenzen hinweg statt. Besonders bei kleinen, waldbewohnenden Singvogelarten wurde dies mehrfach belegt. Meist wurden in diesem Zusammenhang Präparate/Modelle oder lebende Prädatoren präsentiert. Um festzustellen, inwieweit Vogelarten auf die Präsentation von Mobbingrufen reagieren, untersuchten Randler und Vollmer (2013) die Mobbingrufe der fünf Vogelarten Kohlmeise *(Parus major)*, Blaumeise *(Cyanistes caeruleus)*, Sumpfmeise *(Poecile palustris)*, Kleiber *(Sitta europaea)* und Buchfink *(Fringilla coelebs)*. Insgesamt wurden 250 Playbackpräsentationen durchgeführt, je 50 pro Art. Die Reaktion der verschiedenen Arten auf die Mobbingrufe wurde daraufhin klassifiziert (Minimumdistanz, Latenzzeit und eigene Alarmrufe). Dabei konnte eine gewisse Reziprozität innerhalb des Kommunikationsnetzwerkes dieser Waldvogelarten festgestellt werden: Jede Vogelart reagierte am stärksten auf arteigene (konspezifische) Mobbingrufe, aber auch auf jene der anderen Arten (heterospezifische Mobbingrufe). Allerdings gab es bei letzteren Unterschiede: Die Blaumeise reagiert am stärksten, der Buchfink am schwächsten auf die heterospezifischen Warnrufe. Die Kosten des Mobbings sind also asymmetrisch verteilt; zudem investieren manche Arten (Blaumeise) mehr als andere (Buchfink) ins Mobbing. Das Verhalten des Buchfinks kann daher auch als Parasitismus interpretiert werden.

Weiterführende Literatur

Caro T (2005): Anti-predator defence in mammals and birds. Chicago University Press, Chicago. 591p.

Krause J, Ruxton GD (2002): Living in groups. Oxford University Press, Oxford. 224p.

Ruxton GD, Sherrat, TN, Speed MP (2004): Avoiding attack. Oxford University Press, Oxford. 249p.

Partnerwahl und Fortpflanzung | 7

Inhalt

Dieses Kapitel erläutert die Unterschiede, die Vor- und Nachteile der sexuellen und asexuellen Fortpflanzung. Es erläutert den Begriff Anisogamie und die Gründe, weshalb die Gameten (Geschlechtszellen) von Weibchen und Männchen so unterschiedlich groß sind, und was dies mit sexuellen Konflikten zu tun hat. Des Weiteren geht dieses Kapitel auf das unterschiedliche Fortpflanzungsverhältnis von Männchen und Weibchen ein, und thematisiert in diesem Zusammenhang auch das Revierverhalten von Männchen und das Faktum, dass bei der Partnerwahl in der Regel Damenwahl herrscht. Des Weiteren werden die wichtigsten Paarungssysteme und die typischen Merkmale der Balz thematisiert.

Sexuelle Fortpflanzung: Wozu? | 7.1

Fortpflanzung kann geschlechtlich (sexuell) oder ungeschlechtlich (asexuell) erfolgen. Bei der **ungeschlechtlichen Fortpflanzung** sind Männchen unnötig; Weibchen reproduzieren sich selbst, wodurch ein Klon entsteht, der in der genetischen Ausstattung (abgesehen von einzelnen Mutationen) identisch mit dem Muttertier ist. Die ungeschlechtliche Fortpflanzung hat gegenüber der geschlechtlichen Fortpflanzung zwei wesentliche Vorteile. Erstens kann sich dadurch ein Tier schneller fortpflanzen, da keine Zeit mit Partnersuche und -wahl verbracht werden muss. Da jedes Individuum quasi als «Mutter» Nachkommen produziert, ist die Reproduktionsrate zudem doppelt so hoch wie bei Populationen, in denen jedes zweite Individuum ein Männchen ist. Zweitens bietet die ungeschlechtliche Vermehrung gegenüber der sexuellen Fortpflanzung den Vorteil, dass ein Weibchen ohne die Beteiligung eines Männchens die doppelte Anzahl eigener Gene weitergeben kann. Die ungeschlechtliche Fortpflanzung (auch **Jungfernzeugung** oder **Parthenogenese** genannt) ist also dann von Vorteil, wenn schnell eine große Zahl an Nachkommen produziert werden muss, weil beispielsweise die Umweltbedingungen so sind, dass nur ein sehr kurzes Zeitfenster für die Fortpflanzung zur Verfügung steht. Ungeschlechtliche Fortpflanzung kann durch das Legen von unbefruchteten Eiern geschehen, durch die Quer- oder Längsteilung des Elterntieres in zwei etwa gleich große Nachkommen oder durch Knospung. Hierbei entstehen kleinere Nachkommen, die sich von den Elterntieren abschnüren.

Die ungeschlechtliche Fortpflanzung hat aber auch gewichtige Nachteile; so beispielsweise, dass es dadurch zu keiner neuen genetischen Kombinationen kommt, und ergo die **genetische Vielfalt** nicht aufrechterhalten oder vergrößert werden kann. Die Rekombination von genetischen Merkmalen ist aber ein gewichtiger Faktor, der es Tieren erlaubt, sich schneller oder besser an die sich ändernden Umweltbedingungen anzupassen (Evolutionsdruck), beispielsweise bei einer Bedrohung durch Parasiten oder Viren und Bakterien, die naturgemäß einer schnellen Evolution unterliegen.

Die **sexuelle Fortpflanzung** ist bereits bei evolutiv sehr alten Formen vorhanden. Charakteristisches Merkmal derselben ist, dass beide Elterntiere jeweils etwa die Hälfte ihrer Gene an die nachfolgende Generation weitergeben. Die Weibchen steuern dazu relativ wenige große Eizellen bei, die unbeweglich und nährstoffreich sind, während die Männchen viele kleine, bewegliche Spermien bilden. Diese Situation wird als **Anisogamie** bezeichnet. Aufgrund der unterschiedlichen Anzahl Geschlechtszellen werden die Eizellen in Kosten-Nutzen-Modellen als «wertvoller» angesehen als die in großer Zahl verfügbaren Spermienzellen. Bei einem einzigen Begattungsvorgang können die Männchen vieler Tierarten mehr Spermien abgeben, als die Weibchen der jeweiligen Art an Eizellen insgesamt in ihrer Lebenszeit zur Verfügung haben. Eine Hypothese, wieso die zwei verschiedenen Gameten im Laufe der Evolution entstanden, stammt von Parker et al. (1972): Geht man hypothetisch davon aus, dass die Größe der Gameten ursprünglich der Normalverteilung entsprach, so sind zunächst wenige kleine und große, aber viele mittlere Gameten produziert worden. Da mittelgroße Gameten aber einerseits zu klein sind, um genügend Zytoplasma für die Embryogenese bereitzustellen, andererseits aber zu groß sind, um ökonomisch in großer Zahl produziert zu werden, sind sie im Laufe der Zeit durch sogenannte **disruptive Selektion** verschwunden resp. haben den ökonomischeren großen und kleinen Gameten Platz gemacht.

Zwitter

Zwitter (Hermaphroditen) besitzen sowohl männliche als auch weibliche Geschlechtsorgane. **Simultanzwitter** sind tatsächlich gleichzeitig männlich und weiblich (z. B. die Regenwurmart *Lumbricus terrestris*). Dabei kann während des Paarungsvorgangs ein Individuum zuerst die männliche und danach die weibliche Rolle übernehmen. Weitere klassische Beispiele sind die «**gamete traders**»: Diese Tiere wechseln sich während der Paarung ab und tauschen mehrmals Geschlechtszellen aus (→ Abb. 7-1). Dies ist z. B. beim Hamletbarsch *(Hypoplectrus nigricans)* und der Meeresschneckenart *Chelidonura hirundinina* zu beobachten. Eine weitere Spielart sind die **Konsekutivzwitter** oder **sequentielle Hermaphroditen,** die zuerst das eine Geschlecht und nach einiger Zeit das andere Geschlecht übernehmen. Dabei wird unterschieden zwischen **protandrischen** Zwittern, wie den Lippfischen (Labridae), die zuerst männlich sind und später zu Weibchen werden (vorteilhaft bei mehr oder weniger monogamen Paarbeziehungen, in denen der größere Partner die Eiproduktion übernimmt), und **protogynen** Zwittern, die zuerst weiblich sind und dann zu Männchen werden (vorteilhaft bei Harem-Paarungssystemen, in denen ein dominantes Männchen viele kleine Weibchen monopolisiert; Munday et al. 2006).

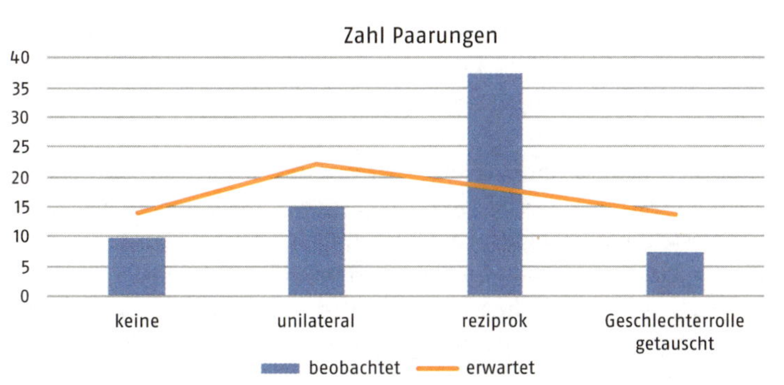

Abb. 7-1

Häufigkeit unterschiedlicher Paarungstypen beim Zwitter *Chelidonura sandrana* bei unmanipuliert sich fortpflanzenden Paaren. Die meisten Paare tauschen wechselseitig Gameten aus. (Neu gezeichnet nach Anthes & Michiels 2005.)

Geschlechtsbestimmung

Bei vielen Tieren wird das Geschlecht durch die Chromosomen bestimmt. Es ist jedoch nicht immer von vornherein festgelegt; zuweilen kann auch die Umwelt die **Geschlechtsbestimmung entscheidend beeinflussen**. Bei manchen Arten bestimmt beispielsweise die Umgebungs- oder Bebrütungstemperatur das Geschlecht; so schlüpfen beim Mississippi-Alligator *(Alligator mississippiensis)*, bei hohen Temperaturen Männchen aus den Eiern, bei niedrigen Temperaturen dagegen Weibchen. Auch Zusatzfutter kann das Geschlecht beeinflussen.

7.2 Sexuelle Konflikte

Aus der Tatsache der unterschiedlichen Kosten der Fortpflanzung (Gameten, Aufzucht) ergibt sich ein **intersexueller Konflikt** zwischen den Geschlechtern. Vereinfacht gesagt, ist es für Männchen am besten, sich möglichst oft und häufig zu verpaaren, um möglichst viele der eigenen Gene in die Population einzubringen. Die Qualität der jeweiligen Weibchen spielt dabei eine eher untergeordnete Rolle. Für Weibchen dagegen, die bei vielen Arten auch den größten Teil der Jungenaufzucht übernehmen, ist die Wahl des/der Fortpflanzungspartner dagegen sehr wichtig. Je nach Paarungssystem (→ Kap. 7.6) kommen mehr oder weniger komplexe Abwandlungen dieser Grundregel vor. Bei einer hohen Beteiligung des Männchens an der Brutpflege und der Aufzucht wird das Männchen in der Regel wählerischer. Der sexuelle Konflikt kann aber auch so weit gehen, dass Weibchen die Männchen nach der Paarung auffressen, so z. B. bei der Gottesanbeterin *(Mantis religiosa)* (Lawrence 1992).

Merksatz

Männchen können ihren Reproduktionserfolg primär durch die Zahl der Nachkommen (Quantität) erhöhen, Weibchen eher mit der Wahl eines optimalen Partners sowie durch das eigene Investment in den Nachwuchs (Qualität). Daraus resultiert der sexuelle Konflikt, der seinen Ursprung in den unterschiedlichen Gametengrößen (Anisogamie) hat.

Männchen können ihren Paarungserfolg (gemessen am Nachwuchs) durch eine steigende Zahl an Sexualpartnerinnen erhöhen, bei Weibchen besteht diesbezüglich kein Zusammenhang (Bateman 1948, nach Barnard 2004). Man geht davon aus, dass eine Paarung ausreicht, um die Eizellen der Weibchen zu befruchten. Allerdings gibt es mittlerweile einige Hinweise, dass auch Weibchen ihren Fortpflanzungserfolg erhöhen können, wenn sie sich mit mehreren Männchen paaren (außerpaarliche Kopulationen, EPC, → Kap. 7.5); auch kann sich der Fortpflanzungserfolg erhöhen, wenn das Sperma des Vorgängers durch das eines «besseren» Nachfolgers ersetzt wird.

Intrasexuelle Selektion bezeichnet die Mechanismen und Strategien, mit denen sich Männchen (aber auch Weibchen) gegenseitig bekämpfen, um sich einen Fortpflanzungsvorteil zu sichern. Von Bedeutung sind da die Ornamente und Waffen, die von den Männchen getragen werden. Zwar dürften diese mehrheitlich im Zusammenhang mit der Fortpflanzung entstanden sein, doch scheinen sie nicht primär der Fortpflanzung selbst zu dienen, sondern vor allem für die intersexuelle Selektion (Wahl des Geschlechtspartners durch die Weibchen) von Bedeutung zu sein. Männchen, die sich dank ihrer Waffen im direkten Kampf mit Artgenossen durchsetzen, weisen ihre «guten Gene» deutlicher nach, als dies mittels Gesang oder prächtigem Federkleid möglich ist, also Merkmalen, die ebenfalls einer sexuellen Selektion unterliegen, aber nicht im Kampf Männchen gegen Männchen verwendet von Belang sind. Ornamente, die als Waffen eingesetzt werden können, scheinen daher eher der intrasexuellen Selektion zuzurechnen als der intersexuellen Selektion.

Eine weitere Tatsache, die sich aus dem intrasexuellen Konflikt (zwischen Männchen) ergibt, ist, dass nicht alle Individuen zur Fortpflanzung gelangen. Die Wahrscheinlichkeit für ein Weibchen, sich fortzupflanzen, ist größer als die eines Männchens. In einem Experiment wurde dies an Fruchtfliegen (*Drosophila* sp.) untersucht. Dazu wurden Männchen und Weibchen in derselben Anzahl in einem abgeschlossenen System gehalten (→ Abb. 7-2). Es zeigte sich, dass sich nicht jedes Männchen mit einem Weibchen paarte, sondern nur einige Männchen mit mehreren Partnerinnen. Die Variation der Anzahl an Partnern war bei Männchen höher als bei Weibchen. Daraus wird gefol-

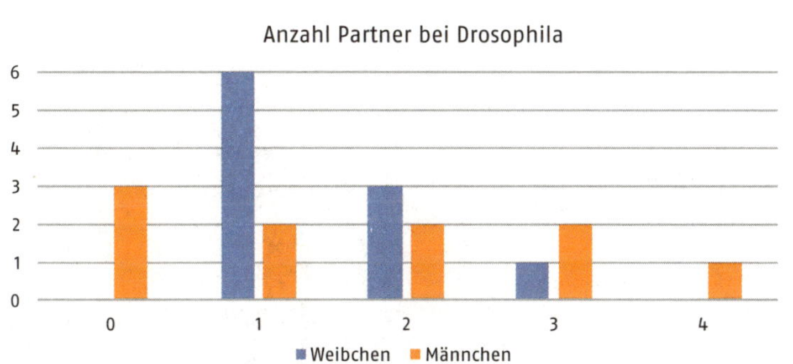

Abb. 7-2

Verpaarung von *Drosophila* bei einer gleichen Anzahl von Männchen und Weibchen in einer kontrollierten Umgebung. Alle Weibchen paaren sich einmal, bei den Männchen hingegen einige mehrmals und andere nie. (Neu gezeichnet nach Bateman 1948.)

Tab. 7-1

Anzahl der Nachkommen (maximale Werte) bei verschiedenen Arten aus Krebs und Davies (1996, S. 205).

	Maximale, lebenslang gezeugte Nachkommenzahl	
	Männchen	Weibchen
See-Elefant	100	8
Rothirsch	24	14
Mensch[1]	888	69
Dreizehenmöwe	26	28

[1] Moulay Ismael der Blutdürstige, zwischen 1697 und 1727

gert, dass Weibchen Präferenzen für bestimmte Merkmale haben. Dies führt dazu, dass manche Männchen mehrere Partnerinnen akquirieren, andere hingegen keine.

7.3 Revierwahl und Revierverteidigung

Ein Revier ist ein festgelegter Bereich, der gegen andere Individuen (Eindringlinge) derselben Art verteidigt wird und aus dem diese vertrieben werden. Verteidigt wird, weil Reviere in punkto Ressourcenausstattung (Nahrung, Versteckmöglichkeiten usw.) von unterschiedlicher Qualität sind. Reviere können unterschiedlich groß sein; die Spanne reicht je nach Art von wenigen Quadratmetern bis hin zu Quadratki-

Abb. 7-3 Revierverteidigung. A) Viele Vogelarten markieren ihr Revier durch lauten Gesang, oft von einer Warte aus (Zypern-Steinschmätzer, *Oenanthe cypriaca*). B) Libellen besetzen Reviere und verteidigen diese gegenüber anderen Männchen, sie zeigen den Revierbesitz durch Patrouillenflüge an (z. B. Plattbauchlibelle, *Libellula depressa*). Fotos: C. Randler.

lometern. In vielen Fällen wird ein Revier von einem (männlichen) Individuum besetzt (z.B. beim Dachs); bei Vögeln ist es hingegen oft ein Paar, welches gemeinsam ein Revier besetzt.

Oft muss ein Männchen ein Revier zuerst erobern und verteidigen, bevor es ein Weibchen anlocken kann. Die Eroberung erfordert einen großen Zeit- und Energieaufwand. Die anschliessende **Revierverteidigung** ist hingegen weniger aufwändig, da sich die Nachbarn kennen und sich gegenseitig die Reviergrenzen oft (nicht mehr) streitig machen. Reviere werden durch Signale abgesteckt; als Signale fungieren Gesang, das Patroullieren an den Reviergrenzen, aber auch Duftstoffe in Kot oder Urin werden verwendet. Manche Tierarten besetzen zwei oder mehrere Reviere (Polyterritorialität), z.B. der Trauerschnäpper *(Ficedula hypoleuca)*. Dadurch kann er an zwei verschiedenen Stellen Weibchen anlocken und sogar zwei Familien gründen.

Aggression bei Revierkämpfen

Bei vielen Tierarten fand man die Regel, dass der Revierinhaber die meisten Kämpfe gegenüber Eindringlingen gewinnt. Dies wird dahingehend interpretiert, dass der Revierinhaber sehr genau über den Wert seines Reviers Bescheid weiß, also auch weiß, was er verliert, während der Eindringling in der Regel das Revier nicht gut kennt und daher bei Kämpfen schneller aufgibt. Deswegen kämpfen Revierinhaber aggressiver und ausdauernder als Eindringlinge. Sie haben quasi mehr zu verlieren, als der Eindringling gewinnen kann (→ Kap. 5.3). Dies wurde beispielsweise für die Bachstelze *(Motacilla alba)* nachgewiesen, die Reviere an Flussabschnitten besetzt, sowie beim Waldbrettspiel *(Pararge aegeria)*, einer Schmetterlingsart, die Sonnenflecken auf dem Waldboden als Revier besetzt. Befördert scheint der «Heimvorteil» des Revierinhabers gegenüber Eindringlingen durch einen nachweislich höheren Pegel des Hormons Testosteron zu sein, der bei zahlreichen Arten in verschiedenen Experimenten nachgewiesen werden konnte. Auch beim Menschen wurde übrigens ein solcher Effekt nachgewiesen: Fußballspieler haben bei Heimspielen einen höheren Testosterongehalt als die auswärtigen Gegner, womit ein proximater Mechanismus gefunden wäre, der erklärt, warum Heimspiele häufiger gewonnen werden als Auswärtsspiele (Neave & Wolfson 2003).

Gekämpft werden kann nicht nur um das Territorium, sondern auch direkt um Weibchen, wie beispielsweise bei den Kämpfen um die Vormachtstellung in einem Harem. Anders als bei der Verteidigung gegen Prädatoren werden die zum Teil gefährlichen Waffen der Tiere (Hörner, Geweihe, Gebisse, Klauen usw.) bei der Revierverteidigung in der Regel nicht mit dem Ziel der Vernichtung oder der starken Verletzung des Gegners eingesetzt (Maynard Smith & Price 1973). Viele innerartliche Kämpfe laufen in einer ritualisierten (symbolhaften) Form ab und werden so lange durchgeführt, bis ein Sieger feststeht. Dickhornschafe *(Ovis canadensis)* beispielsweise nehmen eine bestimmte Position ein, von der aus sie sich gegenseitig mit den Hörnern «anboxen». Nach jedem Zusammenstoß bewegen sie sich wieder auf ihre Ausgangsposition zurück, «hinterrücks» angegriffen wird nicht. Je nach Sozialsystem ist die Reaktion auf eine Niederlage unterschiedlich komplex. Bei einzelgängerisch (solitär) lebenden Arten läuft oder fliegt der Verlierer z. T. einfach davon. Bei komplexeren sozialen Gruppen, die nach dem Kampf wieder kooperieren, gibt es teilweise komplexe Unterwerfungsgesten (z. B. bei Schimpansen, *Pan troglodytes*).

7.4 Sexuelle Selektion: Balzverhalten und Partnerwahl

7.4.1 Innerartliche sexuelle Selektion

Schon Darwin trieb die Frage um, welchen Nutzen das farbenprächtige Gefieder oder das prächtige Geweih eines Rothirsches hat, da diese Merkmale im Rahmen der natürlichen Selektion eher hinderlich sind und durch die natürliche Auslese verschwinden sollten. Auffällig ist ebenfalls, dass sich Männchen und Weibchen im Erscheinungsbild deutlich unterscheiden **(Sexualdimorphismus)**, z. T. so deutlich, dass

Abb. 7-4

Intrasexuelle Selektion: Zwei Pfauenmännchen *(Pavo cristatus)* balzen um die Gunst eines Weibchens. Foto: C. Randler.

Forscher immer wieder den Fehler machen, Männchen und Weibchen zwei verschiedenen Arten zuzurechnen anstatt zu erkennen, dass sie zur selben Art gehören. Sexualdimorphismus kann es sowohl in Bezug auf den Phänotyp als auch bezüglich der Körpergröße geben. Für das Entstehen des Sexualdimorphismus gibt es zwei Erklärungen: die **intrasexuelle** und die **intersexuelle** Selektion (→ Kap. 7.2).

Bei den meisten Arten im Tierreich herrscht Damenwahl, d.h., die Weibchen wählen ihre jeweiligen Sexualpartner aus. Dabei nutzen Weibchen verschiedene **Ornamente** oder Merkmale, die Auskunft darüber geben, ob es sich um ein «gutes» Männchen handelt oder nicht. Sie werden als **Indikatoren** oder **Signale** der Männchenqualität bezeichnet. Um nachzuweisen, dass dem so ist, muss im ersten Schritt gezeigt werden, dass Weibchen eine Präferenz für ein bestimmtes Merkmal haben (z.B. in Wahlversuchen), und in der Folge, dass Männchen, die dieses Merkmal aufweisen, tatsächlich eine höhere Fitness haben oder bessere Nachkommen produzieren.

Merksatz

Bei den meisten Tierarten herrscht Damenwahl vor. Sie führt dazu, dass Männchen Ornamente entwickeln.

7.4.2 Wahlkriterien der Weibchen

Die Kriterien, die die Wahl der Weibchen beeinflussen, lassen sich wie folgt grob gliedern (Breed & Moore 2012):

- genetische Qualität des Männchens, die durch Indikatoren angezeigt werden,
- mögliche Qualität des Brautgeschenks des Männchens,
- mögliche Ressourcen des Männchens und
- Wahl anderer Weibchen als Vorbild.

Generell können **genetische** und **nicht-genetische Vorteile** voneinander unterschieden werden. Die genetischen Qualitäten des Männchens werden durch Indikatoren angezeigt, während sich die übrigen Punkte auf nicht-genetische Aspekte beziehen. Allerdings kann man auch argumentieren, dass sowohl das Brautgeschenk als auch das Revier ein Indikator für die Männchenqualität und damit für dessen genetische Ausstattung sind. Bei den Indikatoren für die genetische Qualität kann unterschieden werden zwischen:

- morphologischen Indikatoren,
- akustischen Indikatoren (z.B. Gesang, Röhren),
- optischen Indikatoren (z.B. Färbung, Federkleid) und
- olfaktorischen Indikatoren (z.B. bei Bärenspinnern).

Box 7.1

Aufbau von Partnerwahlexperimenten bei Vögeln

Freilandstudien in diesem Bereich sind weitgehend korrelativ, d. h. sie untersuchen Zusammenhänge, ohne tatsächlich Ursachengefüge nachweisen zu können. In experimentellen Studien dagegen können direkte Reaktionen von Individuen in konkreten Situationen beobachtet werden. Bei Partnerwahlversuchen sitzt das Weibchen in der Mitte eines Käfigs und kann – getrennt durch Glasscheiben oder Netze – zwei Männchen beobachten. Anhand von Videoaufzeichnungen oder anhand einer automatischen Registrierung mittel Sitzstangen wird festgestellt, bei welchem Männchen das Weibchen die meiste Zeit verbringt. Die Dauer der Beobachtung wird dann als Präferenz des Weibchens interpretiert. Es können aber auch die Reaktionen der Weibchen auf Gesänge und Rufe oder auch Gerüche getestet werden. Solche experimentellen Studien sind sehr hochwertig, wobei es aber auch Kritikpunkte gibt: Erstens haben Weibchen in der freien Natur oft weniger Zeit, um die Männchen ausführlich zu vergleichen, und zweitens wählen im Freiland natürlich auch andere Weibchen ein Männchen, was die Weibchen bei deren Entscheidungsfindung unter Druck setzt.

Abb. 7-5

Aufbau von Weibchenwahlexperimenten beim Trauerschnäpper *(Ficedula hypoleuca)*. (Neu gezeichnet nach Dale & Slagsvold 1994.)

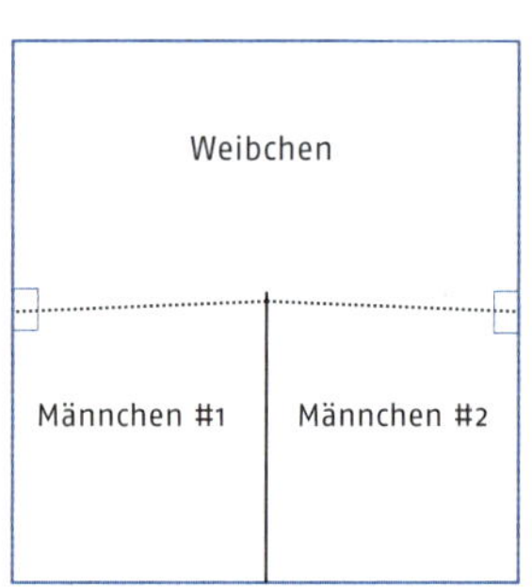

7.4.3 Weibchenpräferenzen basieren auf ehrlichen Indikatoren

Ornamente wie schönes Gefieder, leuchtende Farben oder ansprechende Gesänge werden als Merkmale interpretiert, die ein «ehrliches Signal» (→ Kap 10.4) darstellen und einen Hinweis auf die individuelle Qualität dieses Männchens geben (z. B. punkto Körperkondition). Dass an dieser These etwas dran ist, wird durch zahlreiche Studien nahegelegt. So verfügen z. B. Molche mit einem deutlichen Kamm und Hirsche mit einem vergleichsweise großen Geweih in der Regel tatsächlich über einen guten Ernährungszustand. Interessante Erkenntnisse gibt es aber auch durch Untersuchungen am Grauen Laubfrosch *(Hyla versicolor):* Weibchen dieses Amphibiums präferieren Männchen mit langen Rufreihen gegenüber solchen mit kürzeren (Schwartz et al. 2001). In einem Experiment wurden nun die Eier eines Weibchens je hälftig durch Spermien eines lang-rufenden resp. eines kurz-rufenden Männchen befruchtet. In der Tat entwickelten sich in Folge die Kaulquappen schneller und besser, die mit den Spermien der lang-rufenden Männchen besamt wurden. Damit konnte gezeigt werden, dass der lange Ruf in der Tat ein verlässlicher Indikator für die genetische Qualität des Männchens ist (Welch et al. 1998).

Allerdings sind ausgeprägte Ornamente auf den ersten Blick hinderlich und gegen die Intuition, denn beim Kampf ums Überleben scheint ein großes Geweih eher nachteilig zu sein, da die Erhaltung dieser Ornamente mit hohen Kosten verbunden ist, denn viele Huftiere werfen ihre Geweihe jährlich ab und bilden sie neu. Ebenso behindert das Geweih einen Rothirsch beim Fortkommen im Unterholz. Dieses Paradoxon wurde durch das «**Handicap-Prinzip**» aufgelöst: Es besagt, dass die Tatsache, dass Männchen von Arten mit großen Ornamenten trotz dieses Handicaps offenbar in genügender Anzahl überleben, ein Beweis dafür ist, dass sie attraktive Fortpflanzungspartner sein müssen (denn andernfalls wären die Männchen und mit ihnen die Ornamente längst ausgestorben) (Zahavi 1975). Das Ornament als Handicap

Tab. 7-2 Evolutionäre Modelle für die Weibchenwahl (verändert nach Alcock 2005, Workman & Reader 2014, Dugatkin 2014). Man beachte, dass die Hypothesen/Theorien sich nicht gegenseitig ausschließen.

Theorie	Weibchenpräferenz für Merkmale	Anpassungswert für Weibchen	**Beispiel**
1. Direkte Vorteile	... die direktes Investment des Männchens sind.	mehr Energie, z. B. für die Eiproduktion	großes Brautgeschenk (Gwynne 2008)
2. Indirekte Vorteile			
Gesundes Männchen, Parasiten-Theorie (Hamilton & Zuk 1982)	... die Gesundheit signalisieren. ... Ornamente, die Abwesenheit von Parasiten signalisieren.	Weibchen und Nachwuchs vermeiden Parasiten etc.	Rauchschwalbe (Møller 1990)
Gute Gene	... die Überlebens- und Fortpflanzungsfähigkeit zeigen.	Nachwuchs erbt die guten Gene	Laubfrosch (Welch et al. 1998)
3. Handicap-Prinzip (Zahavi 1975)	... die ein Handicap sind (z. B. auffällig und teuer) und damit Überlebensfähigkeit zeigen.		Haushuhn (Zuk et al. 1995)
4. Selbstverstärkungs-Selektion (Fisher 1930)	... die sexuelle Attraktivität signalisieren.	Söhne erben die Attraktivität, Töchter die Präferenz dafür	

wäre danach in der Tat ein ehrliches Signal bzw. ein Indikator für die genetische Qualität. Ein weiterer Aspekt ist in diesem Zusammenhang die **Immunkompetenz**-Hypothese. Sie besagt, dass die Ausprägung von Ornamenten bzw. Indikatoren oft durch das Hormon Testosteron unterstützt wird, und daher größere resp. schönere Ornamente auf einen hohen Testosteronspiegel hinweisen. Da Testosteron zudem eine immunsuppressive Wirkung hat, zeigen die Ornamente dem Weibchen an, dass die Männchen offenbar stark genug sind, um trotz reduzierter Immunsystemleistung überleben zu können (Folstad & Karter 1992; Zuk et al. 1995).

Box 7.2

Weibchenwahl/-präferenz basiert auf verschiedenen Indikatoren

Weibchenpräferenz nach Morphologie: Bei Rauchschwalben *(Hirundo rustica)* und Hahnenschweifwidas *(Euplectes progne)* findet eine sexuelle Selektion in Bezug auf das Gefieder und die Morphologie statt. Weibchen bevorzugen Männchen mit möglichst langen Schwanzspießen. Dies wurde in Experimenten mit Hahnenschweifwidas nachgewiesen (→ Abb. 7-6), in dem man manchen Tieren die Schwanzspieße kürzte, bei anderen diese durch Ankleben der abgeschnittenen Stücke verlängerte. Eine dritte Gruppe blieb unbehandelt, bei einer vierten Gruppe wurden die Federn abgeschnitten und wieder angeklebt, um Einflüsse durch die Behandlung an sich auszuschließen. Es zeigte sich, dass Männchen mit den längsten Schwanzspießen als Erste verpaart (Rauchschwalbe) waren bzw. die meisten Nester besetzten (Hahnenschweifwida.

Weibchenwahl nach Färbung: Indikatoren des Gefieders sind beispielsweise durch Carotinoide hervorgerufene gelblich-rötliche Färbungen oder der Anteil des

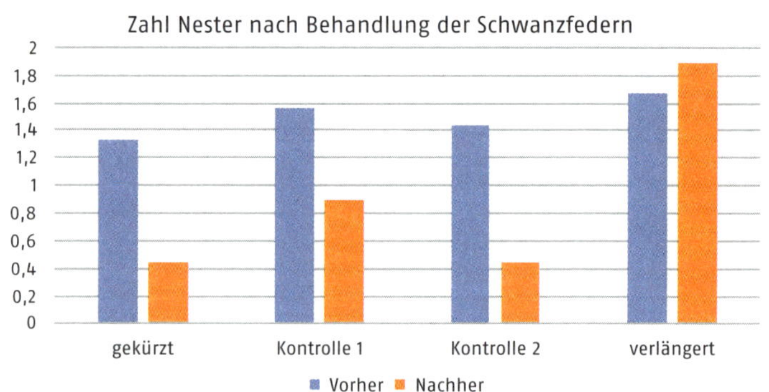

Abb. 7-6 Selektion für Schwanzlänge bei der Hahnenschweifwida *(Euplectes progne)*. (Verändert und neu gezeichnet nach Andersson 1982).

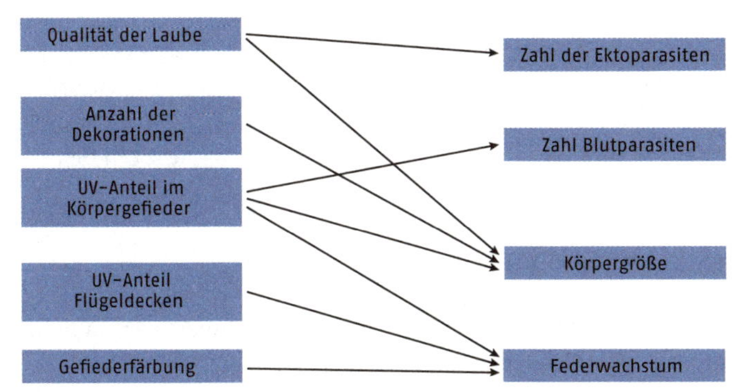

Abb. 7-7

Multiple Indikatoren der Männchen zeigen weiblichen Seidenlaubenvögeln *(Ptilonorhynchus violaceus)* deren Qualität an. (Neu gezeichnet nach Doucet & Montgomerie 2003.)

Gefieders, der ultraviolettes Licht zu reflektieren vermag. Letzteres ist z. B. beim Blaukehlchen *(Luscinia svecica)* der Fall, wie Johnsen et al. (1998) in einem Experiment nachweisen konnte. Er deckte dabei einen Teil des reflektierenden Brustlatzes der männlichen Blaukehlchen mit UV-blockierender Sonnencreme ab und verglich deren Paarungserfolg im Verhältnis zu Blaukehlmännchen, deren Brustlatz nicht manipuliert worden war. Dabei zeigte sich, dass Männchen mit UV-Blocker mehr Zeit benötigten, um eine Partnerin anzulocken.

Weibchenpräferenz nach Akustik: Je tiefer ein Hirsch röhrt, desto attraktiver ist er – das Röhren hängt direkt mit der Länge des Vokaltrakts zusammen und dieser wiederum gibt Auskunft über Körpergröße und Kondition des Männchens. Bei Playbacks von röhrenden Hirschen bevorzugten die Weibchen eher die tiefer röhrenden Hirsche (Charlton et al. 2007). Ähnlich verhält es sich mit dem Gesangsrepertoire vieler Vogelarten. Je komplexer und aufwändiger die Gesänge der jeweiligen Männchen, desto früher sind diese verpaart. Schilfrohrsänger *(Acrocephalus schoenobaenus)* mit komplexeren Gesängen verpaarten sich früher, besaßen die besseren Territorien und brachten häufiger Futter zum Nest als solche, die ein geringeres Repertoire aufwiesen (Catchpole 1980).

Weibchenpräferenzen nach weiteren Kriterien: Bei Seidenlaubenvögeln *(Ptilonorhynchus violaceus)* orientieren sich die Weibchen an der Komplexität der von den Männchen gebauten Nestern: Je komplexer eine Laube gebaut ist, desto weniger Parasiten haben die Männchen (Doucet & Montgomerie 2003). Weitere Indikatoren bei dieser Gruppe sind in → Abb. 7-7 dargestellt.

Weibchenwahl nach Geruch: Beim Bärenspinner *(Utethesia ornatrix)* locken Männchen Weibchen mit Sexuallockstoffen (Pheromonen) an. Der Geruch gibt Auskunft über die Konzentration an Alkaloiden – einem effektiven Mittel, um Beutegreifer abzuschrecken (→ Kap. 5.1). Je höher die Konzentration an Alkaloiden, desto besser, da die Männchen während der Paarung diese auf die Weibchen übertragen (Dussourd et al. 1991).

Weibchenpräferenzen nach Brautgeschenk: Bei manchen Insektenarten wird die Eizahl, die ein Weibchen legen kann, durch die Nährstoffversorgung begrenzt. Während der Balz bieten daher die Männchen mancher Arten eine Art Balzgeschenk (z. B. Laubheuschrecken der Art *Requena verticalis*). Je größer dieses Balzgeschenk ist, desto mehr Eier kann ein Weibchen in Folge legen (Gwynne 1984). Das Weibchen wählt daher ein Männchen, das ein adäquat großes Balzgeschenk anbietet.

7.4.4 Kryptische Damenwahl

Bei manchen Arten findet eine kryptische, d. h. versteckte Damenwahl statt. Bei Wasserfröschen zum Beispiel versuchen die Männchen, auf die weiblichen Frösche aufzuspringen, und halten sich fest, um sich mit ihnen zu paaren. Aktive Partnerwahl ist für das Weibchen daher kaum möglich. Die kryptische Wahl findet jedoch bei der Eiablage statt, denn die Weibchen legen bei nicht präferierten Männchen weniger Eier ab (Reyer et al. 1999). Kryptische Damenwahl kommt auch bei Entenvögeln (Anatidae) vor (McKinney & Evarts 1998), und zwar bei den in dieser Vogelfamilie nicht seltenen Vergewaltigungen. Eine Rolle spielt dabei der Penis der Entenvögel (andere Vogelordnungen besitzen keinen). Einen gewissen Einfluss auf die Befruchtung haben die Weibchen aber trotzdem, da es in ihrem Vaginaltrakt Windungen gibt, mithilfe derer sich eine Befruchtung blockieren oder aber zumindest deren Wahrscheinlichkeit vermindern lässt (Brennan et al. 2010).

Box 7.3

Fishers Selbstverstärkungsprozess (run-away selection)

Wenn Weibchen ein bestimmtes Merkmal bevorzugen und dieses Merkmal erblich ist, sollte sich im Laufe der Zeit ein Selbstverstärkungsprozess etablieren. Das bedeutet, dass beispielsweise die Schwanzfedern eines Pfaus *(Pavo cristatus)* im Laufe der Evolution immer länger werden sollten, wenn sich die Präferenz der Weibchen nicht ändert. Ist die Vorliebe bei allen Weibchen einer Population gleich (und diese auch erblich), dann haben auch Weibchen einen Vorteil, wenn sie Pfauenmännchen mit sehr langen Schwanzfedern präferieren, da ihre eigenen Söhne ebenfalls durch längere Schwanzfedern bessere Paarungschancen haben (diese Überlegung wir «**sexy-son**»-**Hypothese** genannt). Der Selbstvertärkungsprozess geht also so lange weiter, bis er durch die natürliche Selektion gestoppt wird.

Wahl der Männchen

7.4.5

Bei Tieren mit einer umgekehrten Rollenverteilung (z. B. Odinshühnchen), bei denen also die Männchen das Hauptinvestment in die Aufzucht des Nachwuchses einbringen, findet eine Männchenwahl statt. Hierbei gelten prinzipiell dieselben Regeln wie bei der Damenwahl. Allerdings ist es nicht so, dass alleine die Frage nach dem Hauptinvestment über Damen- oder Männchenwahl entscheidet, gibt es doch auch Tierarten, bei denen es eine Männchenwahl gibt, obwohl es die Weibchen sind, die den Nachwuchs aufziehen. Bei Mormonengrillen *(Anabrus simplex)* etwa setzen die Männchen nach der Paarung eine Spermatophore ab, die sehr nährstoffreich ist und die den Weibchen als Futter dient (Gwynne 1981). Da diese Spermatophore ein großes Investment des Männchens ist – die Produktion derselben ist mit Kosten verbunden und kann nicht beliebig oft produziert werden –, sind die Männchen bei der Wahl der Partnerinnen wählerisch. Die Männchenwahl läuft oft kryptischer ab, da Männchen nicht die dichotome Entscheidung für oder gegen ein Weibchen treffen, sondern die Menge an Ejakulat, das übertragen wird, anpassen: bei «guten» Weibchen wird mehr, bei weniger präferierten weniger Sperma übertragen (Dewsbury 1982).

Merksatz

Männchenwahl läuft oft kryptischer ab als Weibchenwahl.

Spermienkonkurrenz

7.4.6

Als Spermienkonkurrenz bezeichnet man den Wettkampf bzw. die Konkurrenz zwischen den Spermien zweier Männchen um die Befruchtung der Eizelle. Möglicherweise entstand sie zuerst bei aquatisch lebenden Tieren und war damit die erste Form der intrasexuellen Konkurrenz (Breed & Moore 2012). Da Fische eine extrakorporale Befruchtung haben und ihre Spermien ins Wasser abgeben, konnte leicht eine Spermienkonkurrenz zwischen verschiedenen Männchen entstehen. Männchen, die die am besten und schnellsten schwimmenden Spermien produzierten, waren demnach im Vorteil, da ihre Spermien die Eier zuerst erreichten. Beim Blauen Sonnenbarsch *(Lepomis macrochirus)* haben sich aufgrund der Spermienkonkurrenz drei verschiedene Fortpflanzungsstrategien entwickelt. Es gibt «Vaterfische», die sich um den Nachwuchs kümmern, ein Nest bauen, Weibchen anbalzen und zum Nest führen. Legt nun ein Weibchen seine Eier dort hinein, so fügt anschließend das Vatermännchen seine Spermien dazu. Andere Männchen benutzen die «Schleicher»-Strategie und versuchen, während der

Eiablage möglichst nahe heranzuschwimmen, um im richtigen Moment ihre Spermien auf die unbefruchteten Eier abzugeben, ohne das aufwändige Balzen und Nestbauen durchführen zu müssen. Die dritte Strategie ist jene der «Satellitenmännchen», die in ihrem Aussehen Weibchen sehr ähnlich sind, weshalb es ihnen gelingt, sehr nahe an das Vatermännchen heranzuschwimmen, ohne als Männchen erkannt zu werden. Das Satellitenmännchen kann dann ebenfalls seine Spermien in der Nähe der abgelegten Eier abgeben. (Stoltz & Neff 2006).

Bei landbewohnenden Tierarten findet die Befruchtung innerhalb des Körpers statt; die Spermienkonkurrenz muss daher grundsätzlich anders ablaufen als bei den Fischen und ihrer extrakorporalen Befruchtung. Die Weibchen vieler Arten besitzen morphologische Anpassungen, um Spermien einige Zeit zu speichern, wodurch Spermienkonkurrenz innerhalb ihres Körpers stattfinden kann. Um solche Konkurrenz zu vermeiden oder zu minimieren, haben Männchen diverser Arten entsprechende Strategien entwickelt. Bei einigen Libellenarten werden die Spermien des Vorgängers vom nächsten Männchen mit einer Art Löffel herausgelöffelt und erst danach die eigenen Spermien in den Fortpflanzungstrakt des Weibchens übertragen. Manche Libellenarten gelingt es, auf diese Weise 90–100 % der Spermien ihres Vorgängers zu eliminieren (Waage 1979). Andere Arten versiegeln die Geschlechtsöffnung des Weibchens nach der Paarung (Parker 1970) mit einem Pfropf (also einer Art «Keuschheitsgürtel»), bzw. die Spermien bilden mit ihren Schwänzen eine Art Netz, die das Eindringen weiterer Spermien verhindern sollen. Der Kleine Postbote *(Heliconius erato),* ein

Abb. 7-8

Große Königslibelle *(Anax imperator)*, Weibchen, legt Eier ohne männliche Bewachung ab. Fotos: C. Randler.

Tab. 7-3

Partnerbewachung bei einheimischen Libellenarten. (Nach Martens 1999.)

Art	Eiablageform
Hufeisenazurjungfer *(Coenagrion puella)*	Paarungstandem über lange Zeit. Männchen behält das Weibchen bis zur Eiablage im Paarungsgriff.
Gemeine Becherjungfer *(Enallagma cyathigerum)*	Paarungstandem löst sich, wenn das Weibchen zur Eiablage untertaucht.
Heidelibellen (*Sympetrum* spec.)	Paarungstandem löst sich vor Ende der Eiablage; z. B. dann, wenn wenige andere Männchen vorhanden sind.
Plattbauch *(Libellula depressa)*	Bewachung. Weibchen legt alleine ab, Männchen bewacht und vertreibt andere Männchen.
Königslibelle *(Anax imperator)*	Paaarungstandem löst sich vor der Eiablage. Weibchen legt alleine ab.

Schmetterling, dagegen versieht die Weibchen nach der Paarung mit einem Duftstoff, der in etwa so riecht wie ein anderer Duftstoff, mit dem sich Männchen gegenseitig vertreiben. Dadurch soll verhindert werden, dass sich weitere Männchen mit diesem Weibchen paaren (Anti-Aphrodisiakum; Gilbert 1976). Die Spermienkonkurrenz führte auch dazu, dass manche Tierarten ein System der **Partnerbewachung** benutzen, bei der das Weibchen so lange bewacht wird, bis es die Eier abgelegt hat. Allerdings beinhaltet diese Partnerbewachung auch Kosten, da sich das Männchen in dieser Zeit nicht mit anderen Weibchen paaren kann. Bei Libellenarten gibt es verschiedene Arten der Partnerbewachung (→ Tab. 7-3): die Kontaktbewachung, bei der das Männchen das Weibchen mit den Hinterleibszangen (unterschiedlich lange) im Griff behält, und die Begleitbewachung, bei der das Männchen das Weibchen nur umfliegt.

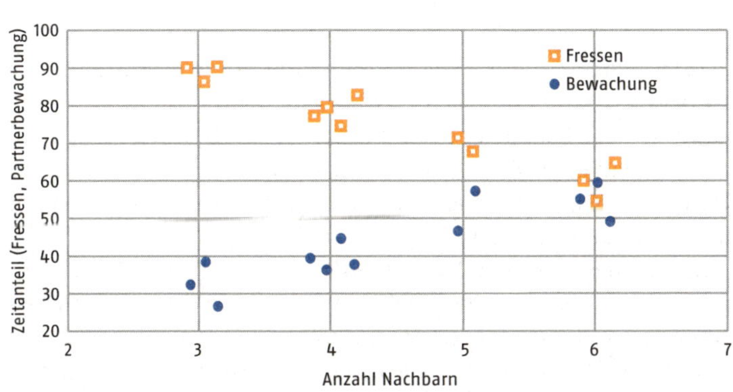

Abb. 7-9

Zeitanteile der Partnerbewachung und Nahrungssuche beim Seychellenrohrsänger *(Acrocephalus sechellensis)*. Je mehr männliche Nachbarn vorhanden sind, desto mehr Zeit wendet das Männchen für die Partnerbewachung auf. (Neu gezeichnet nach Komdeur 2001.)

Tab. 7-4 | Möglichkeiten der Kontrolle der reproduktiven Entscheidungen (nach Alcock, 2005, S. 348).

Männchen	Weibchen
Ressourcen, die dem Weibchen übertragen werden, z. B. Eiproduktion, Partnerwahl	Eiproduktion: Wie viele?, Wo positioniert?
Komplexe Balz, um Entscheidungen des Weibchens zu beeinflussen	Partnerwahl: Welche(s) Männchen darf Spermien abgeben?
Vergewaltigung	Welche Spermien befruchten die Eier?
Infantizid	Investment in den Nachwuchs: Wie viel und welches Investment?

Die letzte Möglichkeit, Spermienkonkurrenz auszuüben, ist der **Infantizid:** Wenn Löwenmännchen ein neues Rudel übernehmen, töten sie alle Jungtiere ihres Vorgängers. Dadurch werden die Weibchen schnell wieder befruchtungsfähig (→ Kap. 11.5). Hier findet die Spermienkonkurrenz also erst nach der Geburt statt.

Bei vielen Tierarten zeigen die Weibchen an, dass sie befruchtungsfähig sind **(Östrus)**. Bei Pavianen (*Papio* sp.) beispielsweise ist der rot gefärbte und angeschwollene Hinterleib ein deutliches Anzeichen. Männchen versuchen dann, sich mit dem Weibchen zu paaren. Bei einigen Tierarten ist diese Phase nicht zu erkennen (z. B. beim Menschen). Ein verdeckter Östrus führt dazu, dass sich die Weibchen auch außerhalb der fruchtbaren Periode paaren können und sich mit verschiedenen Männchen paaren. Dies führt bei Männchen zu Unsicherheit hinsichtlich ihrer Vaterschaft, was wiederum zu einer höheren Bereitschaft führt, bei der Jungenaufzucht zu helfen.

7.5 | Alternative Fortpflanzungsstrategien

Außerpaarliche Kopulationen – eine alternative Fortpflanzungsstrategie

Außerpaarliche Kopulationen sind vor allem bei Tierarten bekannt, die paarweise zusammenleben und gemeinsam den Nachwuchs aufziehen, also bei sogenannten sozial monogamen Arten. Das ist vor allem bei vielen Vogelarten der Fall.

Nachgewiesen werden können außerpaarliche Kopulationen durch molekulare Untersuchungen (**Fingerprinting**; Wink 2014). Anhand von Blutproben von Vater, Mutter und Nachwuchs kann ein sogenannter Bandsharing-Koeffizient berechnet werden. Dieses DNA-Fingerprinting wird an Stellen der DNA durchgeführt, an denen viele Mutationen auf-

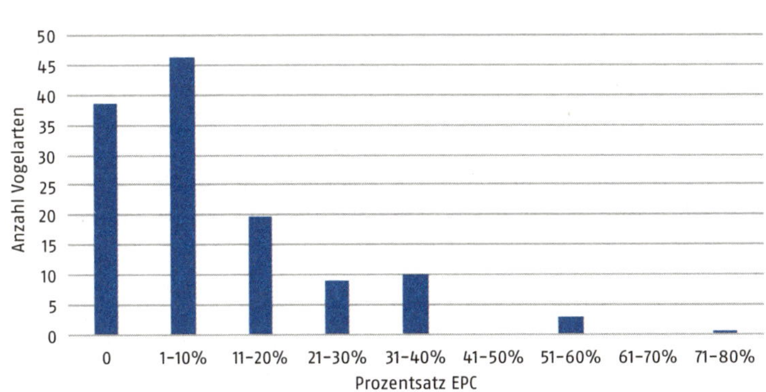

Abb. 7-10

Prozentsatz außerpaarlichen Nachwuchses bei Vogelarten. (Neu gezeichnet nach Griffiths et al. 2002.)

treten. Daraufhin kann man die Banden von Vater, Mutter und Kindern miteinander vergleichen. Weichen nun die Banden in einigen Bereichen vom Vater ab, kann man davon ausgehen, dass mehrere Väter an einer Brut beteiligt waren. Wichtig ist allerdings, dass grundsätzlich auch die Mütter untersucht werden, da abweichende Banden auch daher rühren könnten, dass ein fremdes Weibchen seine Eier in das Nest gelegt hat. So etwas kommt gelegentlich bei Vogelarten vor. Dieser Nachwuchs wäre dann nicht außerpaarlich, sondern vollkommen fremd.

Außerpaarliche Kopulationen haben sowohl Nachteile als auch Vorteile. Während die Vorteile für die Männchen relativ einsichtig sind, nämlich die Chance, zusätzlich zum paarlichen Nachwuchs auch noch weiteren zu produzieren und somit den Reproduktionserfolg zu steigern, so sind die Vorteile für die Weibchen deutlich weniger klar. Entsprechend wurden einige Hypothesen dazu aufgestellt. Die «Gute Gene»-Hypothese besagt, dass sich Weibchen, die sich außerpaarlich engagieren, für ihren Nachwuchs bessere Gene beschaffen. In Studien wurde untersucht, ob die «extra-pair»-Kopulationen mit «besseren» Männchen stattfanden und ob die Jungvögel aus dieser außerpaarlichen Kopulationen besser überlebten. In einer Meta-Analyse konnte dann allerdings gezeigt werden, dass dies nicht der Fall ist (Akcay & Roughgarden 2007). Nachgewiesen wurde allerdings, dass Blaumeisen durch außerpaarliche Kopulationen die Heterozygosität und die Fitness ihres Nachwuchses erhöhen (Foerster et al. 2003). Man geht deshalb davon aus, dass außerpaarliche Kopulationen sowohl für Männchen als auch Weibchen vorteilhaft sind.

7.6 | Paarungssysteme

Monogamie bezeichnet das Leben in einer Einehe, d. h., zwei Paarpartner leben zusammen in einer stabilen Verbindung. Monogamie kann sich auf eine einzige Fortpflanzungsperiode beziehen, sodass die Paarpartner von Jahr zu Jahr wechseln. **Soziale** Monogamie bezieht sich auf das gemeinsame Aufziehen von Nachwuchs, die **sexuelle** Monogamie dagegen meint, dass sich nur die beiden Paarpartner miteinander fortpflanzen.

Merksatz

Ein Paarungssystem beschreibt die Interaktionen zwischen Männchen und Weibchen während der Fortpflanzungsperiode und Jungenaufzucht.

Weißstörche *(Ciconia ciconia)* sind sozial monogam und verpaaren sich jedes Jahr wieder mit demselben Partner. In diesem Fall liegt das allerdings daran, dass die Paarpartner jedes Jahr zum selben Nest zurückkehren, d. h., die Treue zum Nest ist wichtiger als die Treue zum Paarpartner (Vergara et al. 2006). Menschen werden meist als **seriell monogam** beschrieben, d. h., die Paarpartner wechseln gelegentlich, man ist aber dem jeweils aktuellen Partner treu. Die meisten Vogelarten sind sozial monogam, da sich die Männchen an der Aufzucht der Jungen beteiligen.

Ursachen der Monogamie

Für Monogamie werden verschiedene Ursachen vermutet. Eine davon ist, dass die Hilfe des Männchens für die Fütterung der Jungvögel notwendig ist **(Mate-Assistance-Monogamie).** Dies scheint z. B. bei vielen Vogelarten der Fall zu sein. Bei Säugetieren sind nur wenige Arten monogam (ca. 5 %; Komers & Brotherton 1997), da die Männchen keine Milch produzieren und so auch kaum für den Nachwuchs sorgen können. Monogamie besteht daher am ehesten bei Arten, bei denen die **Männchen sich an der Jungenaufzucht beteiligen** oder die Weibchen dispers verteilt sind (selten), sodass nicht mehrere Weibchen monopolisiert werden können, da sie einzeln leben und kleine, exklusive Territorien besiedeln (Komers & Brotherton 1997). Eine andere Hypothese behauptet, dass Monogamie als Nebenprodukt der aufwändigen **Partnerbewachung** entstand. Dies kann vor allem bei Arten beobachtet werden, bei denen Weibchen nur für sehr kurze Zeit empfängnisbereit sind. **Durch Weibchen erzwungene Monogamie** entsteht z. B. dann, wenn Weibchen auf andere Weibchen aggressiv reagieren oder aber auf ihr eigenes Männchen, falls dieses gegenüber einem anderen Weibchen Balzverhalten zeigt. Bei Totengräbern (*Nicrophorus* sp.) beispielsweise

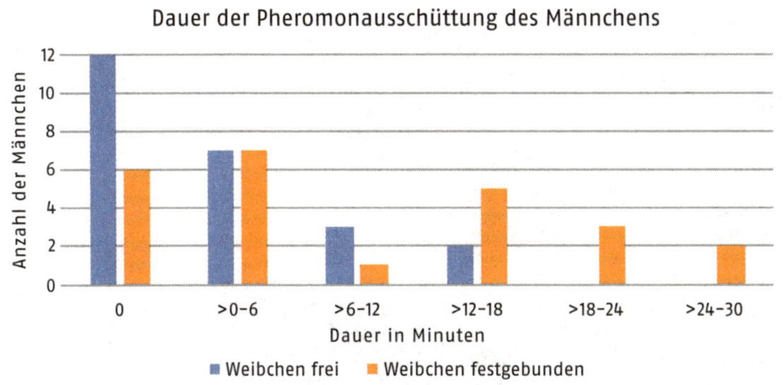

Abb. 7-11

Dauer der Pheromonausschüttung von Totengräbermännchen (*Nicrophorus* sp.) zur Anlockung weiterer Weibchen. Das erste Weibchen wurde entweder experimentell fixiert oder konnte sich frei bewegen. (Neu gezeichnet nach Eggert & Sakaluk 1995.)

graben Männchen und Weibchen eines Paares gemeinsam ein totes, kleines Säugetier ein, worauf das Weibchen seine Eier ablegt. Danach steigt das Männchen auf einen höheren Platz und sondert Pheromone ab, die weitere Weibchen anlocken sollen, mit denen es sich paaren kann. Das Weibchen versucht, sobald es die Pheromone riecht, dies zu verhindern und das Männchen von seinem erhöhten Platz zu vertreiben. Die Eiablage einer Konkurrentin auf demselben toten Säugetier würde eine Konkurrenz zu ihrem eigenen Nachwuchs darstellen und Erfolgschancen verringern. Für das Männchen dagegen wäre es vorteilhaft, ein weiteres Weibchen zur Eiablage anzulocken. Das Männchen gibt also baldmöglichst nach der Eiablage Pheromone ab, während das Weibchen versucht, diesen Prozess zu stoppen (→ Abb. 7-11).

Merksatz

Monogamie kann entstehen durch die Umweltbedingungen, die eine Mithilfe des Männchens bei der Jungenaufzucht nötig machen, als Nebenprodukt einer aufwändigen Partnerbewachung, oder durch Weibchen erzwungen werden, z. B. durch Aggression gegen Konkurrentinnen oder das eigene Männchen.

Polygamie ist der Überbegriff für Paarungssysteme, bei denen einer oder beide Partner (egal ob Männchen oder Weibchen oder beide) mehr als einen Paarungspartner haben. Emlen und Oring (1977) beschreiben, dass polygame Paarungssysteme entstehen, wenn:

- Paarungspartner gegen andere, konkurrierende Geschlechtsgenossen verteidigt werden können,
- Ressourcen gegen andere, konkurrierende Geschlechtsgenossen verteidigt werden können und
- Tiere Profit daraus erzielen, dass sie gute Verteidiger sind.

Abb. 7-12

Rotschulterstärling *(Agelaius phoeniceus)*, Beispiel für eine polygyne Art. Foto: C. Randler.

Polygynie herrscht vor, wenn sich ein Männchen mit mehreren Weibchen verpaart. Dies ist das vorherrschende Paarungssystem bei Säugetieren. So sind etwa beim Seelöwen 4% der Männchen für 85% der Paarungen in einer Saison verantwortlich (Cox & Le Boeuf, 1977).

Es gibt verschiedene Formen der Polygynie. Als **Ressourcen-Verteidigungs-Polygynie** wird ein Modell bezeichnet, bei dem Weibchen sich für ein Territorium entscheiden, welches sich aufgrund seiner Ressourcen für die Fortpflanzung eignet. In diesen Systemen sind die Ressourcen des Territoriums, die ein Männchen im Kampf bzw. in Konkurrenz mit anderen Männchen etabliert hat und verteidigt, wichtiger als das Männchen selbst, da dessen Fähigkeit, die Ressourcen zu verteidigen, Rückschlüsse auf dessen Qualität zulässt. Dieses Paarungssystem

Abb. 7-13 Modell für den Zwei-Stufen-Prozess, der Paarungssysteme beeinflusst, in denen Männchen keine Brutpflege betreiben. (Neu gezeichnet nach Krebs & Davies 1996, S. 250.)

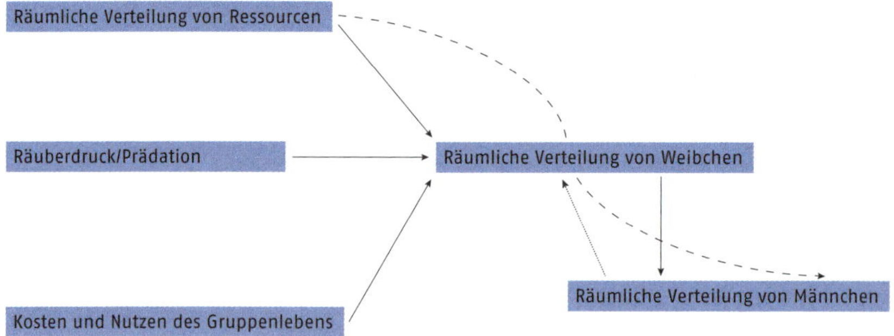

basiert größtenteils auf intrasexueller Konkurrenz und fördert deshalb größere, ältere, erfahrenere und stärkere Männchen. Die Variation im Fortpflanzungserfolg ist bei Männchen deutlich größer als bei Weibchen, da einige Männchen sehr viel Nachwuchs produzieren, viele Männchen jedoch nur wenig oder keinen. Bei den Weibchen sind die Unterschiede im Fortpflanzungserfolg geringer. Ressourcen-Verteidigungs-Polygynie ist z.B. bei den Rotschulterstärlingen *(Aglaias phoeniceus)* zu beobachten.

Das **Polygynie-Schwellenwert-Modell** macht Vorhersagen darüber, ab wann ein Weibchen es vorziehen sollte, sich als Zweitweibchen in einem guten Territorium bzw. als Erstweibchen in einem schlechteren Territorium niederzulassen. Zweitweibchen in einem besseren Territorium zu sein, kann dabei vorteilhafter sein als Erstweibchen in einem schlechteren Territorium. Verantwortlich dafür sind die Qualität des Männchens und der entsprechenden Ressourcen. Beim Drosselrohrsänger *(Acrocephalus arundinaceus)* besuchen Weibchen verschiedene Männchen in ihren Territorien und entscheiden dann, ob sie sich in einem Territorium niederlassen, in dem bereits ein Weibchen vorhanden ist («making the best of a bad job»; Bensch & Hasselquist 1992).

Weibchen-Verteidigungs-Polygynie herrscht dann vor, wenn sich der Wettbewerb nicht primär um eine Ressource dreht, sondern es aus anderen Gründen zu einer Aggregation von Weibchen kommt (z.B., um mehr Sicherheit vor Prädatoren zu haben; u.a. bei Herdentieren zu beobachten). Männchen versuchen dann, eine Gruppe von Weibchen zu monopolisieren (Harem) und diese gegen andere Männchen zu verteidigen. Da die Weibchen nicht an eine spezielle Ressource gebunden sind, finden auch kleinräumige Wanderungen statt, die durch das Männchen begleitet und bewacht werden. Oft gibt es in solchen Gruppen eine Rangordnung oder Dominanzhierarchie; auch subdominante Männchen gehören zu solchen Gruppen. Dadurch entsteht bei den Männchen intrasexuelle Konkurrenz, was dazu führt, dass Kämpfe bzw. direkte Aggressionen häufig sind. Rangunterschiede gibt es aber auch unter den Weibchen in der Gruppe.

Eine weitere Form der Polygynie ist die **Männchen-Dominanz-Polygynie**, bei der Männchen weder Ressourcen noch Weibchen verteidigen, sondern miteinander um eine Rangordnung konkurrieren. Weibchen wählen dann ein Männchen aufgrund dessen kompetitiver Fähigkeit (Kampfkraft). Polygynie beinhaltet nicht nur Nutzen (viele Paarungspartner), sondern auch **Kosten** für die Männchen. Ein Beispiel: Männchen des Dreistachligen Stichlings *(Gasterosteus aculeatus)* halten zwar Reviere, arrangieren sich aber dann mit dem Reviernachbarn und reduzieren Konflikte und Kämpfe miteinander. Die Männchen suchen ein Nest aus, balzen um ein Weibchen, das dann die Eier in dieses Nest legt und verschwindet. Das Männchen besamt dann die Eier und ist damit quasi «letzter» und muss das Nest bewachen. Allerdings sind Männchen mit Nestern attraktiv für weitere Weibchen; es kann daher seinen Reproduktionserfolg steigern, indem es weitere Weibchen zur Eiablage auffordert. Männchen, die mit mehreren Weibchen zusammenleben und Nachwuchs von verschiedenen Weibchen erbrüten, sind dann allerdings generell in physisch schlechterer Verfassung und sterben früher als einzelne Männchen. Dies zeigt an, dass die Männchen-Dominanz-Polygynie mit hohen Kosten verbunden ist.

Polyandrie herrscht, wenn ein Weibchen sich regelmäßig mit mehreren Männchen verpaart. Da die Damenwahl im Tierreich großteils das Paarungssystem steuert, scheint das polyandrische System eher selten vorzukommen. **Ressourcen-Verteidigungs-Polyandrie** kommt jedoch beispielsweise beim Gelbstirn-Blatthühnchen *(Jacana spinosa)* vor. Die weiblichen Blatthühnchen besetzen ein Superterritorium, z. B. einen Teich, innerhalb dessen sich mehrere Männchen niederlassen. Die verschiedenen Männchen bebrüten dann jeweils ein eigenes Gelege. Dadurch kann das Weibchen seinen Fortpflanzungserfolg maximieren, da in jedem Gelege nur eine bestimmte Zahl an Eiern (ca. 4) abgelegt werden kann. Untersuchungen ergaben, dass jedes Weibchen im Schnitt 2,2 Männchen hatte. Weil bei der Ressourcen-Verteidigungs-Polyandrie die Männchen um die Weibchen kämpfen müssen, verbrauchen sie deutlich mehr Energie als die Weibchen. Letztere sind daher im Schnitt größer und aggressiver als die Männchen (Jenni & Collier 1972).

Tab. 7-5 Paarungskombinationen von Heckenbraunellen *(Prunella modularis)* in verschiedenen Brutsaisons. (Nach Davies & Lundberg 1984.)

System	Kombinationen	1981	1982	1983	**Total**
unverpaarte Männchen	1 m, 0 w	1	1	3	5
Polyandrie	3 m, 1 w	0	1	1	2
Polyandrie	2 m, 1 w	4	12	8	24
Monogamie	1 m, 1 w	13	11	10	34
Polygynie	1 m, 2 w	2	0	0	2
Polygynandrie	3 m, 2 w	0	1	0	1
Polygynandrie	2 m, 2 w	1	1	6	8
Polygynandrie	2 m, 3w	0	1	1	2
Polygynandrie	2 m, 4 w	0	0	1	1

Polygynandrie ist die Kombination aus Polygynie und Polyandrie. Bei der Polygynandrie paaren sich Weibchen mit mehreren Männchen und umgekehrt; es helfen zudem beide Partner bei der Aufzucht der Jungen. Ein Beispiel für eine Art, die sich (u. a.) polygynandrisch fortpflanzt, ist die Heckenbraunelle *(Prunella modularis)* (Davies & Lundberg 1984).

Im Kontrast dazu werden Paarungssysteme als **promiskuitiv** bezeichnet, bei denen es keine Paarbindungen gibt. Promiskuität scheint adaptiv,

- wenn es keinerlei Partnerwahl gibt,
- Territorialität keinerlei Vorteil mit sich bringt und
- wenn sich die Umwelt sehr schnell und nicht vorhersehbar ändert.

Schneeschuhhasen *(Lepus americanus)* haben ein promiskuitives Paarungssystem. Sie besitzen keine Territorien und sind nicht sozial, die Männchen beteiligen sich auch nicht an der Jungenaufzucht. Weibchen und Männchen paaren sich mit verschiedenen Partnern, und genetische Analysen belegen, dass Männchen Nachwuchs in Würfen von verschiedenen Weibchen haben und ebenso jedes Weibchen in seinem Wurf Nachwuchs von verschiedenen Männchen (Burton 2002). Der Schneeschuhhase bildet mit seinen promiskuitiven Paarungssystem unter den Säugern allerdings eine Ausnahme: Promiskuität ist vor allem unter den Invertebraten verbreitet.

Übersicht Paarungssysteme. (Nach Barnard 2004, Seite 484/485.) **Tab. 7-6**

	Erläuterung	**Beispiele**
Monogamie		
sexuelle Monogamie	Paarung mit einem Partner (pro Saison)	Mensch (serielle Monogamie)
soziale Monogamie	Zusammenleben in Paaren, aber außerpaarliche Kopulationen	90 % der Vogelarten, Mensch
Polygamie		
Polyandrie	Ein Weibchen paart sich mit mehreren Männchen.	Odinshühnchen, Blatthühnchen
Polygynie	Ein Männchen paart sich mit mehreren Weibchen.	bei sehr vielen Säugetieren
Polygynandrie	Ein Weibchen paart sich mit mehreren Männchen; ein Männchen paart sich mit mehreren Weibchen.	Heckenbraunelle
Promiskuität	keine Paarbindung	Schneeschuhhase
Alternative Strategien		
EPC	Kopulationen außerhalb des sozialen Paarbundes	viele Singvogelarten
Satelliten	Manche Männchen verstecken sich oder ähneln Weibchen.	Sonnenbarsche

7.7 Balzplätze

Balzplatz-Systeme, bei denen sich die Männchen an einem zentralen Ort sammeln und dort balzen, sind relativ selten, erzielten jedoch hohe Aufmerksamkeit bei Wissenschaftlern. Weibchen kommen zum Balzplatz und wählen dann einen Partner für die Paarung. Die Paarungen sind allerdings nicht gleichverteilt (siehe auch das Beispiel der Fruchtfliege, *Drosophila*, → Abb. 7-2), wodurch einige wenige Männchen einen hohen, andere gar keinen Fortpflanzungserfolg erzielen (→ Abb. 7-13). Anders als die Ressourcen-Verteidigungs-Polygynie gibt es bei Balzplatz-Systemen keinerlei Ressourcen zu verteidigen, und auch die Weibchen bleiben nicht stabil an einem Ort zusammen (wie bei der Weibchen-Verteidigungs-Polygynie). Am ähnlichsten ist das Balzplatz-Prinzip der Männchen-Dominanz-Polygynie, doch kämpfen viele Arten am Lek nicht gegeneinander, sondern balzen zusammen, sodass die Wahl nicht aufgrund der Dominanz erfolgt, sondern aufgrund der Performanz der Männchen am Balzplatz. Beispiele für Arten, die sich nach dem Balzplatz-System paaren, sind die Birkhühner *(Lyrurus tetrix)* und der Kampfläufer *(Philomachus pugnax)*.

Merksatz

Leks sind Aggregationen von Männchen, die am selben Ort gemeinsam balzen, um Weibchen anzulocken.

Bedingungen für die Lekbildung sind (nach Davies 1991):

1. Männchen, die sich an Orten sammeln, an denen viele Weibchen anzutreffen sind,

Abb. 7-14

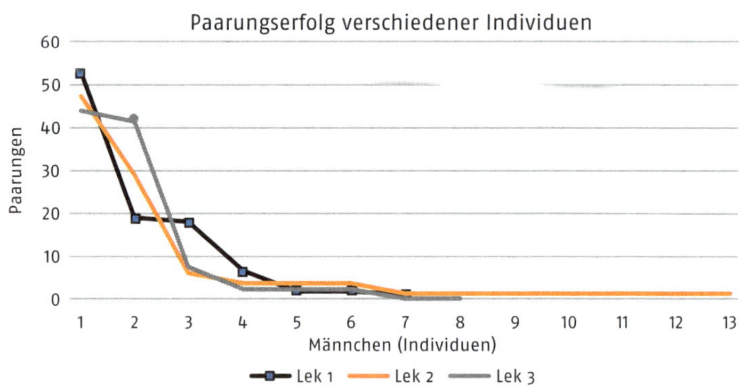

Fortpflanzungserfolg verschiedener Männchen bei der Arenabalz bei Beifußhühnern *(Centrocercus urophasianus)*. (Neu gezeichnet nach Wiley 1973, S. 109.)

2. «Hotshots»: Kleinere, schwächere oder leisere Männchen profitieren von großen, stärkeren oder lauteren, die die Weibchen besser anlocken können (s. auch Satelliten, → Kap. 7.4),
3. reduziertes Prädationsrisiko (→ Kap. 6.6), da durch die Aggregation in einer Gruppe eine höhere Sicherheit für den Einzelnen entsteht,
4. «Hotspots»: Aggregationen von Männchen locken Weibchen an, da sie weiter/besser zu sehen sind,
5. die Suchzeit von Weibchen reduziert sich, da sich alle Männchen an einem zentralen Platz sammeln.

Weiterführende Literatur

Shuster SM, Wade MJ (2003): Mating Systems and Strategies: (Monographs in Behavior and Ecology). Princeton University Press, Princeton, 520pp.

Thornhill R, Alcock J (1983): The Evolution of Insect Mating Systems. Harvard University Press, Cambridge, 564pp.

Zahavi A, Zahavi A (1999): The handicap Principle: A missing piece of Darwin's puzzle. Oxford University Press Oxford, 304pp.

Brutfürsorge und Brutpflegeverhalten | 8

Inhalt

Parentale Brutfürsorge kann von einem einfachen Ablegen der Eier an einer geeigneten Stelle bis hin zu jahrelangem Begleiten der Jungtiere reichen. Je mehr sich Eltern um ihren Nachwuchs kümmern, desto weniger Nachwuchs produzieren sie. Die Brutverteidigung steigt mit dem Wert der Brut. Bei der Jungenaufzucht treten Konflikte zwischen Eltern und Nachwuchs auf, die mit ökonomischen Modellen erklärt werden können. Ebenso treten Konflikte zwischen den Geschwistern auf, bis hin zum Töten. Allerdings gibt es auch Hinweise, dass die Jungtiere Konflikte «verhandeln» können. Ein weiterer wichtiger Aspekt ist die Lebenszeitreproduktion, bei der die gesamte Zahl an Nachkommen eines Individuums als Maßstab verwendet wird.

Parentale Fürsorge | 8.1

Die **parentale Fürsorge** ist im Tierreich weit verbreitet und bezeichnet die Fürsorge der Elterntiere gegenüber ihren Nachkommen. Sie beinhaltet verschiedene Dimensionen, wie Brutpflegeverhalten, Brutverteidigung und Fürsorge, die nach dem Selbstständig werden weiter anhält. Sie umfasst den Schutz der eigenen Nachkommen und deren Versorgung, Ernährung, Betreuung und Verteidigung. Parentale Fürsorge bezeichnet ein Verhalten der Elterntiere, mit dem sie für die Jungtiere im Voraus günstige Entwicklungsbedingungen bereitstellen, z. B. durch das Bauen der Schutzbehausungen (Kokon, Nest etc.) oder aber durch die Bereitstellung eines ausreichenden Nahrungsangebotes für den Nachwuchs. Dieses Verhalten innerhalb des Zeitraumes, in dem die Eier (oder Jungtiere) untergebracht werden, wird als **Brutfürsorge** bezeichnet, die darauffolgende Betreuungszeit als **Brutpflege**.

Drei theoretische Grundannahmen können die Brutfürsorge charakterisieren (Goodenough 1993):

- Das **parentale Versorgungsmodell:** Die Eltern versorgen den Nachwuchs, ohne eine entsprechende Gegenleistung zu erhalten (profitieren aber durch bessere Fitness).
- **Konfliktmodell** nach Trivers (1972): Die Chance des Nachwuchses zu überleben wird dadurch erhöht, dass sich die Elterntiere in der Jungenaufzucht engagieren; dies bedeutet aber Kosten hinsichtlich des eigenen Überlebens.
- **Symbiosemodell:** Sowohl Eltern als auch Nachwuchs profitieren.

Diese drei Ansätze beleuchten unterschiedliche Perspektiven und gaben zu Studien Anlass. Das Konfliktmodell wird jedoch weithin als das am besten geeignete betrachtet und daher bisher am häufigsten untersucht.

Im Tierreich ist die parentale Fürsorge unterschiedlich entwickelt:

- Vögel haben ein biparentale Fürsorge,
- Knochenfische eine väterliche (paternale) und
- Säugetiere meist eine mütterliche (maternale).

Die Art der Fürsorge hängt größtenteils mit der Befruchtung zusammen: internale Befruchtung führt in der Regel dazu, dass das weibliche Tier den Hauptanteil der Brutfürsorge betreibt. Internale Befruchtung erschwert auch das Feststellen der Vaterschaft, da unsicher ist, welche

Tab. 8-1 | Überblick über Jungenaufzucht und Paarungssysteme. (Nach Krebs & Davies 1996, S. 242, verändert.)

	Befruchtung	**Sicherheit der Vaterschaft beim Männchen**	**Beteiligung Männchen**	**Elterliche Brutpflege**	**Paarungssystem**
Vögel	internal	unsicher	kann groß sein (Brüten, Füttern)	Männchen und Weibchen biparental	Monogamie (sozial/sexuell)
Säugetiere	internal	unsicher	eher gering (kann nicht schwanger sein und stillen)	Weibchen	Polygynie
Knochenfische	external	eher sicher	-	Männchen	Polygynie/ Promiskuität

Spermien die Eizelle(n) befruchten. Dies ist bei externaler Befruchtung anders, weswegen vermutet wird, dass dadurch die paternale (väterliche) Fürsorge der Knochenfische entstanden ist. Dies reicht allerdings allein nicht aus, um die verschiedenen parentalen Fürsorgesysteme zu erklären.

Bei Fischen variieren Brutfürsorge/-pflege von einer einfachen Wahl der Ablage an einem passenden Platz (z. B. bei der Bachforelle) oder der Konstruktion eines Nests bis hin zum Bewachen der Eier bis zum Schlupf (z. B. Stichling) oder sogar zum Beschützen der frisch geschlüpften Jungen (z. B. Maulbrüter der Familie Cichlidae). Männchen beteiligen sich in allen Phasen mehr als Weibchen, auch beim Maulbrüten. **Vögel** können hingegen durch gemeinsame Aufzucht der Jungen einen höheren Bruterfolg erzielen, da die aufwändige Nahrungsbeschaffung ein bedeutender Faktor für den Bruterfolg ist; wenn beide Elternteile ihren Nachwuchs füttern, kann insgesamt mehr Nahrung verfüttert werden. Vögel verpaaren sich oft in der folgenden Brutphase wieder mit demselben Partner, vor allem dann, wenn die bisherigen Bruten erfolgreich verliefen (Coulson 1966; Dhondt 2002). Bei Säugetieren wiederum ist der Beitrag, den das Männchen leisten kann, geringer als bei Vögeln, da z. B. nur das Weibchen den Nachwuchs austragen und säugen kann. Allerdings tragen Männchen bei sozial lebenden Säugetieren z. T. viel Brutpflege durch das Beschützen der Jungtiere bei (z. B. Paviane).

Parentale Fürsorge und Nachkommenzahl

Generell gilt, dass die Anzahl der Nachkommen negativ mit dem Aufwand an Brutfürsorge zusammenhängt; d. h., dass Tiere, die sehr viel Zeit und Energie in ihre Nachkommen investieren, weniger Nachkommen produzieren als solche Arten, die sich kaum oder gar nicht um den Nachwuchs kümmern.

Merksatz

Je mehr Zeit und Energie Tierarten in die parentale Fürsorge investieren, desto weniger Nachkommen haben sie und umgekehrt.

Bei mitteleuropäischen Amphibienarten lässt sich der Zusammenhang zwischen parentaler Fürsorge und Nachkommenzahl gut beobachten (→ Tab. 8-2). Grasfrosch *(Rana temporaria)* und Erdkröte *(Bufo bufo)* überlassen ihren Laich weitgehend seinem Schicksal; sie legen bis zu 10000 Eier. Viele Molcharten dagegen verstecken die Eier einzeln unter Blättern und weisen damit eine größere Brutfürsorge auf, die in einer geringeren Eiproduktion mündet. Männchen der Geburtshelferkröten *(Alytes obstetricans)* tragen die befruchteten Eischnüre so lange umher, bis die Jungen schlüpfen, und bringen sie dann zu einer geeigneten Was-

Tab. 8-2

Nachkommenzahl und parentale Fürsorge bei mitteleuropäischen Amphibienarten. (Nach Laufer et al. 2007.)

Amphibienart	Nachkommen pro Jahr	Brutfürsorge
Alpensalamander	2	lebend gebärend, voll entwickelte Junge
Feuersalamander	32	lebend gebärend, Larven
Geburtshelferkröte	42	Männchen trägt Eischnüre 15–45 Tage umher, bis es die Larven absetzt
Teichmolch	100–300	Ablage einzelner Eier an Wasserpflanzen
Erdkröte	2000–3600	Laichschnüre im Wasser abgesetzt
Grasfrosch	600–3000	Laichschnüre im Wasser abgesetzt

serlache. Feuersalamander *(Salamandra salamandra)* sind lebendgebärend und tragen die Larven im Körper aus. Sie setzen sie im Wasser ab, in dem die Larven dann ihre Metamorphose zum Adulttier durchlaufen. Alpensalamander *(Salamandra atra)* sind ebenfalls lebendgebärend, aber die Larven haben die Metamorphose bereits im Mutterleib durchlaufen und die fertig entwickelten Jungtiere werden dann geboren.

Alloparentale Fürsorge bezeichnet die Fürsorge durch Individuen, die nicht die genetischen Eltern des Nachwuchses sind. Diese Form der Fürsorge wurde bei über 150 Vogel- und 130 Säugetierarten beschrieben. Obwohl es gelegentlich zu regelrechten Adoptionen kommt, sind die meisten Individuen, die alloparentale Fürsorge betreiben, Geschwister oder andere nahe Verwandte (→ Kap. 11.3).

Bei einigen Tierarten kann auch **Abtreibung** vorkommen. Ein Grund hierfür ist der Bruce-Effekt (→ Kap. 11.5), andere Gründe können sein, dass die körperlichen Ressourcen eines Weibchens nicht ausreichen oder das Futter knapp wird, sodass das Weibchen nur überleben kann, wenn es den Nachwuchs abtreibt. Manche Tiere fressen auch ihre eigenen Eier (Stichlinge), allerdings meist nur Teile des Geleges.

Auswahl des Nist-/Brutplatzes

Als Nist-, Nest- oder Brutplatz wird ein Ort in einem Habitat bezeichnet, der von Tieren so modifiziert wurde, dass er für die Brut bzw. Jungenaufzucht geeignet ist. Die Modifikation kann minimal sein, wie bei Erdkröten, die ihre Laichschnüre einfach um Wasserpflanzen schlingen, sie kann hochkomplex sein, wie etwa die Bauten unter der Erde lebender (subterrestrischer) Säugetiere. Nestanlagen und Bauten erfüllen vor allem zwei Funktionen:

- Schutz vor Feinden und/oder Witterungseinflüssen
- Herstellen eines geeigneten Mikroklimas (Wärme, Luftzirkulation)

Abb. 8-1

Das Reh *(Capreolus capreolus)* wählt lediglich einen einfachen, geschützten Wurfplatz (Nestflüchter) als Nistplatz aus. Foto: C. Randler.

An erster Stelle steht bei der Auswahl des Nistplatzes die Wahl eines geeigneten Habitats. Manche Tierarten benötigen Baumhöhlen, sodass Höhlen bei der Habitatwahl einen limitierenden Faktor darstellen. Dadurch kann es zu Konkurrenzsituationen kommen, sowohl innerartlich als auch zwischenartlich, wenn Arten mit ähnlichen ökologischen Ansprüchen um die wenigen Nistplätze konkurrieren.

Das Spektrum reicht von relativ einfachen, wenig manipulierten Plätzen (häufig bei **Nestflüchtern**) bis hin zu komplexeren Bauten (häufig bei **Nesthockern**). Hier spielen energetische Aspekte eine Rolle: Bei Tieren, die ihren Nistplatz nach nur wenigen Stunden verlassen, spart es Energie, nur einen einfachen Platz auszuwählen und keine komplexen Veränderungen vorzunehmen. Dennoch ist auch die Wahl eines Wurfplatzes nicht unbedingt einfach: Wenn z. B. Pflanzenfresser in der Savanne unter starker Prädation durch Raubtiere stehen, ist die Wahl eines geschützten Platzes selbst für nur wenige Stunden sehr wichtig.

Tab. 8-3

Vergleich zwischen Nesthockern und Nestflüchtern.

	Nesthocker	**Nestflüchter**
Zeit im/am Nistplatz	einige Tage bis Monate	wenige Stunden
Eigröße	eher klein, wenig Dotter	eher groß, mehr Dotter
Augen/Ohren	geschlossen	geöffnet
Gefieder	keines (nackt)	Dunen
Bewegung	sitzen im Nest	können davonlaufen
Nahrungssuche	Fütterung durch Eltern	selbstständige Fütterung

Auch nahe verwandte Arten können unterschiedliche Strategien verfolgen: So werfen z. B. Feldhasen relativ vollständig entwickelte Jungtiere, die bald sehen und auch weglaufen können, während Kaninchen nackte und blinde Junge in ihren Bauen zur Welt bringen.

Bezüglich des **Mikroklimas** sind die Faktoren Temperatur (Wärme/Kälte), Feuchtigkeit, Helligkeit und Gasaustausch wichtig. Vögel wählen Nisthöhlen in Bäumen so, dass sie nicht zu schnell auskühlen. Neben Schutz vor Kälte bieten Nisthöhlen auch besseren Schutz vor Prädatoren. Bezüglich des Gasaustauschs sind viele Erdhöhlen so gestaltet, dass eine Luftzirkulation stattfindet (z. B. bei Präriehunden, → Kap. 2.3). Auch Termiten bauen ihre Hügel so, dass eine gute Belüftung stattfinden kann (Turner 2000).

Merksatz

Parentales Investment bezeichnet die Zeit, Energie und anderen Ressourcen, die Eltern für ein Jungtier aufwenden.

Die **Schutzfunktion** eines Nistplatzes ist schwierig experimentell zu prüfen. Eine Ausnahme sind offen brütende Vogelarten: Hier kann man reale oder auch künstliche Nester an verschiedenen Stellen und unterschiedlich versteckt platzieren und durch regelmäßige Kontrollen prüfen, welche Nistplätze eher ausgeräumt werden als andere. Dabei wurde festgestellt, dass in fragmentierten Gebieten und an Habitaträndern eher Nester ausgeraubt werden als in wenig fragmentierten oder im Zentrum von Habitaten (Cresswell 1997; Small & Hunter 1988; Wesolowski & Tomiałojc 2005). Diese Experimente werden jedoch kritisiert, weil die Verstecke von Menschen ausgesucht werden und nicht von den untersuchten Vögeln selbst.

Abb. 8-2

Nistplatzqualität bei offen brütenden Singvögeln. Überprüfung mit dem experimentellen Ansatz: Künstliche Nester mit Wachteleiern. Foto: C. Randler.

Proximate Faktoren, die die Brutfürsorge auslösen und steuern

Bei Vögeln und Säugern ist das Peptidhormon Prolactin ursächlich dafür, dass Nistverhalten und Brutpflege gezeigt wird. Bei Säugern dient auch Oxytocin als eine Art Bindungshormon zwischen Mutter und Nachwuchs (→ Kap. 4.3.2). Bettelrufe (→ Box 10.1) sind ebenfalls Auslöser; sie können wie AAM wirken (→ Kap. 3.1). Ebenso wirkt das **Kindchenschema** als Auslöser für Brutpflegeverhalten.

Parentales Investment in Bezug auf Schutz vor Feinden

Brutverteidigung/Nestverteidigung: Grundsätzlich ist die einfachste Form der Brut- resp. Nestverteidigung die Bewachung der Brut (Eier). Das kann beispielsweise durch das Herumtragen der Eier geschehen (z. B. bei der Geburtshelferkröte). Wird mehr Aufwand betrieben, werden nicht nur die Eier, sondern auch noch die Jungen bis zu einem bestimmten Alter bewacht. Dies findet bei vielen Vogelarten statt. Die Dauer der Brutverteidigung kann auch über die Zeit des Selbstständigwerdens des Nachwuchses hinausgehen. Bei einigen Arten ist es sogar so, dass Elterntiere in die Nachkommen ihrer Nachkommen investieren (z. B. beim Menschen; Lahdenperä et al. 2004).

Der Einsatz für den Nachwuchs betrifft nicht nur die Versorgung mit Nahrung, sondern auch die Bewachung/Verteidigung gegenüber Prädatoren. Nestverteidigung wird nicht nur bei Vögeln, sondern auch bei Säugetieren und Fischen beobachtet (Caro 2005). Nestprädation verursacht einen Großteil des Fitnessverlusts: Beim Merlin *(Falco columbarius)* etwa, einem kleinen Falken, selbst ein Greifvogel und Prädator, macht der Nestverlust ca. 25 % aus (Wiklund 1996). Daher lohnt sich in Bezug auf die Lebenszeitreproduktion die Verteidigung der Jungen, sofern dabei nicht das eigene Überleben gefährdet wird.

Merksatz

Als NESTVERTEIDIGUNG wird ein Verhalten bezeichnet, bei dem die Wahrscheinlichkeit sinkt, dass ein Prädator Eier oder Junge verletzt oder frisst, während gleichzeitig die Wahrscheinlichkeit steigt, dass die Eltern verletzt werden oder sterben.

Der Nestverteidigung dienen eine Reihe von Verhaltensweisen: Beispielsweise das Sich-tief-ins-Nest-drücken, um nicht entdeckt zu werden, das laute Rufen (Alarm schlagen) bis hin zu Angriffsflügen auf den Prädator. Alarmrufe können auch an den Prädator adressiert sein (→ Kap. 6.7). Durch lautes Rufen wird die Aufmerksamkeit des Prädators weg vom Nest hin zu den Eltern gelenkt, die dann relativ leicht wegfliegen können. Dieses Verhalten ist z. B. beim Schwarzkehlchen *(Saxicola rubicola)* oder Zypern-Steinschmätzer *(Oenanthe cypriaca)* nachgewie-

Abb. 8-3

Weibliches Chukarhuhn *(Alectoris chukar)* bei der Verteidigung von Jungvögeln. Foto: C. Randler.

sen (Greig-Smith 1980; Randler 2013). Ein komplexeres Verhalten ist das Verleiten. Dabei verlässt ein Elternteil das Nest und macht in einer gewissen Entfernung den Prädator auf sich aufmerksam oder verhält sich so, als sei es verletzt und könne nicht mehr fliehen. Der Prädator folgt dann in der Regel dem scheinbar geschwächten Tier, da es eine leichte Beute zu sein verspricht. Ist der Prädator weit genug vom Nest entfernt, fliegt der Vogel davon. Manche Vogelarten (z. B. Raubmöwen) fliegen regelrechte Attacken auf den (auch menschlichen) Angreifer; sie scheuen auch vor Berührungen oder Verletzungen mit dem Schnabel nicht zurück.

Zusätzlich zum Vertreiben des Prädators können Nestverteidigung und insbesondere Alarmrufe auch dazu dienen, die Jungen ruhigzustellen, damit diese mit dem Betteln aufhören bzw. sich ins Nest zurückziehen und nicht bewegen (Johnson et al. 2008). Beim Zypern-Steinschmätzer scheint es einen Ruf zu geben, der an den Prädator gerichtet ist, sowie einen, der an die Jungen gerichtet scheint (Randler 2013). Der Prädator-Ruf zeigt dem Prädator an, dass er entdeckt wurde, der Jungenruf dagegen signalisiert diesen, dass sie unbeweglich auf dem Nest oder dem Boden sitzen bleiben sollen, um den Prädator nicht auf sich aufmerksam zu machen.

Nestverteidigung kann mit zwei Hypothesen erklärt werden: (a) der Brutwerthypothese und (b) der Verletzbarkeitshypothese. Die **Brutwerthypothese** (Curio 1987; Caro 2005) besagt, dass die Nestverteidigung mit steigendem Wert der Brut zunehmen sollte. Je mehr Investment die Elterntiere bereits in ihren Nachwuchs gesteckt haben, desto wertvoller ist er. Ein einzelnes Ei kann relativ leicht nachgelegt werden, manchmal sogar noch in derselben Brutsaison, während der Verlust von fast ausgewachsenen Jungtieren schwerer auszugleichen

Tab. 8-4

Durch einen Prädator induziertes Verhalten der Nestverteidigung. (Aus Caro 2005, S. 344.)

Im Nest verbleiben	– Mithilfe des eigenen Tarngefieders Nest oder Küken bedecken
Nest verlassen	– Bedecken und Tarnen von Eiern und Jungen – Verleiten, Prädator vom Nest weglocken – Frühes und vorzeitiges, heimliches Verlassen des Nestes – Jungen vom Nest wegtragen
Ablenkung des Prädators	– explosives Abfliegen – Verleiten, Verletzung vortäuschen – hin und herrennen – erratisches Umherfliegen – Schwanzschlagen – Alarmrufe
Vortäuschen	– Vortäuschen von Brüten und/oder Füttern an einem anderen Platz – Pseudoschlafen – Scheinputzen
aggressives Verhalten	– Annähern – Aggressionsflüge, Rufe – Mobbing und Attacken
Junge vom Nest wegführen	

ist und der Ausgleich oft erst in der nächsten Fortpflanzungsperiode erfolgen kann. Die **Verletzbarkeitshypothese** besagt, dass die Brutverteidigung parallel mit einer zunehmenden Anfälligkeit für Beutegreifer ansteigen sollte (Caro 2005). Je gefährdeter die Jungen sind, desto mehr Verteidigungsverhalten findet statt.

Abb. 8-4

Beispiel für die Brutwerthypothese und Alarmrufe beim Zypern-Steinschmätzer *(Oenanthe cypriaca)*. Mit zunehmendem Wert der Brut steigt die Alarmbereitschaft an. Sind die Jungen schon recht selbstständig, sinkt die Rufrate der Elterntiere wieder, was als Beleg für die Verletzbarkeitshypothese verwendet werden kann. (Neu gezeichnet nach Randler 2013.)

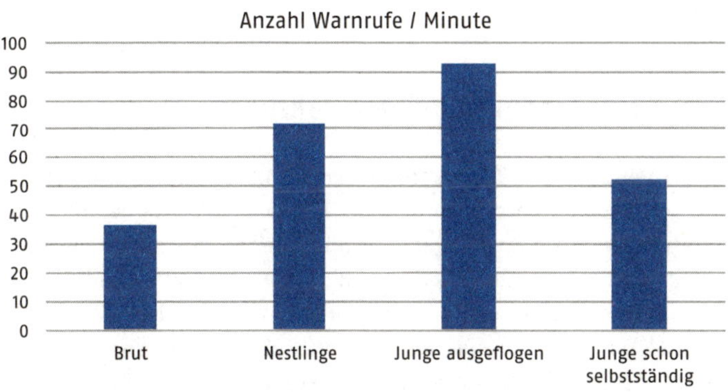

Nestverteidigung ist allerdings schwer zu beobachten und experimentell zu testen. Dient ein Mensch als potenzieller Prädator, der sich dem Nest oder Jungtieren nähert, ist es möglich, verschiedene Variablen gezielt zu untersuchen. Allerdings entspricht das gezeigte Verhalten in der Regel nicht dem natürlichen, auch wenn viele Vogelarten gegenüber Menschen kein anderes Verteidigungsverhalten zeigen als gegenüber anderen Prädatoren. Werden einfache Modelle oder Präparate benutzt, ist die Verteidigung möglicherweise ebenso unnatürlich. Deswegen werden in einigen neueren Studien animierte Modelle eingesetzt, z. B. der RoboBadger, ein auf einen ferngesteuerten, fahrbaren Untersatz montierter ausgestopfter Dachs (Blumstein & Armitage 1997).

Differentielles parentales Investment

Bei Vögeln beginnt parentales Investment bereits bei der Eiablage. Weibchen können die Menge an Sexualhormonen (Androgenen) variieren und den Nachwuchs unterschiedlich damit ausstatten. Da viele Vogelarten jeden Tag ein Ei legen, sind die Jungen unterschiedlich alt. Selbst wenn die Bebrütung erst mit dem letzten Ei beginnt, sind die Jungvögel, die aus den zuerst gelegten Eiern schlüpfen, oft stärker und durchsetzungsfähiger. Die Weibchen mancher Vogelarten geben nun mehr Androgene in den Dotter der letzten Eier. Dies führt dazu, dass die daraus geschlüpften Jungen durchsetzungsstärker werden und somit den zeitlichen Nachteil kompensieren können. Dieses Verhalten wurde beim Kanarienvogel (*Serinus canaria* f. *domestica*) festgestellt (Gil 2004). Im Gegensatz dazu schlüpfen die Jungvögel des Kuhreihers *(Bubulcus ibis)* asynchron, d. h., die zuerst gelegten Eier werden früher bebrütet. In der Regel legen Kuhreiher drei Eier, wovon aber meist nur zwei Küken überleben. In den früher gelegten Eiern befindet sich mehr Androgen, sodass bei Futterknappheit das zuletzt geborene Küken von den früher geborenen Küken zuweilen attackiert und getötet wird (Fujioka 1985).

8.2 | Eltern-Kind-Konflikte bei der Nahrung

Das Familienleben der Tiere kann in einem ökonomischen Modell als Kosten und Gewinn betrachtet werden. Nachwuchspflege bedeutet für die Eltern Kosten, sie investieren Zeit und Energie. Ab einem gewissen Zeitpunkt sollten die Eltern jedoch ihr Investment einschränken und die Kosten reduzieren. Aus Sicht der Jungtiere sollte dieser Zeitpunkt möglichst spät sein, da sie sich ihrerseits Kosten sparen, wenn sie weiter von den Elterntieren gefüttert werden. Je älter die Jungtiere werden, desto mehr Nahrung benötigen sie aufgrund des zunehmenden Körpergewichts und der ebenso zunehmenden Aktivität. Dabei kann bei den Eltern ein Konflikt entstehen zwischen dem Pflegen des aktuellen gegenüber dem zukünftigen Nachwuchs in den kommenden Jahren. Dieser Konflikt wurde bei Meerschweinchen (*Cavia aperea* f. *porcellus*) experimentell mit Überkreuzexperimenten untersucht. Bei Meerschweinchen ist der Hauptfaktor für die Entwöhnung die Laktationsdauer des Weibchens. Um dies nachzuweisen, wurden Jungtiere unterschiedlichen Alters experimentell ausgetauscht (Cross-fostering, → Kap. 4.4). Manche Weibchen bekamen dabei Junge, die bereits älter und schon länger gesäugt worden waren (durch ein anderes Weibchen), während andere Nachwuchs erhielten, der erst kurze Zeit gesäugt worden war. Tatsächlich bestimmte die Laktationsdauer und nicht das Alter oder Gewicht der Jungen den Entwöhnungszeitraum (Rehling & Trillmich 2006): Die Weibchen zogen also den internen Reiz (die Zeit, wie lange es bereits selbst gesäugt hatte) für den Prozess der Entwöhnung heran und nicht einen externen Reiz wie das Alter oder Gewicht der Jungen. Sie scheinen daher tatsächlich das Investment in den aktuellen Nachwuchs zugunsten des zukünftigen Nachwuchses einzuschränken.

Nachwuchszahl und Gelegegröße unterliegen ebenfalls einem Trade-off und können mit Ökonomiemodellen beschrieben werden. Die **optimale Gelegegröße** wurde am Beispiel der Kohlmeise *(Parus major)* untersucht: Die meisten Paare legen 8–9 Eier, obwohl sie auch mehr bebrüten könnten. Mehr Junge sind jedoch schwieriger zu füttern. Je mehr Jungvögel in der Brut sind, desto geringer ist daher deren mittleres Gewicht. Dieses ist aber wichtig, weil schwerere Jungvögel bessere Überlebenschancen haben. Somit spiegelt die Gelegegröße einen Trade-off zwischen der maximal möglichen Anzahl an Nachkommen und der maximal möglichen Anzahl an optimal versorgten Nachkommen wider.

Obwohl es auf den ersten Blick für Elterntiere sinnvoll erscheint, möglichst lange in den Nachwuchs zu investieren, kann es unter Berücksichtigung der Lebenszeitreproduktion der Elterntiere ökonomi-

Tab. 8-5 Anzahl Nestlinge und Fütterungsfrequenz bei der Kohlmeise *(Parus major)*. (Nach Perrins & Birkhead 1983, aus Bairlein 1996.)

Anzahl Nestlinge	Fütterungen pro Brut und Tag	Fütterungen pro Nestling und Tag
5,5	428	78
11	637	58

Abb. 8-5

Säugendes Wildschwein *(Sus scrofa).*

scher sein, den Nachwuchs früher zu entwöhnen. Wendet ein Tier in einer Fortpflanzungsphase zu viel Energie auf, so kann es ein, dass es in der nächsten Fortpflanzungsperiode aussetzen muss oder weniger Nachwuchs produziert als in der vorangegangenen. Als Maß für die Bemessung dieses Eltern-Kind-Konflikts kann deshalb aus Elternsicht die Lebenszeitfortpflanzungsrate als absolute Maßeinheit des Fortpflanzungserfolgs herangezogen werden.

Merksatz

Eltern-Kind-Konflikte entstehen aus ökonomischer Sicht, weil aus Sicht der Jungtiere eher später entwöhnt werden soll, aus Sicht der Elterntiere eher früher.

Bei der Größe der Gelege zeigt sich ein deutlicher **Nord-Süd-Gradient:** Viele Vogelarten legen mehr Eier, je weiter im Norden sie brüten. Dies wird auf zwei Hypothesen zurückgeführt (Bairlein 1996):

Tageslängenhypothese: Im Norden sind die Tage im Sommer länger, deshalb können die Vogeleltern länger nach Nahrung suchen.

Produktivitätshypothese: Das Nahrungsangebot ist in den höheren Breiten größer.

8.3 Geschwisterkonkurrenz

Ein weiterer Konflikt besteht in Bezug auf die Verwandtschaft: Ein Elternteil ist mit seinen Kindern jeweils zu etwa 50 % verwandt, der Nachwuchs untereinander ebenso zu 50 %, hingegen jedes einzelne Jungtier mit sich selbst zu 100 %. Deshalb sollten Eltern alle Jungtiere gleich behandeln und füttern, während ein einzelnes Jungtier mehr davon profitiert, je mehr Ressourcen (Nahrung) es für sich selbst gewinnen kann. Allerdings sind nicht alle Jungtiere gleich, denn manche sind in einer besseren Kondition und durchsetzungsstärker als andere. Bei manchen Säugetieren sind auch nicht alle Zitzen gleich ertragreich, sodass ein Konflikt zwischen den Jungtieren entsteht und sich die stärkeren oder aggressiveren durchsetzen. Eltern produzieren oft auch mehr Nachwuchs, als sie versorgen können. Dieses Faktum versucht die Verhaltensbiologie mit der **Versicherungs-Hypothese** («insurance egg»-hypothesis) zu erklären: In Zeiten optimaler Nahrungsversorgung können alle Jungtiere durchkommen, bei knappen Nahrungsressourcen überleben nur die durchsetzungsfähigeren.

Jungtiere konkurrieren um Futter. Dabei setzen sie spezielle Bettellaute ein. Zwei Hypothesen werden in diesem Zusammenhang diskutiert: Wettbewerb und ehrliche Signale. Die **Wettbewerbs-Hypothese** besagt, dass jedes Individuum versuchen sollte, am meisten von den elterlichen Ressourcen abzubekommen. Ein Jungvogel sollte also auch dann betteln, wenn sein Hunger gar nicht so groß ist. Belege für Wettbewerb liefert eine Studie mit Wanderdrosseln *(Turdus migratorius):* Dabei wurden junge Wanderdrosseln einige Zeit aus dem Nest herausgenommen und mussten hungern. Danach wurden sie wieder ins Nest zurückgesetzt. Als Folge bettelten sie lauter und intensiver, allerdings zogen die anderen Nestgeschwister nach (Smith & Montgomerie 1991). Die **Ehrliche-Signale-Hypothese** besagt hingegen, dass die Jungtiere am lautesten betteln sollten, die auch am meisten Hunger haben. Während die Wettbewerb-Hypothese die Kontrolle auf Seiten der Jungtiere legt, da sie immer betteln, dient die Ehrliche-Signale-Hypothese Eltern wie Nachkommen, da die Altvögel ihr Investment adaptieren können. Belege für die Ehrliche-Signale-Hypothese kommen von Buntfuß-Sturmschwalben *(Oceanites oceanicus)*, die pro Brut nur ein einziges Küken produziert. Hier entfällt naturgemäß die Konkurrenz mit den Nestgeschwistern. Buntfuß-Sturmschwalben haben einen bestimmten Ruf, der nur geäußert wird, wenn die Eltern zum Nest kommen. Eine Studie konnte nun zeigen, dass der Jungvogel umso intensiver bettelte, je leichter er war (Quillfeldt 2002).

Sonderformen | 8.4

Kannibalismus ist ein Phänomen, das aus soziobiologischer Sicht erklärbar ist, besonders in Hinblick auf das «egoistische Gen» und den Fortpflanzungsvorteil. **Heterokannibalismus** bezeichnet das Fressen von nichtverwandten, **Filialkannibalismus** das Fressen des eigenen Nachwuchses. Kannibalismus wird unter anderem von Stichlingen (*Gas-*

terosteus sp.) berichtet: Stichlingsmännchen fressen gelegentlich Eier aus dem von ihnen bewachten Nest sowie Eier aus anderen Nestern. Er tritt eher später in der Brutsaison auf, was darauf hinweist, dass die Energieressourcen des Männchens zu diesem Zeitpunkt weitgehend aufgebraucht sind. Die gefressenen Eier sind somit eine wichtige Energiequelle für die Männchen. Mit dieser kann der Stichling sein Brutgeschäft abschließen und dann Energie für eine weitere Brutsaison sammeln. Auch hier scheint es einen Trade-off zu geben, da es für den Stichling besser scheint, einen Teil seiner Brut zugunsten seiner eigenen Kondition zu opfern, um im folgenden Jahren nochmals brüten zu können (höhere Lebenszeitreproduktion). Übrigens neigen auch die Stichling-Weibchen zu Kannibalismus; allerdings fressen sie stets nur Eier von fremden Gelegen.

Manche Tierarten etablieren **Kinderkrippen**. In diesen versammeln sich die Kinder verschiedener Familien und werden wechselseitig bewacht (z. B. bei Eiderente und verschiedenen Pinguinarten). Dies ermöglicht einem Teil der Eltern, nach Nahrung zu suchen, während die Jungtiere von anderen Eltern bewacht werden.

Ein anderes außergewöhnliches Phänomen ist die **Adoption.** Sie wurde z. B. bei Rothirschen *(Cervus elaphus)* beobachtet. Jungtiere werden von verwandten Tieren aus derselben Herde aufgezogen, falls deren Ricke stirbt (Bartos et al. 2001). Ebenso kommt Adoption von unverwandten Jungtieren bei Eisbären *(Ursus maritimus)* vor (Lunn et al. 2000). Letztere vergrößern wohl dadurch ihr Rudel, was sich bei der Jagd als vorteilhaft erweisen kann. Generell kann Adoption im Rahmen des Altruismus immer damit erklärt werden, dass sich durch ein zusätzliches Jungtier eine Gruppe vergrößert, was Sicherheit bieten kann (→ Kap. 6.6). Bei Entenvögeln findet sogar zwischenartliche Adoption statt, allerdings können sich junge Enten als Nestflüchter bereits selbst versorgen, weshalb eine solche Adoption kaum Kosten für die Mutter beinhaltet.

Siblizid oder **Kaininismus** bezeichnet das Töten eines Jungtiers durch ein Geschwister. Dies kommt gelegentlich bei Greifvögeln oder Reihern vor. Greifvögel legen oft nur wenige Eier, die sie asynchron bebrüten, sodass die Jungvögel unterschiedlich alt sind und dementsprechend unterschiedlich groß und konkurrenzfähig. Das Nesthäkchen bekommt dann oft zu wenig Nahrung ab und wird schließlich von den Geschwistern aufgefressen. In Jahren, in denen genügend Nahrung vorhanden ist, kann das Nesthäkchen allerdings überleben. Dadurch wird die Entscheidung der Elterntiere – wie viel Nachwuchs produziert wird – quasi erst nachlaufend festgelegt und nicht bereits bei der Eiablage (Versicherungs-Hypothese, s.o.).

Box 8.1

Life History: K-Strategen und r-Strategen

K-Strategen (K für «Kapazität») investieren viel, haben wenig Nachwuchs, leben lange und pflanzen sich erst spät fort. Dies hat Vorteile in einer stabilen und hoch kompetitiven Umwelt. Im Gegenzug dazu stehen **r-Strategen** (r für «Reproduktion») mit geringem Investment, hoher Fortpflanzungsrate, kurzer Lebensdauer und frühem Reproduktionsbeginn. Dies ist vorteilhaft bei sich schnell ändernden Umweltbedingungen, Neubesiedlungen und Invasionen. Das Gesamtinvestment in den Nachwuchs mag bei beiden Typen gleich hoch sein, aber das Investment bezogen auf den einzelnen Nachkommen ist extrem unterschiedlich. Bei Säugetieren sind Wühlmäuse (Cricetidae) r-Strategen mit einem Alter von etwa 72 Tagen zum Zeitpunkt der ersten Geburt und einem Geburtenabstand von 30 Tagen (Caroli et al. 2000). Ein typischer K-Stratege und Gegenpol ist der Mensch.

Zwischen diesen beiden Extremen gibt es eine Menge an Zwischenformen, sogar innerhalb einzelner Arten. Bei langlebigen Tieren zeugen jüngere oft weniger Nachwuchs als ältere, da die jüngeren das jetzige Investment gegenüber dem zukünftigen abwägen müssen, während ältere Tiere das jetzige Investment gegen das mögliche Sterben abwägen. Ein Tier, das noch Jahre an Reproduktion vor sich hat, sollte demnach mit dem Investment etwas vorsichtiger sein, während ein Tier, das möglicherweise nächstes Jahr stirbt, mehr investieren kann.

Art	Geschlechtsreife im Alter von
Berglemming *(Lemmus lemmus)*	19 Tagen
Goldhamster *(Mesocricetus auratus)*	2 Monaten
Kaninchen *(Oryctolagus cuniculus)*	5–9 Monaten
Fuchs *(Vulpes vulpes)*	10 Monaten
Reh *(Capreolus capreolus)*	14 Monaten
Steinmarder *(Martes foina)*	2 Jahren
Löwe *(Panthera leo)*	3–5 Jahren
Schimpanse *(Pan troglodytes)*	8–10 Jahren
Nashorn *(Ceratotherium simum)*	20 Jahren

Tab. 8-6

Erreichen der Geschlechtsreife bei verschiedenen Säugetieren. (Nach Flindt 2000.)

Brutparasitismus

Brutparasitismus kann sowohl innerartlich (intraspezifisch) als auch zwischenartlich (interspezifisch) stattfinden. Bei Entenvögeln (Ordnung Anseriformes) sind beide Spielarten weit verbreitet. Während bei der alloparentalen Brutfürsorge andere Individuen den Eltern bei der Aufzucht helfen, überlassen beim Brutparasitismus die Eltern ihre Jungen gänzlich anderen Individuen. Bei vielen Entenarten gibt es einen **fakultativen Brutparasitismus:** Die Weibchen brüten selbst auf dem eigenen Nest, legen aber auch noch ein paar Eier in die Nester anderer Weibchen. Dadurch kann der Fortpflanzungserfolg verdoppelt werden (Åhlund & Andersson 2001).

Beim **zwischenartlichen Parasitismus** ist der Nutzen offensichtlich: Die Weibchen legen ihre Eier in verschiedene fremde Nester und sichern dadurch die Fortpflanzung. Manche Brutparasiten legen sehr viele Eier, womit sie das Risiko der Ablehnung durch die Wirtseltern ausgleichen und auch eine Risikostreuung erzielen, da dann die Auswirkungen relativ gering sind, wenn eines von vielen Wirtsvogelnestern der Prädation zum Opfer fällt.

Box 8.2

Brutparasitismus bei Kuckucken

Brutparasiten umgehen die Eltern-Kind-Konflikte, indem sie ihre Eier bei anderen Vogelarten ins Nest legen. Das beste Beispiel ist der Kuckuck *(Cuculus canorus)*, der in Europa etwa 10 Wirtsvogelarten befällt. Ein Kuckucksweibchen legt zwischen 9 und 22 Eier (Bezzel 1985), die es in genauso viele Nester anderer Arten verteilt. Kuckucksweibchen beobachten die Wirtsvögel eine Zeit lang während des Nestbaus und legen dann nachmittags ein Ei ins Nest und entfernen (fressen) das Wirtsvogelei. Dadurch bleibt die Eizahl konstant. Die Eier ähneln den Wirtsvogeleiern, und da es verschiedene Wirtsvogelarten gibt, legen Kuckucke auch unterschiedlich gefärbte Eier. Ein Kuckucksweibchen kann allerdings nur einen bestimmten Eityp legen. Weibchen, die bei Wiesenpiepern *(Anthus pratensis)* Eier ablegen, legen braune, gepunktete Eier, solche, die bei Bachstelzen *(Motacilla alba)* Eier ablegen, weiße, gepunktete Eier. Dadurch entwickelten sich bei Kuckucken sogenannte *Gentes*; das sind noch keine Unterarten, aber möglicherweise ein Schritt auf dem Weg dorthin. Manche Wirtsvogelarten können Kuckuckseier erkennen und entfernen diese, manche Wirtsvogelarten sind sehr unempfindlich und akzeptieren auch völlig anders gefärbte Eier (oder gar Gegenstände) in ihrem Nest. Nach dem Schlupf wirft der Jungkuckuck Geschwister und Eier aus dem Nest. Die Eltern füttern nun den Jungkuckuck, der aufgrund seiner Größe viel mehr Nahrung braucht als seine Geschwister. Das Füttern wird dadurch ermöglicht, dass der Jungkuckuck sehr ähn-

Brutparasitismus: «Rüstungswettlauf» zwischen A) Wirtsvogelart Elster *(Pica pica)* und B) Parasit Häherkuckuck *(Clamator glandarius)*. Fotos: C. Randler. | **Abb. 8-6**

liche Schnabel- und Rachenfärbungen aufweist wie seine Wirtsgeschwister. Ein Jungkuckuck in einem Rohrsängernest bettelt so häufig und intensiv wie vier Rohrsängernestlinge (Davies et al. 1998).

Eine leicht veränderte Situation findet sich beim Häherkuckuck *(Clamator glandarius)*. Dieser wirft die Eier der Wirtsvögel nicht aus dem Nest, sondern legt seine dazu. Interessanterweise sind die Wirtsvögel (Elstern, Blauelstern, Rabenkrähen und Kolkraben) in der Lage, die zusätzlichen Eier als fremde zu erkennen. Warum aber werden sie geduldet? Die elterlichen Kuckucke fliegen regelmäßig Patrouille und kontrollieren, ob ihr Ei oder der Jungvogel noch im Wirtsvogelnest ist. Wenn die Wirtseltern die Kuckucksbrut entfernen, zerstören die Häherkuckucke das gesamte Nest der Wirtseltern, wodurch auch deren Brut vernichtet wird. Allerdings versuchen die Wirtseltern, bereits vor der Ablage einzuschreiten, und vertreiben Häherkuckucke aus der unmittelbaren Nestumgebung (Mobbing, → Kap. 6.11). Meist agieren die Häherkuckucke jedoch zu zweit als Paar. Dabei versucht das Männchen oft die Wirtseltern durch Rufe und Schauflüge auf sich aufmerksam zu machen und vom Nest wegzulocken. In dieser Zeit versucht dann das Weibchen, heimlich ins Nest zu gelangen und das Ei abzulegen. Man spricht bei der Co-Evolution von Kuckuck und Wirtsarten, daher auch von einer Art Rüstungswettlauf, speziell das Verhalten des Häherkuckucks wurde in den Medien auch als Mafiamethode bezeichnet.

▲

Weiterführende Literatur

Clutton-Brock TH (1991): The evolution of parental care. Princeton University Press, Princeton, 368pp.

Davies NB (2010): Cuckoos, cowbirds and other cheats. A & C Black, London, 310pp.

Lernen, Gedächtnis und Kognition | 9

Inhalt

Lernen erfolgt aufgrund neuer Erfahrungen, «relativ permanent», resultiert in adaptiven Veränderungen und ist ein individueller Prozess. Habituation bezeichnet die Gewöhnung an einen Reiz, Dishabituation das Gegenteil. Prägung bezieht sich auf eine sensible Phase, in der Lernen in einer Interaktion mit einer Verhaltensdisposition erfolgt. Beim klassischen Konditionieren wird ein bedeutungsloser Reiz mit einem bedeutsamen verknüpft. Beim operanten Konditionieren wird ein Reiz mit einer Handlung verbunden. Lernen findet bei Tieren durch Versuch und Irrtum statt, aber es gibt auch Hinweise auf einsichtiges Lernen sowie darauf, dass Tiere im Voraus planen und sich in andere hineinversetzen können. Soziales Lernen findet statt, wenn ein Tier ein anderes beim Lernen beobachtet und dieses Verhalten dann kopiert. Ob Tiere allerdings lehren können, ist noch umstritten.

Bereits in einem früheren Kapitel wurden Aspekte des Lernens aufgegriffen (→ Kap. 4.3), die hier nochmals vertieft werden sollen. Damit Lernen stattfindet, müssen mehrere Bedingungen erfüllt sein.

- Lernen erfolgt aufgrund **neuer Erfahrungen**, die das bisherige Verhalten in einer adaptiven Weise verändern. Dies bedeutet, dass das Individuum mit neuen Inhalten konfrontiert wird, die es erlernen kann (oder muss). Das Erlernte ist damit für das weitere Überleben vorteilhaft, das Individuum hat dadurch einen Selektionsvorteil.
- Lernen ist relativ **permanent**, da es eine bestimmte Zeit über andauern muss, um nicht nur eine kurzfristige oder einmalige Verhaltensänderung darzustellen (Shettleworth 2001). Dadurch bleibt die neu

gelernte Erfahrung eine gewisse Zeit (oder sogar immer) präsent und geht nicht verloren.

- Lernen resultiert in **adaptiven Veränderungen**. Dies bedeutet, dass das gelernte Verhalten sich adaptiv als Anpassung an die Lebensumstände und die Umwelt auswirkt und im weitesten Sinne Überlebens- und Fortpflanzungserfolg (und damit Fitness) erhöht; beim Lernen entsteht quasi ein «Gewinn» oder Nutzen aus der Erfahrung. Bei komplexeren Lernprozessen werden enorme individuelle Unterschiede festgestellt (s.u.), während das Lernen einfacher Verhaltensweisen eher stereotyp abläuft.
- Lernen kann **nicht direkt beobachtet** werden. Es ist nur möglich, zu beobachten und zu messen, was als Ergebnis des Lernprozesses erinnert wird (Thorpe 1963; Manning & Dawkins 2012). Ein Lernprozess findet statt, wenn z. B. eine Ratte lernt, ein Labyrinth möglichst schnell und ohne Umwege zu durchlaufen, aber dieser Lernprozess kann nur überprüft werden, indem man das Versuchstier nach einiger

Tab. 9-1

Kategorien des Lernens. (Verändert nach Heldmaier & Neuweiler 2004; Wehner & Gehring 2007.)

Nichtassoziatives Lernen Beziehung zu einem Reiz	Wirkung eines Reizes auf eine Reaktion
Habituation/Gewöhnung	Reaktionsstärke auf einen Reiz nimmt ab
Dishabituation	Reaktionsstärke auf einen Reiz nimmt wieder zu (Umkehrung der Habituation)
Prägung	Interaktion von Lernen mit einer angeborenen Verhaltensdisposition
Assoziatives Lernen Beziehung zwischen Ereignissen	Eigentliches «Lernen»
I. Elementares Assoziieren:	Prozedurales (implizites) Lernen
- klassische Konditionierung	bedeutungsleerer Reiz wird mit bedeutsamem Reiz verknüpft
- operante Konditionierung	Reiz wird mit Handlung verbunden
II. Konfigurales Assoziieren:	Deklaratives (explizites) Lernen
episodisch	Kontext von «Was?», «Wann?», «Wo?»
semantisch	abstrakte mentale Repräsentation eines realen Gegenstands oder Konzepts
Wahrnehmungsrepräsentation	Identifizieren von Objekten in bestimmten Sinnesmodalitäten (z. B. Nahrung über Geruch)
Emotionales Gedächtnis	Verknüpfung von Erfahrungen und Ereignissen mit unterschiedlichen Emotionen (z. B. Angst oder Wohlbefinden)

Zeit ein weiteres Mal ins Labyrinth setzt. Wenn die Ratte dann Fehler macht, ist es schwierig, abzuschätzen, ob sie es nicht gelernt hat oder ob sie es gelernt hat und nur nicht erinnern kann (Manning 1979).

- Lernen ist schließlich auch ein **individueller Prozess**. Dies bedeutet, dass jedes Tier für sich selbst lernen muss. Auch soziales Lernen und Kultur erfordern, dass jedes einzelne Individuum selbst lernt. Da Lernen innerhalb einer Generation stattfindet, unterscheidet es sich von der Selektion, die über die Generationen hinweg stattfindet (Barnard 2004). Die Fähigkeit zu lernen ist damit genetisch fixiert, es ist ein adaptives Verhalten und erlaubt Tieren, innerhalb einer bestimmten Norm etwas zu erlernen und dadurch einen Überlebensvorteil zu haben.

Merksatz

Lernen ist ein Resultat von (neuer) Erfahrung und ermöglicht Tieren, sich auf neue Lebensumstände und eine sich verändernde Umwelt einzustellen.

Formen des Lernens | 9.1

Die **nichtassoziativen** Formen des Lernens sind das Resultat eines sich wiederholenden Reizes (oder eines sich wiederholenden Ereignisses). Damit unterscheiden sie sich vom assoziativen Lernen, bei dem es um die Beziehung zwischen verschiedenen Ereignissen geht.

Merksatz

Habituation und Dishabituation ermöglichen es Tieren, schnell und einfach wichtige von unwichtiger Information zu trennen.

Habituation

Habituation ist eine sehr einfache Form nichtassoziativen Lernens: Angeborene Reaktionen auf unbedeutende Reize werden dabei abgewöhnt. Es handelt sich dabei also nicht um den Erwerb neuer Verhaltensweisen, sondern um den Verlust bereits vorhandener. Wenn Tiere einen angeborenen Fluchtreflex vor Feinden haben, kann dieser abgewöhnt oder reduziert werden, wenn diese Feinde keine Bedrohung mehr darstellen. Ein Beispiel ist der «Nationalpark-Effekt»: Viele Großtiere in Afrika oder in Nordamerika wurden seit Tausenden von Jahren von Menschen gejagt und besitzen eine Fluchtreaktion. In Nationalparks jedoch ist dieses Verhalten unnötig, durch Habituation ging daher die Fluchtreaktion verloren. Eine Habituation findet auch statt, wenn Vögel sich an Vogelscheuchen auf Feldern oder an Abwehrlaute in Weinbergen gewöhnen. Habituation ist adaptiv: Sie vermeidet Kosten (Zeit und Energie) für eine Reaktion auf einen unbedeutenden Reiz. Habituation

Abb. 9-1

Beispiele für Habituation: Breitmaul-Nashorn *(Ceratotherium simum)* in einem südafrikanischem Reservat. Foto: C. Randler.

kann teilweise auch durch eine sensorische Adaption erklärt werden, die allerdings oft nur einen kurzfristigen Einfluss hat. Manche Sinnesorgane gewöhnen sich an einen Dauerreiz, z. B. nimmt die menschliche Nase Gerüche nach einer gewissen Zeit nicht mehr wahr. Habituation könnte deshalb auch zu einem gewissen Teil eine Anpassung der Sinnesorgane sein. Allerdings sind **Ermüdungserscheinungen** (z. B. durch nachlassende Muskelkraft) keine Habituation. Ein umgekehrter Vorgang wird als **Dishabituation** bezeichnet, d. h., die Reaktion auf einen Reiz wird wieder verstärkt und die ursprüngliche Reaktion wiederhergestellt. Sobald also in Nationalparks die Bejagung wieder aufgenommen werden würde, ist davon auszugehen, dass die Tiere wieder mit Flucht reagieren und die Fluchtdistanzen sich schnell vergrößern würden.

Prägung

Prägung ist eine Interaktion von Lernen mit einer angeborenen Verhaltensdisposition. Am besten untersucht wurde die **Nachlaufprägung** in der klassischen Ethologie von Konrad Lorenz. Diese ist häufig bei nestflüchtenden Vogelarten zu beobachten (z. B. bei Enten). Junge Enten werden von ihrer Mutter aufgezogen. Sie sind Nestflüchter und verlassen das Nest oft bereits wenige Minuten oder Stunden nach dem Schlüpfen. In einer **sensiblen Phase** kurz nach dem Schlupf werden die Jungtiere auf das Elterntier geprägt und lernen dadurch ihr Muttertier kennen. Dabei folgen sie ihrer Mutter, die die Jungtiere durch Rufe zum Nachfolgen «auffordert». Konrad Lorenz prüfte dies anhand eines einfachen Experiments, in dem er einen Teil des Geleges bei der Entenmutter beließ und einen anderen Teil in einem Brutschrank erbrütete. Entenküken, die von der Mutter erbrütet wurden, folgten dieser und lernten dadurch ihre Mutter als Artgenossen kennen, ihr späteres Sozial- und Sexualverhalten war ganz auf die jeweilige Entenart orientiert. Küken aus dem Brutschrank dagegen wurden auf Lorenz geprägt und folgten ihr Leben lang dem Forscher. Im einen Fall stellt das Muttertier, im anderen der Forscher den **prägenden Reiz** dar. Die sensible Phase kann zu unterschiedlichen Zeitpunkten in der Ontogenese liegen; Prägung muss nicht immer direkt nach dem Schlupf stattfinden. Die sensible Phase währt nur eine bestimmte Zeit lang, manchmal ein paar Stunden oder aber auch ein paar Tage oder Wochen. Bei Entenarten kann es auch geschehen, dass Weibchen ihre Eier in die Nester einer fremden Entenart legen und so die Küken auf eine falsche Mutterart geprägt werden. Dadurch wird eine fehlerhafte **sexuelle Prägung** erzeugt. Beispielsweise legen Reiherenten *(Aythya fuligula)* Eier regelmäßig in die Nester von Tafelenten *(Aythya ferina)* und umgekehrt. Die frisch geschlüpften Männchen werden auf die falsche Art geprägt und balzen während ihrer sexuellen Aktivität die falsche Entenart an. Sie paaren sich teilweise mit den falschen Weibchen, was zu Hybriden führt (Randler 2000, 2005).

Prägung kann

- visuell/optisch (z. B. bei nestflüchtenden Vogelarten wie Enten),
- akustisch (z. B. bei Höhlenbrütern über Rufe)
- oder olfaktorisch über Gerüche (Säugetiere, aber auch Fische) erfolgen.

Prägung findet jedoch nicht nur auf Elterntiere hin statt, sondern auch auf Geschwister oder auf einen bestimmten Ort. Lachse werden beispielsweise auf den Geruch ihres Heimatgewässer geprägt. Da sie nach dem Schlupf von ihrem Brutgewässer ins Meer abwandern, ermöglicht ihnen diese Prägung, später wieder zu ihrem Brutgewässer zurückzufinden und dort selbst abzulaichen. Die Prägung ist **irreversibel**, d. h., eine Fehlprägung bleibt das Leben lang bestehen. Prägung beruht proximat auf der Ausschüttung von Neurotransmittern, speziell Glutamat (Meredith et al. 2004).

Konditionierung

Das **klassische Konditionieren** wurde vom russischen Wissenschaftler Iwan Pawlow erstmals erforscht. Dabei wird eine **Reaktion mit einem zunächst bedeutungsleeren Reiz assoziiert**. Dieser Reiz ist demnach neutral, z. B. ein bestimmter Ton. Die klassische Konditionierung wird auch als **assoziatives Lernen** bezeichnet, da sie eine Verbindung zwischen einem Reiz und einer Reaktion herstellt. Das klassische Beispiel ist das Hundeexperiment von Pawlow. Bekommt ein hungriger Hund ein Stück Fleisch präsentiert, regt dies seinen Speichelfluss an. Dies ist eine einfache physiologische Reaktion. In Trainingssitzungen wird nun diese Reaktion mit einem vollkommen fremden (oder neutralen) Reiz assoziiert, beispielsweise, indem man dem Hund zuerst einen Ton (Klingel, Glocke) präsentiert und danach das Stück Fleisch. Nach einiger Zeit reicht bereits das Klingeln aus, um den Speichelfluss anzuregen, selbst wenn kein Fleisch präsentiert wird. Durch Lernen hat der Hund den zunächst bedeutungslosen Reiz (Ton) mit einer Reaktion verbunden. Ähnliches funktioniert beim Menschen mit dem Lidschlussreflex: Pustet man einer Person ins Gesicht, schließt sie die Augen. Verbindet man dies nun mit einem Klingelton, findet – ähnlich wie beim Hundebeispiel – eine Assoziation statt. Nach einigem Trainieren reicht oft der Klingelton aus, um den Lidschlussreflex auszulösen. Führt man dieses Experiment allerdings eine gewisse Zeit weiter (jeweils nur den Klingelton, ohne zu pusten), findet Habituation statt und der Lidschlussreflex unterbleibt wieder. Die klassische Konditionierung funktioniert auch ohne aktive Beteiligung des Tieres. Die Experimente lassen sich aber nicht ohne Weiteres auf das natürliche Verhalten von Tieren übertragen, da Tiere nicht auf einen konditionierten Reiz «warten», sondern in der Natur selbst aktiv suchen.

Eine weitere Form des assoziativen Lernens ist die **operante Konditionierung**. Hierbei lernt ein Tier, ein bestimmtes Verhalten mit einer Belohnung oder Bestrafung zu assoziieren. Dieses Lernen wird auch als «**Versuch und Irrtum**» (**«trial and error»**) bezeichnet. Ausgiebig untersucht wurde es durch Burrhus Skinner, überwiegend an Ratten. Ein Käfig (oft auch als Skinner-Box bezeichnet) wird so präpariert, dass ein Tier beispielsweise einen Hebel drücken kann, worauf ein Stück Futter in den Käfig fällt. Die Ratte betätigt den Hebel spontan durch Zufall und lernt dadurch (Assoziation), dass ein Betätigen des Hebels mit Futtergabe belohnt wird. Nach Lehner (1996) steht beim operanten Konditionieren ein Verhalten am Anfang, das dann durch Konsequenzen entweder belohnt, bestraft oder ignoriert wird. Eine Belohnung führt zu einer **Verstärkung** des Verhaltens, es wird danach häufiger gezeigt werden. Eine Bestrafung führt zu einer selteneren Ausprägung des Verhaltens, ebenso wie eine Nichtbeachtung (Ignorieren). Wird ein Verhalten bestraft oder ignoriert, führt dies zur **Extinktion**.

Operantes unterscheidet sich von klassischem Konditionieren:

- Bei der klassischen Konditionierung sind Reiz und Reaktion untrennbar verbunden und müssen zeitlich eng korreliert sein.
- Bei der operanten Konditionierung führt das Tier zuerst ein Verhalten aus, das dann belohnt, bestraft oder ignoriert wird. Die konditionierte Reaktion geht der Verstärkung immer voraus.

Die vier proximaten Konsequenzen sind die sofortigen Ergebnisse des Verhaltens. Sie hängen hauptsächlich davon ab, ob ein Stimulus positiv oder aversiv ist und ob Konsequenzen erfolgen oder nicht. Positive Konsequenzen oder Belohnung verstärken das Verhalten von Tieren. Gibt ein Hund Pfötchen und wird mit einem Leckerli dafür belohnt, wird sich dieses Verhalten häufiger zeigen. Eine Verstärkung kann sowohl über einen einzelnen Stimulus stattfinden als auch über eine Kette von Ereignissen. Dies ist z. B. der Fall, wenn Tiere nach Nahrung suchen, diese jagen, erlegen und dann verzehren. Extinktion geschieht, wenn zuerst eine positive Verstärkung für ein Verhalten erfolgte und diese Verstärkung nach einiger Zeit ausbleibt. Dann verschwindet das Verhalten wieder. Sind aversive Stimuli im Experiment präsent, wie Bestrafung, z. B. durch einen Stromschlag, so wird dieser Stimulus vermieden oder ein bestimmtes Verhalten nicht mehr gezeigt. Wenn ein rangniederes Tier von einem ranghöheren regelmäßig gebissen wird (aversiver Stimulus unter natürlichen Bedingungen), dann findet eine Vermeidungsstrategie statt und ein bestimmtes Verhalten wird seltener oder gar nicht mehr gezeigt, was zu einer negativen Verstärkung führt.

Nur wenige Studien beschäftigten sich allerdings mit der **adaptiven Bedeutung der Konditionierung**. Eine der wenigen stammt von Hollis (1982, 1999). Sie konditionierte männliche Gepunktete Fadenfische *(Trichogaster trichopterus)* darauf, dass nach einem Lichtblitz (konditionierter Reiz) ein weiteres Männchen erscheint. In der Experimentalgruppe präsentierte sie nun den Fischen einen Lichtblitz und danach ein anderes Männchen. Die konditionierten Fische hatten gelernt, dass nach dem Lichtblitz ein anderes Männchen auftaucht. Dadurch waren

Abb. 9-2

Experiment mit Gepunkteten Fadenfischen *(Trichogaster trichopterus)*. Die Experimentalgruppe wurde darauf konditioniert, dass nach einem Lichtblitz ein anderes Männchen erscheint, die Kontrollgruppe nicht. Die Experimentalgruppe führte mehr Bisse aus und gewann mehr Konflikte. Sie waren durch die Konditionierung auf das Erscheinen des anderen Männchens vorbereitet. (Neu gezeichnet nach Hollis 1999).

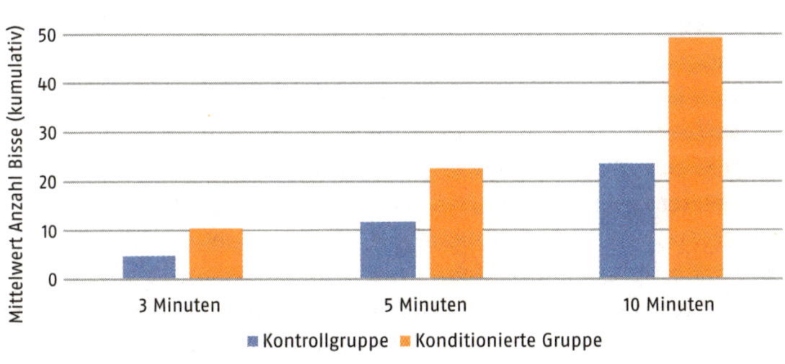

sie auf dessen Erscheinen vorbereitet. In der Kontrollgruppe waren unkonditionierte Männchen, denen ebenfalls andere Männchen präsentiert wurden, allerdings ohne den vorigen Lichtblitz. Die konditionierten Männchen reagierten deutlich stärker mit Aggressionsverhalten, was dazu führte, dass sie mehr Auseinandersetzungen gewannen (→ Abb. 9-2). Die Konditionierung hatte also in diesem Fall einen Vorteil für die konditionierten Individuen.

Lernen durch Versuch und Irrtum

In der Natur (und auch bei Kleinkindern) ist die Form des **Lernens durch Versuch und Irrtum** verbreitet, z. B., wenn Tiere durch Versuche neue Futterquellen erschließen und damit besonders energiereiche Nahrung entdecken. In der Folge nutzen sie diese Nahrungsquelle aus. Rabenkrähen *(Corvus corone)* lernen, dass in Abfallkörben oft Essensreste von Menschen vorhanden sind, die sehr energiereich sind. In der Folge suchen sie regelmäßig Abfallkörbe auf. Bei dieser Art des Lernens werden verschiedene Lösungen ausprobiert und nur die erfolgversprechende wird in das Verhaltensinventar integriert. Beim Lernen durch Versuch und Irrtum können hohe Kosten entstehen, wenn das Problem nicht gelöst werden kann, oder wenn (wie in obigem Krähenbeispiel) unbekanntes Futter ungenießbar oder gar giftig ist.

Merksatz

Lernen durch Versuch und Irrtum findet statt, wenn ein Tier mehrere Alternativen ausprobiert und solche, die nicht zum Erfolg führen, ausschließt.

Latentes Lernen

Damit bezeichnet man die Assoziierung von Reizen und/oder Situationen, die momentan keine Konsequenzen haben und keine offensichtliche Belohnung beinhalten. Tiere lernen also etwas, ohne dass es ihnen im Moment einen Nutzen bringt, erinnern sich aber später daran. In einem Experiment lernten z. B. Ratten den Weg durch ein Labyrinth kennen, ohne dass es für sie eine Belohnung oder Bestrafung gab. Nach 11 Tagen wurden die Ratten dann im selben Labyrinth plötzlich belohnt, wenn sie es durchliefen. Dies führte dazu, dass die Fehlerrate sehr schnell drastisch sank. Daher wird vermutet, dass die Ratten bereits latent gelernt hatten, wie das Labyrinth strukturiert ist, dass sie aber erst durch die Belohnung motiviert wurden, es schnell und möglichst fehlerfrei zu durchlaufen.

Die adaptive Bedeutung des latenten Lernens ist offensichtlich: In einer Art Feldexperiment mit Prädatoren wurde getestet, ob Tieren, die über latentes Lernen eine ihnen unbekannte Umgebung erkunden können, dieses Wissen einen Vorteil bringt, wenn Prädatoren anwesend sind. Metzgab (1976) ließ einige Weißfußmäuse *(Peromyscus leucopus)* eine für sie neue Umgebung erkunden, andere dagegen bekamen diese Möglichkeit nicht. Im Experiment wurden sie paarweise einer Kreischeule *(Otus asio)* als Prädator ausgesetzt. In insgesamt 13 von 17 Experimenten fing die Eule eine Maus. Von diesen 13 gefangenen Mäusen waren 11 mit dem Terrain zuvor nicht vertraut gewesen. Das latente Lernen der bisher unbekannten Umgebung hatte also einen klaren adaptiven Überlebensvorteil.

Lernen durch Beobachtung und Nachahmung (Soziales Lernen)
Soziales Lernen findet statt, wenn ein Individuum das Verhalten eines anderen Individuums übernimmt oder kopiert. Es wurde z. B. bei Blaumeisen *(Cyanistes caeruleus)* beobachtet: Als zu Beginn des letzten Jahrhunderts morgens noch der Milchmann frische Milch an die Haustür lieferte, begannen Blaumeisen etwa um 1921 in Großbritannien damit, die Stanniol-Milchverschlüsse zu öffnen, um den Rahm der Milch zu trinken. Dies war für sie vorteilhaft, weil der Energiegehalt von Rahm relativ hoch ist und die Flaschen nach einiger Übung leicht zu öffnen sind. Da Blaumeisen oft in kleineren Gruppen nach Nahrung suchen, konnten andere Individuen die Innovation beobachten und selbst nachvollziehen. Die Vermutung der Wissenschaftler ist es, dass dieses Verhalten zuerst zufällig war, dann sozial weitergegeben und erlernt wurde. Der Vorteil des sozialen Lernens besteht auch auf der Populationsebene, da nur einige wenige Individuen ein neues Verhalten entwickeln müssen, aber viele es kopieren können.

Soziales Lernen beginnt bei manchen Vogelarten bereits im Ei: Weibchen des australischen Prachtstaffelschwanzes *(Malurus cyaneus)* besitzen einen speziellen Bebrütungsruf. Diesen äußern die Weibchen, während sie auf den Eiern sitzen. Die Jungtiere lernen diesen Ruf also bereits im Ei kennen und verwenden ihn später als Bettelruf. Je ähnlicher dieser Bettelruf dem mütterlichen Bebrütungsruf ist, desto mehr werden die Küken im Nest gefüttert. Das Erlernen dieses Bebrütungsrufes hat also einen klaren Vorteil für den Nachwuchs. Die Embryonen im Ei können sogar bereits verschiedene Rufe voneinander unterscheiden, wie mit Untersuchungen der Pulsrate (Herzschlag) nachgewiesen werden konnte (Colombelli-Négrel et al. 2012, 2014). Dies wird als Anpassung an die Parasitierung durch den Rotschwanzkuckuck *(Chalcites basalis)* interpretiert und könnte auch als Lehren bezeichnet werden. Denn dadurch lernen die eigenen Jungvögel einen effektiven Bettelruf, den der Kuckuck, falls er sich im Nest befindet, nicht kennt.

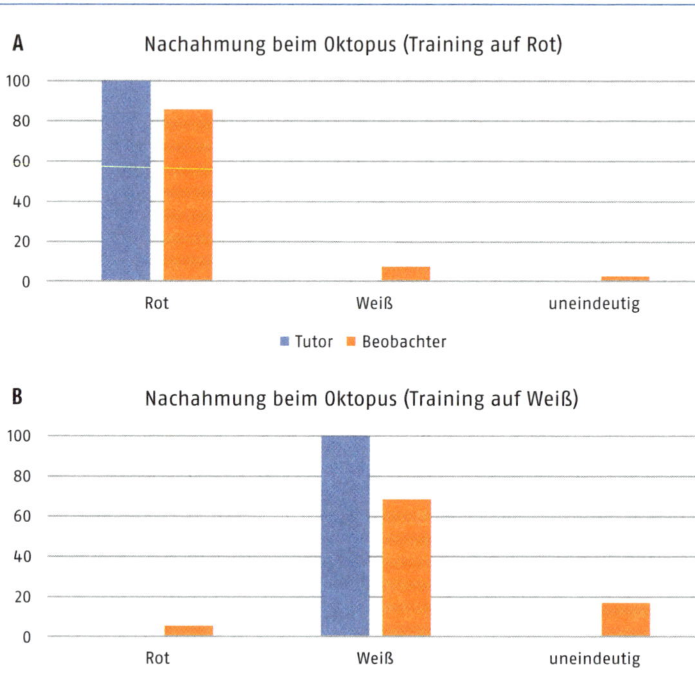

Abb. 9.3 Lernen durch Nachahmung beim Oktopus *(Octopus vulgaris)*. Die beiden Tiere sind durch eine Glasscheibe getrennt. Der linke Oktopus ist zuerst Zuschauer und beobachtet, wie der rechte Oktopus für die Wahl eines Balls einer bestimmten Farbe trainiert wird. Wird der rechte Oktopus (Tutor) auf Rot trainiert, so wählt er immer die Farbe Rot (A), wird er auf Weiß trainiert, wählt er Weiß (B). Der zuschauende Oktopus «kopiert» das beobachtete Verhalten und wählt dementsprechend, wenn er selbst in die Wahlsituation gebracht wird. (Verändert und neu gezeichnet nach Fiorito & Scotto 1992.)

Dadurch können die Elternvögel beim Füttern die eigenen Jungen von den Kuckucksjungen unterscheiden und die eigenen Jungen bevorzugt füttern.

Merksatz

Beim sozialen Lernen beobachten Tiere einander und lernen von der Erfahrung anderer.

Lernen durch Einsicht

Dieses findet dann statt, wenn planvolles Handeln ohne Vorerfahrung auftritt – im Unterschied zum Versuch-Irrtum-Lernen, welches Erfahrung voraussetzt. Klassisch sind die Versuche von Wolfgang Köhler (2013) an Schimpansen *(Pan troglodytes)*. Er stellte dazu einem Schimpansen verschiedene Materialien wie stapelbare Kisten oder Stäbe, die miteinander verbunden werden konnten, zur Verfügung und hängte Bananen außerhalb seiner Reichweite auf. Köhler beobachtete, wie der Affe durch Aufeinanderstapeln von Kisten bzw. Verschraubung von

Stäben an das begehrte Futter gelangte. Wichtig für das Lernen durch Einsicht ist, dass der Schimpanse durch «geistiges Erfassen» der Materialien zu einer Lösung gelangt, die er dann unverzüglich umsetzt. Die Lösung des Problems erfolgt also «im Gehirn»; d. h., das Tier macht sich konkrete Vorstellungen hinsichtlich seiner Lösungshandlungen. Ein weiterer Hinweis auf einsichtiges Lernen ist daher auch die Geschwindigkeit, mit der die Lösung für ein neues Problem gefunden wird: diese ist naheliegenderweise größer als beim trial-and-error-Lernen. Manche Biologen gehen deshalb auch von einsichtsvollem Lernen aus, wenn die Zeit, die ein Tier benötigt, um ein Problem zu lösen, zu kurz ist, um es dem trial-and-error-Lernen zuzurechnen.

Merksatz

Lernen durch Einsicht unterscheidet sich vom Lernen durch Versuch und Irrtum dadurch, dass es a) schneller erfolgt und b) kein «Herumprobieren» gezeigt wird, sondern eine zielgerichtete Vorgehensweise.

Die Studien zum Lernen durch Einsicht wurden weiterentwickelt, da dieses Lernen auch beim Menschen sehr bedeutend ist. Ein eindrucksvolles Beispiel für mögliches einsichtsvolles Lernen und Kategorienbilden stammt von Harlow (1949): Dabei bekommt ein Tier zwei verschiedene Objekte präsentiert; z. B. einen Tennisball und einen Eierbecher. Im Tennisball ist immer eine Belohnung versteckt. Nachdem das Tier dies gelernt hat, bekommt es eine ähnliche Aufgabe gestellt, allerdings werden die Objekte ausgetauscht, statt eines Tennisballs z. B. ein Spielzeugauto und statt des Eierbechers ein Spielzeughäuschen. Dieses Verfahren wird mit immer wieder wechselnden Objekten mehrfach durchgeführt. Ab einem gewissen Zeitpunkt hat das Tier nun die generelle (abstrakte) Aufgabe verstanden und wendet sich bei neuen Reizen jeweils zuerst dem einen Objekt zu, um zu sehen, ob dort die Belohnung versteckt ist. Wenn ja, so wird das Tier in Folgeversuchen immer dieses eine Objekt ergreifen. Wenn nicht, wendet es sich beim zweiten Versuch dem anderen Objekt zu. Das Tier benötigt nun nur noch maximal zwei Versuche für jedes neue Lernarrangement, da es gelernt hat, dass 1) immer nur eines von beiden Objekten eine Belohnung enthält und 2) jeweils das die Belohnung beinhaltende Objekt innerhalb eines Aufgabensets konstant bleibt. Dies zeigt, dass Tiere abstrahieren können.

Interessant beim Lernen durch Einsicht sind die großen individuellen Unterschiede: Manche Individuen schaffen es gar nicht, zu einer Lösung zu gelangen, und bei denen, die eine Lösung finden, unterscheiden sich die Lösungswege oft deutlich. Lernen durch Einsicht wird charakterisiert durch (Emery 2013):

- Spontanes Handeln: ohne vorheriges Lernen, ohne Versuch und Irrtum,
- Neuartiges Handeln, das vorher noch nicht gezeigt wurde,
- Funktionelles Handeln: auf ein Ziel ausgerichtet, ein Problem lösend,
- Anpassen von Bekanntem an neue Situationen.

Merksatz

Lernen durch Einsicht ist die Fähigkeit, eine gewisse Menge an vorhandener Information zu nutzen, um daraus die Lösung eines bisher unbekannten Problems zu vollziehen.

9.2 | Das Gehirn als Basis der Kognition

Das Gehirn ist ein flexibles Organ, das sich teilweise an verschiedene Anforderungen anpassen kann. Es ist also nicht statisch, sondern verändert sich in seiner Struktur im Laufe des Lebens. Clayton und Krebs (1994) untersuchten Sumpfmeisen *(Poecile palustris)*, um diese Hypothese zu testen. Sumpfmeisen verstecken regelmäßig Samen, um sie bei Nahrungsmangel im Winter wiederzufinden und zu fressen. Einer Experimentalgruppe ermöglichten sie, dieses Verhalten wie gewohnt durchzuführen, indem sie die Sumpfmeisen mit Sonnenblumenkernen fütterten. Einer anderen Gruppe fütterten sie gemahlene Sonnenblumenkerne, die die Tiere zwar fressen, aber nicht mehr verstecken konnten; die zweite Gruppe wurde also an ihrer normalen Verhaltensweise gehindert. Nun untersuchten Clayton und Krebs (1994), ob dies einen Einfluss

Abb. 9-4 | Relatives Volumen des Hippocampus bei Sumpfmeisen *(Poecile palustris)* zu drei verschiedenen Zeitpunkten. Erfahrene Sumpfmeisen hatten die Möglichkeit, Samen zu verstecken und wiederzufinden, Sumpfmeisen in der Kontrollgruppe wurden mit gemahlenen Kernen ernährt. (Neu gezeichnet nach Clayton & Krebs 1994.)

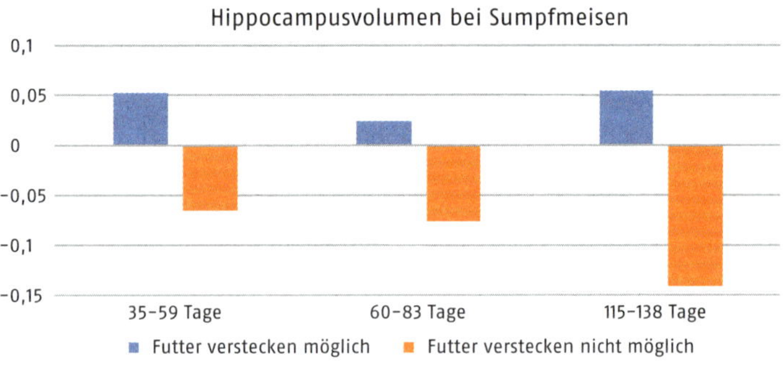

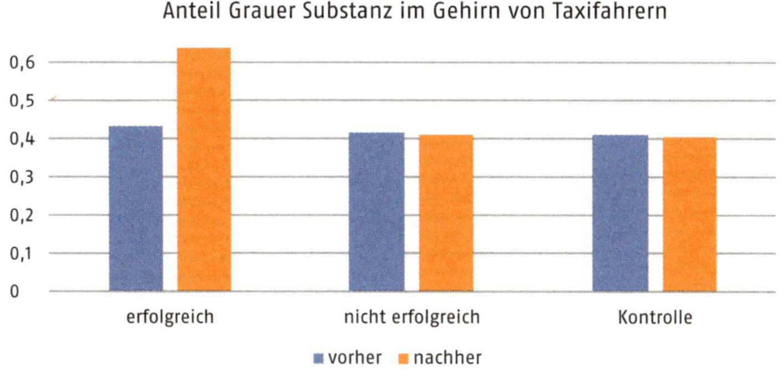

Abb. 9-5

Hippocampus von Taxifahrern, die die Prüfung bestanden resp. durchfielen sowie Kontrollpersonen im Vergleich. (Neu gezeichnet nach Wollett & Maguire 2011.)

auf das Gehirn der Tiere hatte. Sie fanden heraus, dass der Hippocampus, d. h. ein Teil des limbischen Systems, bei den Sumpfmeisen, die die Chance hatten, Samen zu verstecken und wieder aufzusuchen, relativ zur Kontrollgruppe größer war (→ Abb. 9-4). Dies belegt die Flexibilität des Gehirns, das sich somit an verschiedene Situationen anpassen kann.

Ein ähnliches Muster fand sich auch bei Londoner Taxifahrern: Je länger ein Taxifahrer im Dienst war, desto größer war sein posteriorer Hippocampus. Allerdings ist dieser Befund zunächst nur korrelativ und es könnte sein, dass nur diese Taxifahrer lange im Dienst blieben, die bereits zuvor einen größeren posterioren Hippocampus hatten (Maguire et al. 2000). Deshalb führten die Wissenschaftler in der Folge eine prospektive Studie durch, die die Taxifahrer während des Trainings begleitete. Woollett und Maguire (2011) konnten dann zeigen, dass tatsächlich Veränderungen im Hippocampus stattfinden, die parallel mit dem Taxitraining einhergingen. Die Veränderungen waren besonders ausgeprägt bei jenen Personen, die das Training bestanden, und geringer ausgeprägt bei denen, die durch das Examen fielen.

Gedächtnisleistungen sind untrennbar mit dem assoziativen Lernen verbunden, da die Ergebnisse der Erfahrung (oder Verhaltensänderungen) gespeichert werden müssen, um sie zu erinnern. Folgende Kategorien werden unterschieden (Heldmaier & Neuweiler 2004):

- prozedurales Gedächtnis
- deklaratives oder explizites Gedächtnis mit den Facetten episodisches und semantisches Gedächtnis sowie Wahrnehmungsrepräsentationen
- emotionales Gedächtnis

Das **prozedurale Gedächtnis** erbringt die Fähigkeit, sich an bestimmte Schritte zur Lösung einer Aufgabe zu erinnern und diese anzuwenden.

Abb. 9-6 Blaubuschhäher *(Aphelocoma coerulescens)* wurden darauf trainiert, nach einiger Zeit verstecktes Futter wiederzufinden. Dabei versteckten die Häher sowohl Erdnüsse als auch Raupen. Raupen wurden von den Vögeln zwar generell bevorzugt, werden für Blaubuschhäher aber nach einer gewissen Zeit ungenießbar. Nach einer Pause von 4 Stunden besuchten die Häher eher die Raupenverstecke, nach 142 Stunden dagegen die Erdnussverstecke, da sie offenbar gelernt hatten, dass nach einer längeren Zeit die Raupen ungenießbar sind. (Neu gezeichnet nach Clayton & Dickinson 1998.)

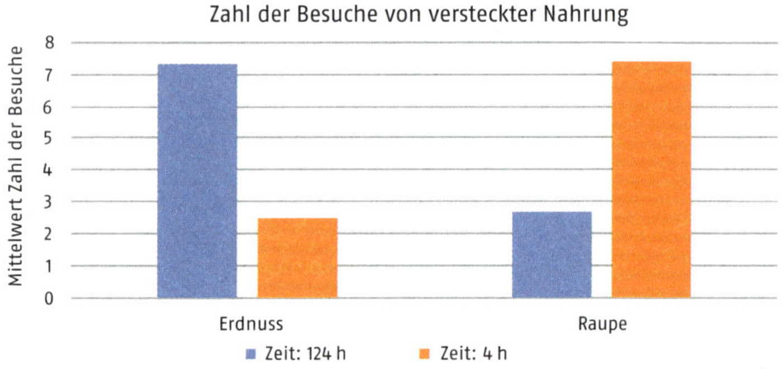

Beim prozeduralen Gedächtnis werden Handlungsabläufe geübt. Dabei können verschiedene Schritte nicht nur erinnert, sondern auch verfeinert und perfektioniert werden.

Das **episodische Gedächtnis** platziert Lernen in einem Kontext von «Was?», «Wann?», «Wo?» und erlaubt ein Reflektieren und Vorhersagen. Erlebnisse zu einer bestimmten Zeit an einem bestimmten Ort bestimmen damit das Gedächtnis (Griffiths et al. 1999). Studien beim Blaubuschhäher (*Aphelocoma coerulescens*) konnten ein solches episodisches Gedächtnis bei Vögeln nachweisen (Clayton & Dickinson 1998, 1999; → Abb. 9-6).

Das **semantische Gedächtnis** meint die Fähigkeit, sich durch abstrakte mentale Repräsentation (z. B. einem Wort) auf konkrete Gegenstände zu beziehen. Semantisches Wissen ist u. a. bei Faktenwissen, welches nicht an bestimmte Orte oder Zeitpunkte gebunden ist, von Bedeutung. In Experimenten konnte gezeigt werden, dass Hunde bis zu 100 Wörter erlernen können sowie Namen zu Personen in Bezug setzen. Graupapageien *(Psittacus erithaccus)* können in Experimenten bis zu 50 verschiedene Objekte benennen: sieben Farben, fünf Formen, acht Quantitäten und insgesamt 150 Wörter den korrekten Dingen zuordnen (Pepperberg 2014). Schimpansen *(Pan troglodytes)* können abstrakte Zahlen, die sie auf einem Computerbildschirm drücken, in Bezug zu einer realen Anzahl setzen. Dem Schimpansen Ai beispielsweise wurden eine verschiedene Anzahl Zahnbürsten präsentiert, worauf er jeweils auf einem

Computer die korrekte Ziffer eintippen musste (Tomasello & Call 1997). Solche Repräsentation von Zahlen kommt bei verschiedenen Taxa vor (Nieder & Dehaene 2009), wobei die Kodierung numerischer Information z. B. bei Krähen *(Corvus corone)* und Primaten durch konvergente Evolution entstanden zu sein scheint (Nieder 2016).

Zwei weitere Formen des Wissens seien hier nur noch kurz erwähnt: Die **Wahrnehmungsrepräsentationen** erlauben es, Objekte in bestimmten Sinnesmodalitäten zu identifizieren (beispielsweise bei Ratten, bei denen Informationen über eine Nahrungsquelle mit Geruch verbunden wird). Das **emotionale Gedächtnis** wiederum verknüpft Erfahrungen und Ereignisse mit unterschiedlicher Bewertung von Angst oder Wohlbefinden.

Box 9.1

Werkzeuggebrauch

Studien zum Lernen durch Einsicht beziehen sich vor allem auf den Werkzeuggebrauch von Tieren. **Werkzeuggebrauch** ist bei vielen Arten nachgewiesen. Werkzeuggebrauch im weitesten Sinne bedeutet, dass ein Objekt (das Werkzeug) benutzt wird, um die Position oder Form eines anderen Objekts oder Individuums zu ändern (Call 2013; Tomasello & Call 1997). Dabei muss das Werkzeug von seinem Substrat abgelöst oder entfernt werden. Werkzeuge verlängern oder verbessern somit die Fähigkeiten des eigenen Körpers. Dabei sind drei Varianten möglich:

- Nutzen vorhandener Strukturen: kein eigentlicher Werkzeuggebrauch
- Nutzen unmanipulierter Strukturen nach einer Auswahl durch das Tier
- Manipulieren von Strukturen: realer Werkzeuggebrauch

Werkzeuggebrauch bezieht sich in der strengsten Auslegung jedoch nur auf die dritte Form. Krähen *(Corvus corone)*, die Muscheln oder Walnüsse aus großer Höhe auf den Boden fallen lassen, damit diese aufplatzen, benutzen demnach keine Werkzeuge. Sie nutzen eine unmanipulierte Struktur, aber kein Werkzeug, da sie es nicht von seinem Substrat oder seiner Umgebung ablösen. Eine Steigerung stellt beispielsweise das Verhalten der Schmutzgeier *(Neophron percnopterus)* dar. Diese nutzen Steine, die sie auf Straußeneier fallen lassen, um diese zu öffnen. Dies entspräche einem einfachen Werkzeuggebrauch und dem Nutzen unmanipulierter Strukturen, die zuvor aber ausgewählt wurden. Der Spechtfink *(Camarhynchus pallidus)* auf Galapagos bricht Kaktusdornen ab und verkürzt oder bearbeitet sie, um dann damit nach Insekten und deren Larven zu stochern (Tebbich & Teschke 2013). Dabei wählt er aus einer Reihe vorhandener Dornen aus. Ganz offensichtlich ist dieses Verhalten gemäß der obigen Definition ein tatsächlicher Werkzeuggebrauch, da eine Struktur manipuliert wird.

Ein effektiver Werkzeugnutzer nutzt drei Aspekte (Call 2013):
- Information erwerben (z. B. latentes Lernen, auch Spiel)
- Information neu verknüpfen (Rekombinieren)
- Manipulieren von Objekten

Ausführliche Studien wurden hierzu an der Geradschnabelkrähe *(Corvus moneduloides)* von Neukaledonien im südwestlichen Pazifik durchgeführt. Diese Vogelart stellt selbst Werkzeuge her, indem sie Zweige auswählt, abbricht und zu einer Art Werkbank transportiert, um sie dort zum Werkzeug umzuarbeiten. Dabei verwendet sie zwei verschiedene Werkzeugtypen. Das eine Werkzeug ist ein 15–20 cm langer Ast mit einem am Ende auslaufenden Haken, das besonders geeignet ist, um kleinere Nahrungsstücke (Raupen, Käfer etc.) aus tieferen Löchern herauszuholen. Das andere Werkzeug sind Blätter unterschiedlicher Breite. Es gibt schmale und breite Werkzeuge sowie gestufte Blätter mit unterschiedlich dicken Enden. Am dicken Ende kann die Geradschnabelkrähe ein solches gestuftes Blatt relativ stabil im Schnabel halten, während gleichzeitig das dünne Ende in die Höhle gesteckt wird. Verschiedene Experimente zeigten nun, dass das Verhalten in seiner Grundstruktur genetisch fixiert ist (Kenward et al. 2005), die Jungvögel allerdings etwa ein Jahr benötigen, bis die Werkzeuge so elaboriert sind wie jene der adulten Krähen (Hunt & Gray 2004). Hier findet Lernen sowohl durch Versuch und Irrtum statt als auch durch Imitation (soziales Lernen), d. h. durch das Beobachten der Elterntiere (Holzhaider et al. 2010).

▲

Diese Studien zum Lernen durch Einsicht führten zu einem Zweig der kognitiven Ethologie (→ Kap. 9.3), bei dem besonders die **Kognition** der Tiere untersucht wird.

Merksatz

Kognition im weitesten Sinn beinhaltet Wahrnehmen, Lernen, Erinnern (Memorieren) und Entscheidungen treffen. Tiere entnehmen der Umwelt Information über ihre Sinne, verarbeiten diese, behalten sie und entscheiden darüber (Shettleworth 2001).

9.3 | Kognitive Ethologie

Die kognitive Ethologie geht von der Prämisse aus, dass das Verhalten, das in einer bestimmten Situation gezeigt wird, den Gedankenvorgängen im Gehirn entspricht. Dieser Ansatz kann auch durch die direkte Betrachtung des Gehirns ergänzt werden. Mittels funktioneller Magnetresonanztomografie (fMRT) kann man quasi den Tieren ins Gehirn schauen und durch dieses bildgebende Verfahren erfassen, in welchen

Bereichen der Sauerstoffverbrauch bei einer bestimmten Aufgabe (beispielsweise Betrachten eines Bildes oder Lösung eines Problems) am höchsten ist. So kann man auch herausfinden, ob bei gleichen Aufgaben ähnliche Bereiche im Gehirn bei Mensch und Tier aktiv sind. Kognition benötigt keine Sprache, sondern kann sich auch direkt im Verhalten äußern. Beispiele für Fragen, mit denen sich die kognitive Ethologie beschäftigt:

- Können Tiere neue Probleme ohne vorherige Erfahrung lösen?
- Können Tiere vorausplanen?
- Können sich Tiere als Individuen erkennen und von anderen Individuen abgrenzen?
- Können sich Tiere in andere hineinversetzen (Empathie) und die Gedanken anderer einschätzen bzw. vorhersagen?
- Können Tiere die Reaktionen anderer auf ihr Verhalten vorhersehen?
- Können Tiere «lehren»?

Können Tiere neue Probleme ohne vorherige Erfahrung lösen?

Diese Frage bezieht sich auf das Lernen durch Einsicht (→ Kap. 9.1). Sie ist allerdings generell schwer zu beantworten, da nicht auszuschließen ist, dass manche Individuen zuvor in einer Situation ein bestimmtes Verhalten gelernt hatten, das sie dann auf die neue Situation anwenden können. Hier können Kaspar-Hauser-Versuche (→ Kap. 4.3) einen Beitrag leisten oder die genaue Dokumentation der Vorerfahrung der Versuchstiere (z. B. bei Zootieren). Dadurch kann man überprüfen, ob die Tiere ein ähnliches Verhalten bislang schon gezeigt oder geübt haben.

Können Tiere vorausplanen?

Eine mentale Zeitreise bedeutet, dass Tiere ihre Erfahrung in der Vergangenheit dazu nutzen, in die Zukunft zu schauen. Diese sogenannte **Chronothesie** ist die Fähigkeit, zum Teil unzusammenhängende Information aus der Vergangenheit für die Zukunft zu nutzen. Vom Lernen durch Versuch und Irrtum unterscheidet sich dieses Konzept dadurch, dass verschiedene Prozesse und Erfahrungen aus der Vergangenheit kombiniert werden, um ein zukünftiges Problem zu bewältigen. Ein Beispiel: Bonobos *(Pan paniscus)* und Orang-Utans (*Pongo* sp.) wurden in Experimenten darauf trainiert, ein bestimmtes Werkzeug auszuwählen, um damit an eine Belohnung zu gelangen. Nachdem dies gelang, wurden sie in weiteren Experimenten mit einer Reihe von zwei geeigneten und sechs ungeeigneten Werkzeugen zur Auswahl konfrontiert. Sie durften zuerst ein beliebiges Werkzeug auswählen und wurden danach in eine Art Warteraum geführt. Nach einer Stunde wurden

Abb. 9-7 Vorausplanen bei Bonobos *(Pan paniscus)* und Orang-Utans (*Pongo* sp.). Prozentsatz der in den Testraum eingebrachten Werkzeuge nach einer Pause von einer Stunde. Blaue Säulen: geeignete Werkzeuge; orangefarbene Säulen: ungeeignete Werkzeuge. Namen der Tiere aus dem Leipziger Zoo: Bonobos: Ku: Kuno; Li: Limbuko; Jo: Joey; Orang-Utans: Wa: Walter; To: Toba; Do: Dokana. (Neu gezeichnet nach Mulcahy & Call 2006.)

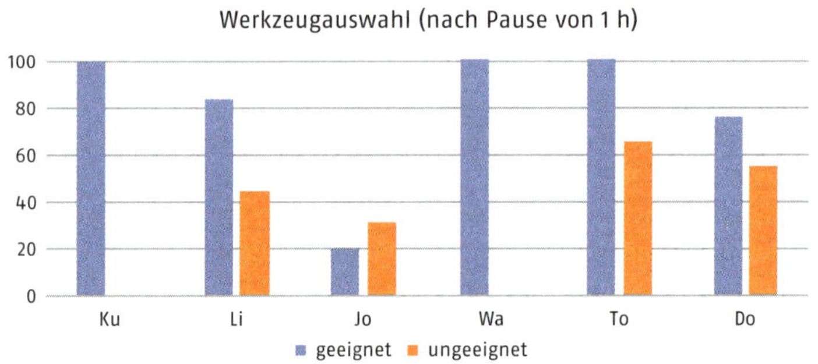

sie zurück in den Experimentierraum gebracht und mussten nun die Aufgabe lösen, um an die Belohnung zu gelangen. In der Hälfte der Fälle wählten die Tiere das richtige Werkzeug aus, manche Individuen sogar in 15 von 16 Fällen (→ Abb. 9-7). Im zweiten Experiment wurde der Zeitraum auf 14 Stunden ausgeweitet (d. h., es lag eine Nacht zwischen der Auswahl der Werkzeuge und deren Anwendung). In diesem Fall wählten die Orang-Utans in allen Fällen das richtige Werkzeug, die Bonobos in 8 von 11 Fällen. Die Orang-Utans nahmen das Werkzeug nach den 14 Stunden in 7 Fällen mit, um an die Belohnung zu gelangen, die Bonobos in allen Fällen (n = 8). Dies erlaubt den Schluss, dass Tiere tatsächlich vorausplanen können (Mulcahy & Call 2006), da sie ein Werkzeug deutlich vor der Zeit, zu der sie es einsetzen wollen, korrekt auswählen.

Können sich Tiere als Individuen erkennen und von anderen Individuen abgrenzen?

Über Selbstbewusstsein oder -wahrnehmung zu verfügen bedeutet, dass die Tiere sich selbst als Individuen in einer Gruppe von anderen Individuen wahrnehmen und sich mental von diesen abgrenzen können. Sie nehmen sich selbst als eine einzigartige Einheit wahr (nach dem Motto: «Das bin ich.»).

Merksatz

Selbstbewusstsein ist die Fähigkeit eines Tieres, seine eigene Einheit/Identität wahrzunehmen und sich von anderen Individuen der Population abzugrenzen.

Abb. 9-8

Spiegeltest bei Elefanten (Plotnik et al. 2006). Ein übergroßer Spiegel erlaubt den Tieren, sich selbst zu betrachten. Die Experimente wurden in einem Teil des Geheges durchgeführt, das für die Öffentlichkeit nicht zugänglich war. Häufigkeit des Kopfberührens in drei Situationen: während des Markierungstests, ohne Markierung mit Spiegel, ohne Spiegel. (Neu gezeichnet nach Plotnik et al. 2006.)

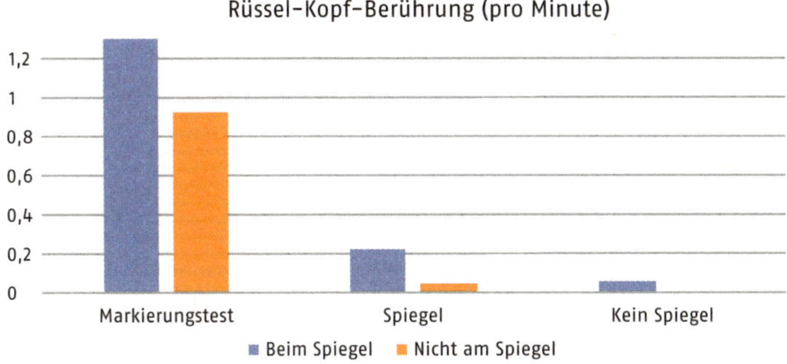

Selbstwahrnehmung wird oft mit einem Spiegel getestet. Dabei werden die Tiere mit einem Spiegel konfrontiert, in dem sie sich selbst sehen. Bei Rotkehlchen *(Erithacus rubecula)* greift das Männchen das vermeintlich andere Männchen im Spiegel an. Man vermutet, dass Rotkehlchen sich nicht selbst wahrnehmen können und das Spiegelbild für einen Eindringling halten, den sie deshalb angreifen. Andere Tiere, beispielsweise Elefanten, können sich hingegen im Spiegel selbst erkennen. Bei ihnen wird der Spiegeltest folgendermaßen durchgeführt: Nach einiger Zeit der Habituation an den Spiegel im Gehege wird den Tieren ein roter Fleck oder ein weißes X auf die Stirn gemalt. Anschließend werden sie mit ihrem Spiegelbild konfrontiert. Tiere, die sich selbst wahrnehmen können, erkennen diesen Fleck, stellen also diese Veränderung an ihrem Selbst fest, und versuchen nun, ihn zu berühren oder wegzuwischen (→ Abb. 9-8). Bei Delphinen, Elstern, Gorillas, Bonobos und Schimpansen wurde dieses Verhalten bereits nachgewiesen. Bei Kindern entwickelt sich die Selbstwahrnehmung nach 18–30 Monaten. Ein Nachteil des Spiegeltests ist, dass aus dem Ausbleiben einer bestimmten Reaktion des Tieres keine weiteren Schlüsse gezogen werden können; insbesondere kann daraus nicht gefolgert werden, dass das Tier sich nicht selber erkennt.

Können sich Tiere in andere hineinversetzen (Empathie) und die Gedanken anderer einschätzen bzw. vorhersagen?

Über diese Fähigkeit zu verfügen bedeutet, über eine sogenannte «theory of mind» zu verfügen. Über eine solche zu verfügen bedeutet, dass Tiere ein Verständnis davon haben, dass andere Lebewesen andere Wahrnehmungen und Gedanken haben als sie selbst. Um zu untersuchen, ob bei einem bestimmten Tier eine solche theory of mind vorliegt, wird oft der Blickfolgetest verwendet. Menschen können problemlos dem Blick anderer folgen und die Objekte identifizieren, die der andere wahrscheinlich «im Blick» hat. Babys entwickeln diese Fähigkeit im Alter von 6–8 Monaten. Doch können das auch Tiere? Klar ist immerhin, dass das entsprechende Verhalten bei vielen Arten experimentell nachgewiesen werden kann (Wilkinson et al. 2010). Die entscheidene Frage ist nun aber, ob sie lediglich der Blickrichtung eines anderen Individuums folgen oder ob sie ihr Verhalten auch dazu nutzen, um relevante Information zu entnehmen. Sowohl Wölfe als auch Hunde zeigen das Blickfolgeverhalten gegenüber Menschen, aber nur Hunde können diese Information nutzen, um an Futter zu gelangen: Sie folgen dem Blick, wenn sie gelernt haben, dass der Blick auf eine Futterquelle hindeutet. Wölfe tun dies nicht. (Wynne et al. 2008). Man vermutet, dass dieses Verhalten durch die Domestikation selektiert wurde (Byrne 2003).

Empathie, also das Hineinversetzen in andere Individuen, ist bei Rhesusaffen *(Maccaca mulatta)* durch Spiegelneurone nachgewiesen. Spiegelneurone sind Nervenzellen im Gehirn. Diese zeigen das gleiche Aktivitätsmuster beim Beobachten einer Handlung wie bei deren eigener Ausführung.

Merksatz

Empathie bezeichnet die Fähigkeit, sich in andere hineinzuversetzen und deren Situation nachzuempfinden.

Können Tiere die Reaktionen anderer auf ihr Verhalten vorhersehen?

Manche Tiere ändern ihr Verhalten im Beisein von Artgenossen, weil sie deren Verhalten vorhersehen können und sich entsprechend (quasi präventiv) darauf einrichten. Nachgewiesen wurde dieses Verhalten z. B. bei Raben *(Corvus corax)* und Blaubuschhähern *(Aphelocoma californica)*. Buschhäher verstecken regelmäßig Futter an Stellen als Wintervorsorge. Artgenossen beobachten sie jedoch dabei und manche, aber nicht alle, nutzen das Wissen um die Verstecke, um sie auszurauben. Es gibt also einen bestimmten Prozentsatz an Dieben in der Population (Dally et al. 2005). Werden nun Diebe und Nicht-Diebe in eine Situation gebracht, in denen sie selbst beim Verstecken von Nahrung beobachtet werden, so unterschieden sich die beiden Gruppen deutlich voneinander. Die Diebe agieren vorsichtiger und holen das von ihnen selbst versteckte Futter zu einem späteren Zeitpunkt wieder hervor, um es an einem anderen Ort zu verstecken. Die Vögel müssen demnach ein mentales Konzept eines Diebes haben (der sie selbst sind) und dieses Verhalten auch anderen Individuen zuschreiben können. Individuen, die selbst keine Diebe sind, sind beim Verstecken meist weniger vorsichtig.

Können Tiere «lehren»?

Diese Frage bezieht sich auf das soziale Lernen durch Nachahmung; es konnte z. B. bei Amseln nachgewiesen werden: Vieth et al. (1980) nutzten dazu die Eigenschaft von Amseln, gegenüber Eulen ein Mobbingverhalten (→ Kap. 6.11) zu zeigen. In dem Experiment präsentierten sie daher gleichzeitig einer adulten Amsel einen Steinkauz *(Athene noctua)* und einer jungen (naiven) Amsel eine Krähe *(Corvus corone)*. Die erwachsene Amsel führte daraufhin das erwartete Mobbingverhalten durch, indem sie Warnrufe ausstieß. Die naive Amsel erlernte dieses, allerdings auf die Krähe gerichtet. In nachfolgenden Tests zeigte nun die naive Amsel Mobbingreaktionen auf Krähen, nicht jedoch auf Eulen.

Drei beobachtbare Bedingungen müssen erfüllt sein, wenn von Lehren gesprochen wird (Caro & Hauser 1992):

- Der Lehrer ändert sein Verhalten, wenn ein Schüler in der Nähe ist,
- für den Lehrer entstehen Kosten bzw. er erhält keinen sofortigen Gewinn für sein Verhalten und
- der Schüler erwirbt neue Fähigkeiten oder Information zu seinem Nutzen.

Durch diese operationale Definition soll Lehren klar von sozialem Lernen abgegrenzt werden. Nach dieser Definition wäre das Amselbeispiel oben kein Lehren, sondern soziales Lernen. Abgesehen von diesen beobachtbaren Bedingungen bezeichnet Lehren allerdings die planvolle und absichtliche Aktion eines Tieres, einem anderen etwas beizubringen. Tiere müssten also ihr Verhalten ändern, wenn ein unerfahrenes Individuum erscheint. Am ehesten ist dies bei nahe verwandten Tieren zu erwarten, da es einen reproduktiven Vorteil bedeutet, wenn der eigene Nachwuchs durch ein neues Verhalten eine höhere Überlebenschance besitzt (→ Kap. 11.2). Dies ist der Fall, wenn eine Katzenmutter ihren Jungen eine Maus zum Spielen vorsetzt (und sie damit animiert, Jagen zu üben) oder wenn Schimpansen ihren Jungen verschiedene Werkzeuge zum Öffnen von Nüssen präsentieren (Kappeler 2012). Nach dieser Definition wäre auch der Bienentanz Lehren, da die Honigbiene *(Apis mellifera)* a) im Stock im Beisein der anderen Bienen ihr Verhalten ändert, b) keinen direkten Vorteil, sondern sogar Kosten hat (durch Konkurrenz), wenn sie anderen Bienen den Ort mit

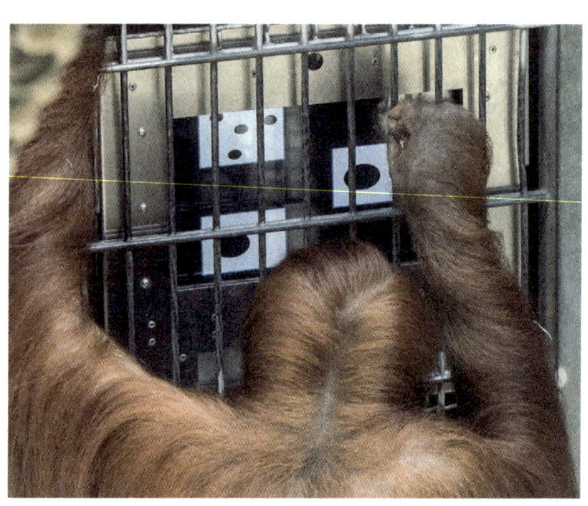

Abb. 9-9

Orang-Utan am Touchscreen im Zoo Heidelberg. Foto: Heidrun Knigge.

guten Nektarquellen mitteilt, und c) die anderen Honigbienen ihr Verhalten ändern und nun zu diesen besseren Nektarquellen fliegen. Ob Tiere dabei tatsächlich eine Absicht haben, ist schwer zu klären, denn obwohl es Beispiele des Lehrens bei Tieren gibt, ist unklar, ob es sich um eine planvolle, absichtliche Aktion handelt oder nur um eine evolutionär stabile Strategie (siehe z. B. Hoppitt et al. 2013 für weitere Beispiele und zum Widerspruch zur anthropozentrischen Interpretation von Lernen). Die meisten Fälle von Lehren beziehen sich allerdings auf genetisch nahe Verwandte, sodass die Kosten, die für den Lehrer entstehen, aus soziobiologischer Sicht möglicherweise keine echten Kosten sind (Dugatkin 2014).

Kritikpunkte

Ein Problem der Verhaltensbiologie sind **Anthropomorphismen**. Damit bezeichnet man das Phänomen, menschliche Charakteristiken und Verhaltensweisen unkritisch auf Tiere zu übertragen resp. tierisches Verhalten in Begriffen menschlichen Tuns zu interpretieren (z. B. «Tier X trauert.»). Wir wissen im Moment nicht, ob Tiere ihre Umgebung tatsächlich bewusst wahrnehmen und ob es entsprechend angebracht ist, ihn mentale Zustände wie z. B. Trauer oder Freude zuzuschreiben.

Ein weiteres Problem sind **nicht beabsichtigte Beeinflussungen** der Tiere in Lernexperimenten durch den Versuchsleiter. Dies geschieht z. B. bei Wahlaufgaben, wenn Tiere zwischen zwei verschiedenen Objekten ein korrektes auswählen müssen. In solchen Fällen kann es sein, dass die Tiere eigentlich nicht selbst ein Objekt auswählen, sondern bei der Auswahl den Experimentleiter beobachten und aus dessen

Mimik, Haltung, Vokaliation etc. darauf schließen, was das richtige Ergebnis ist, und sich danach orientieren. Ideal wären deshalb Studien, die doppelt blind durchgeführt werden (wie z. B. in der Medizin). Das Problem lässt sich aber im Prinzip auch dadurch verringern, dass der Experimentator die richtige Lösung einer Aufgabe selbst nicht kennt; eine Bedingung, die in der Praxis aber leider selten gegeben ist, da die Aufgaben nach menschlichen Maßstäben doch meist recht einfach sind. Aus diesem Grund werden in Studien oft verschiedene Experimentatoren eingesetzt, um den Experimentator-Effekt statistisch kontrollieren zu können. Einige innovative Studien benutzen mittlerweile auch Computer mit Touchscreens, wodurch der Versuchsleitereffekt überflüssig wird (Schmitt 2016, → Abb. 9-9).

Komparative Studien | 9.4

Komparative (d. h. vergleichende) Studien versuchen, einen Zusammenhang zwischen der kognitiven Leistung von Tieren und ihrem Gehirn bzw. bestimmten Bereichen desselben zu finden. Dabei wird die Gehirngröße (z. T. auch die Größe des Großhirns oder des Cerebellums) als Variable verwendet (Barton 2012). Nun haben Elefanten zwar ein größeres Gehirn als Menschen, sind aber dennoch weniger intelligent. Deshalb wird das Gehirngewicht in Bezug zum Körpergewicht gesetzt oder das Großhirngewicht zum Gesamtgewicht des Gehirns. Diese Residuen (Abweichungen von der Regressionsgeraden) können nun für weitere vergleichende Studien verwendet werden. Man geht davon aus, dass die relative Gehirngröße ein Maß für die kognitive Leistungsfähigkeit einer Tierart ist; ganz nach dem Motto «Je größer, desto klüger». Lefebvre et al. (2004) nutzten solche Daten und setzen die Gehirngröße in Bezug zu Innovationen bei der Nahrungssuche, also darauf, welche Arten sich neue Nahrungsquellen erschließen. Sie fanden, dass Vogel- und Primatenarten, die einen tendenziell größeren Hippocampus aufwiesen, sich wesentlich flexibler und innovativer bei der Erschließung neuer Nahrungsquellen zeigten. Die vergleichenden Studien wurden allerdings kritisiert (Healy & Rowe 2007):

- Komplexität im Verhalten sei schwer zu messen,
- vielfach würden Korrelationen zwischen unterschiedlichsten Variablen gefunden, ohne die Zusammenhänge innerhalb dieser Variablen zu berücksichtigen,
- es werden oft Gesamtmesswerte für ein Gehirn angenommen, ohne dass bekannt sei, in welchen Hirnregionen bestimmte Abläufe tatsächlich stattfänden.

Dennoch stellen diese Arbeiten einen wichtigen Gewinn dar, der nun allerdings durch Experimente bestätigt werden sollte. Generell ist es schwierig, unterschiedliche Tiergruppen bezüglich ihrer Gehirne zu vergleichen. Bei Wirbeltieren ist besonders der zerebrale Cortex bedeutend für die Kognition. Obwohl Vögel relativ große Gehirne haben, ist der Teil des Gehirns, der homolog zum zerebralen Cortex der Säugetiere ist, relativ klein, weshalb man lange davon ausging, dass Säugetiere den Vögeln kognitiv überlegen seien. Allerdings zeigen aktuelle Studien bei Rabenvögeln und Papageien, dass diese ähnlich hohe Gedächtnisleistungen erbringen können wie Menschenaffen (Olkowicz et al. 2016). Zudem muss man bedenken, dass sich die evolutiven Linien zwischen Säugern und Vögeln bereits vor mehr als 250 Millionen Jahren auseinanderentwickelt haben, wodurch sich auch die Struktur des Gehirns deutlich unterschiedlich entwickeln konnte, sodass manche Vogelarten mehr Neurone auf kleinerem Platz haben.

Weiterführende Literatur

Bekoff M (2002): Minding animals: Awareness, emotions, and heart. Oxford University Press, Oxford, 256pp.

De Waal F (2016): Are we smart enough to know how smart animals are? WW Norton & Company, Granta, 240pp.

Emery N, Clayton N, Frith CD (Eds.). (2008): Social intelligence: from brain to culture. Oxford University Press, USA, 432pp.

Wynne CD (2001): Animal cognition: The mental lives of animals. Palgrave, Macmillan, 231pp.

Kommunikation | 10

Inhalt

Kommunikation bei Tieren findet statt, wenn ein Sender ein Verhalten oder Signal verwendet, um das Verhalten eines Empfängers zu beeinflussen, sodass beide Parteien davon profitieren. Signale sind optisch, akustisch, taktil oder chemisch. Signale werden durch den Lebensraum und die erwartete Reaktion des Empfängers im Laufe der Evolution geformt. Signale werden mit der Zeit ritualisiert, d. h., sie werden stereotyp, übertrieben und wiederholt ausgeführt. Ritualisierung kann ein Signal verstärken, wodurch es effizienter wird. Man kann es aber auch als einen besonders stark entwickelten Reiz interpretieren, der ein anderes Individuum manipulieren soll. Signale sollten ehrlich bzw. aufrichtig sein, Kosten beinhalten und mit der zu signalisierenden Qualität in direkter Verbindung stehen. Referenzielle Signale sind bei Warnrufen sehr gut untersucht; verschiedene Warnrufe bezeichnen unterschiedliche Prädatoren. Einfacher gebaute Warnsignale beinhalten eine Dringlichkeitsinformation, die die Stärke der Gefährdung angibt.

Kommunikation im weitesten Sinne beinhaltet die Übertragung von **Information**. Dabei wird diese von einem **Sender** an einen **Empfänger** übertragen. Dies geschieht in Form von **Signalen**. Mithilfe der Signale will der Sender das Verhalten des Empfängers beeinflussen. Die Kommunikation sollte für den Sender einen Überlebensvorteil haben und im besten Falle sollten beide Parteien davon profitieren. Werden allerdings Informationen, die nicht dem Überlebensvorteil des Senders dienen, von anderen Individuen genutzt, spricht man von Reizen. **Reize** beinhalten ebenfalls Information, werden aber ohne Intention des Individuums ausgesendet (quasi «unabsichtlich»).

Merksatz

Kommunikation beinhaltet das Übertragen von Information in Form von Signalen von einem Sender zu einem Empfänger.

10.1 | Was sind Signale?

Signale können sein:

- optisch (Farbe, Form, Aussehen, Bewegungen),
- akustisch (Gesang, Rufe, Trommeln),
- taktil (Berührungen),
- chemisch (Gerüche) oder
- elektrisch (Lichtblitze, Biolumineszenz).

Ein Signal kann eine kurzfristige Wirkung haben, wie z. B. bei Alarmrufen, die sofort ein Fluchtverhalten auslösen, oder es kann eine länger andauernde Wirkung besitzen, wenn beispielsweise eine Urinmarkierung eines Fuchses über längere Zeit hinweg anderen Füchsen anzeigt, dass dieses Revier bereits besetzt ist.

Definition

Ein SIGNAL ist das Produkt eines Tieres. Das Signal evolvierte und eine bestimmte Botschaft für ein anderes Tier beinhaltet (Information). Signale sind alle Aktivitäten oder Strukturen, die das Verhalten eines anderen Organismus beeinflussen.

Die Tatsache, dass Signale im Laufe der Evolution und der natürlichen und sexuellen Selektion entstanden sind, unterscheidet sie von Information. Information ist allgegenwärtig, während Signale eine bestimmte Botschaft für den Empfänger beinhalten. Dadurch sind Signale adaptiv. Sender mussten Organe entwickeln, die die Signalproduktion erlauben, und Empfänger Organe, die die Signale empfangen können.

Diskrete Signale haben nur einen «An-Aus» Modus. Sie beinhalten verhältnismäßig einfachere Botschaften, z. B., dass ein Tier aggressiv ist. **Abgestufte oder kontinuierliche** Signale können verschiedene Stadien resp. Steigerungen ausdrücken. Durch abgestufte resp. kontinuierliche Signale wird nicht nur signalisiert, dass ein Tier aggressiv ist, sondern, wie stark diese Aggressivität ausgeprägt ist (→ Abb. 10-1).

Manche Signale sind ritualisiert und stereotyp, d. h., die Variation zwischen den verschiedenen Präsentationen von Signalen ist minimiert; die Signale wirken alle gleich. Dadurch werden Signale eindeu-

Abb.10-1

Die Präsentation des Geweihs beim Hirsch *(Cervus elaphus)* ist ein ritualisiertes Signal. Foto: C. Randler.

tig; Mehrdeutigkeit wird dadurch vermieden. Viele komplexere Verhaltensweisen sind ritualisiert und folgen einem klaren Ablauf. Dadurch wird «Missverständnissen» vorgebeugt. Diese **Ritualisierung** erfolgte im Laufe der Evolution, da klare und eindeutige Signale einen Selektionsvorteil bieten. Die Ritualisierung beruht auf einer Überbetonung, Wiederholung, Redundanz und Stereotypisierung. Ritualisierung bietet Überlebensvorteile, wenn beispielsweise Rothirsche *(Cervus elaphus)* sich gegenseitig ihre Geweihe präsentieren und damit den direkten Kampf und Verletzungen vermeiden. Ritualisierung hilft auch bei der Arterkennung (→ Abb. 10-1).

Ritualisierung ist bei Aggressionsverhalten oft klar ausgeprägt. Hier gibt es sogenannte **Intentionsbewegungen**, die anzeigen sollen, dass gleich ein Angriff erfolgt. Diese Intentionsbewegungen sind so klar und eindeutig, weil sie Resultat einer Ritualisierung sind; durch ebenso eindeutige und ritualisierte **Beschwichtigungsgebärden** kann ein anderes Tier seine Unterwerfung signalisieren. Das Zusammenwirken von Intentions- und Beschwichtigungsgebärde wird als **Antithese** bezeichnet.

Merksatz

Ritualisierung ist eine Sprache des Körpers, die bei der Balz oder bei territorialen Auseinandersetzungen verwendet wird. Ritualisierung ist stereotyp und eindeutig und spart dadurch Energie und Zeit.

Signale, die im Rahmen von **Kooperation** benutzt werden und zum Vorteil beider oder mehrerer Individuen sind, sollten dagegen weniger ausgeprägt sein, da Signale generell «teuer» sind, also Zeit und Energie verbrauchen. In Bezug auf kooperative Signale sollte die Evolution dahin gehen, dass die Empfänglichkeit für diese Signale besser wird, d. h., dass sie eher wie ein «kaum hörbares Flüstern» ausgeprägt sein sollten (Krebs & Davies 1996).

Einige Signale sind auch **redundant**, d. h., sie werden in mehrfacher Form und über verschiedene Kanäle vorgebracht **(Multimodalität)**. Hunde beispielsweise markieren ihr Revier mittels Urin (chemisch) und über Kratzspuren (optisch), manche Grashüpfer balzen um Weibchen durch den Einsatz ihrer farbigen Hinterflügel (visuell) und klicken oder zirpen (akustisch).

10.2 | Bau und Ökologie von Signalen

Signale im Tierreich sind durch verschiedene Aspekte beeinflusst:

- durch den Lebensraum (und damit auch durch die Medien Wasser, Boden und Luft),
- durch körperliche Einschränkungen bei der Produktion der Signale,
- durch ökonomische Faktoren, da die Produktion von Signalen energetisch teuer ist und
- durch die Reaktion des Empfängers.

Licht- und Schallwellen breiten sich in einer direkten Welle von ihrer Emissionsquelle aus, chemische Signale (Moleküle) dagegen bewegen sich zwar ebenfalls vom Emissionsort weg, können sich aber vor und zurück bewegen. Licht hat die größte Geschwindigkeit, gefolgt von Schall und – mit deutlichem Abstand – den chemischen Signalen.

10.2.1 | Visuelle Signale

Visuelle resp. optische Signale schließen Farbe, Form und Bewegungen ein. Sie sind (mit Ausnahmen) «relativ» kostengünstig zu produzieren. Unterschiede bestehen zwischen den Medien Wasser und Luft. **Wasser absorbiert Licht**, sodass mit zunehmender Wassertiefe Farben keine wichtige Rolle in der Kommunikation mehr spielen. Die farbenprächtigsten Fische leben daher in glasklaren Flachwasserbereichen (z. B. Korallenriffen). Weiter absorbiert Wasser die Wellenlängen Rot, Gelb und Orange stärker als andere, weswegen diese Farben mit zunehmender Wassertiefe ihre Funktion schneller verlieren. Visuelle Signale können dauerhaft sein, wie eine bestimmte Färbung, oder kurze Ereignisse, wie ein Balzflug. Auch außerhalb des für Menschen sichtbaren Spektrums sind Farben von Bedeutung: Ultraviolettes Licht (<300 nm Wellenlänge) wird von Honigbienen registriert, Infrarotlicht (> 800 nm Wellenlänge) beispielsweise von Schlangen, die lebende Beute jagen.

Farben können durch Strukturen oder **Pigmente** (chemisch) produziert werden. Ein Farbpigment, das alle Wellenlängen absorbiert, produziert den Eindruck Schwarz; eines, welches alle Wellenlängen reflektiert, Weiß. Farben können aber auch **physikalisch** durch die **Struktur** hervorgerufen werden; dies ist z. B. bei den Vogelfedern häufig der Fall.

Optische Signale werden auch durch **Bewegungen**, wie beispielsweise das Winken der Winkerkrabben (*Uca* sp.), erzeugt. Prachtlibellen (*Calopteryx* sp.) besitzen farbige Flügel und führen Balzflüge durch, mit denen sie ihr Revier abgrenzen und Weibchen anlocken. Hier wirkt die Flügelfarbe in Kombination mit der Bewegung als Signal.

Eine Sonderform der visuellen Kommunikation ist die **Biolumineszenz**, bei der Tiere selbst ein meist blaugrünes Licht produzieren. Bei einigen meeresbewohnenden Fischen ist aber auch eine rötliche Fluoreszenz vorhanden; insbesondere bei Fischen, die in Wassertiefen leben, in denen Rot natürlicherweise durch selektive Absorption nicht mehr vorkommt; es fällt entsprechend dort besonders stark auf. Der Gelbe Spitzkopf-Schleimfisch *(Tripterygion delaisi)* beispielsweise produziert sein eigenes Rotlicht durch Lumineszenz und lockt damit Beute an oder kommuniziert mit seinen Artgenossen (Michiels et al. 2008; Kalb et al. 2015).

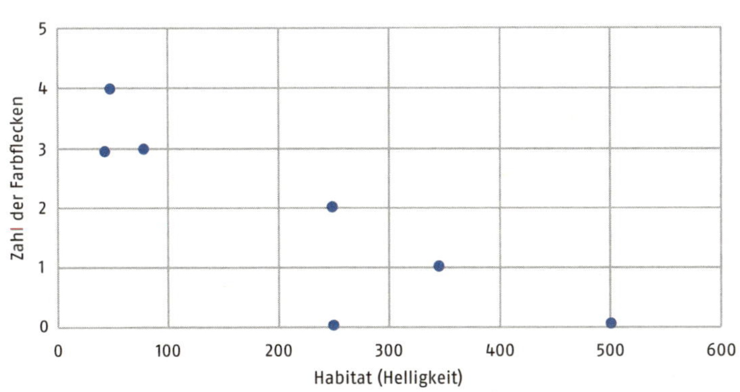

Abb. 10-2

Laubsänger (*Phylloscopus* sp.) unterscheiden sich in der Anzahl ihrer auffälligen weißen oder gelben Flecken. Es besteht ein Zusammenhang zwischen der Zahl der Flecken und dem Habitat. Je dunkler der Lebensraum ist, desto mehr Flecken weist die jeweilige Art auf. (Neu gezeichnet nach Marchetti 1993.)

Optische Signale sind allerdings nicht störungsfrei: Optisches Rauschen (analog zum Lärm) beinhaltet irrelevante Bewegungen, Muster und Strukturen sowie Farben. Der Beitag der Menschen zum optischen Rauschen, etwa durch Straßenlaternen, Spiegel, Fenster oder auffällige Farben, ist beträchtlich.

10.2.2 Akustische Signale

Die Verbreitung von akustischen Signalen bzw. deren Geschwindigkeit hängt einerseits vom Medium ab (Luft, Wasser), andererseits auch von den konkreten Eigenschaften der Signale (z. B. Tonhöhe). Akustische Signale können in gewissem Rahmen verändert werden, wie z. B. in Frequenz, Amplitude, Häufigkeit und Dauer. Dadurch sind Laute sehr flexibel einsetzbare Signale.

Bei wechselwarmen (ektothermen) Tieren kann die Lautproduktion durch die Umgebungstemperatur beeinflusst werden. Bei den Laubfroscharten *Hyla versicolor* und *H. chrysoscelis* balzen die Männchen mit einem Triller. Je höher die Umgebungstemperatur ist, desto schneller wird bei beiden Arten der Triller. Die Weibchen wählen die Männchen nach den jeweiligen Trillern aus. Es gibt jedoch einen gewissen

Tab. 10-1 Kennzeichen verschiedener Sinneskanäle in der Kommunikation. (Erweitert nach Alcock 2005; Goodenough 1993; Krebs & Davies 1996; Kappeler 2012.)

	Signaltyp			
	chemisch	**akustisch**	**visuell**	**taktil**
Reichweite	weit	weit	mittel	kurz
Persistenz	mittel/lang	kurz/mittel	sehr lange	kurz
Rate der Signaländerung	langsam	schnell	schnell	schnell
Komplexität	gering	hoch	hoch	mittel
Fähigkeit, Hindernisse zu umgehen	gut	gut	schlecht	schlecht
Ausbreitungsgeschwindigkeit	mittel	schnell	schnell	langsam
Lokalisierbarkeit	variabel	mittel	hoch	hoch
energetische Kosten	gering	hoch	gering	gering
Funktion bei Dunkelheit	ja	ja	stark eingeschränkt	ja
Funktion bei Lärm	ja	stark eingeschränkt	ja	ja
Anlocken von Prädatoren	gering	hoch	hoch	sehr gering

Überschneidungsbereich. Bei kalten Temperaturen trillert *H. chrysoscelis* genauso schnell wie *H. versicolor* bei hohen Temperaturen. Eine Fehlpaarung mit Hybridisierung wäre schlecht, da der reproduktive Erfolg ausbleiben würde. Wie können die Weibchen die Männchen also nun unterscheiden? Playback-Experimente zeigten, dass Weibchen bei unterschiedlichen Temperaturen unterschiedlich auf die Triller reagierten, d. h., sie können die Männchen der verschiedenen Arten unterscheiden, weil sie das Trillern in Bezug zur Temperatur setzten (Gerhardt 1978, 1982).

Infraschall bezeichnet einen Bereich unter 20 Hz. Tiefe Frequenzen sind über größere Distanzen hinweg hörbar als höhere (Menschen nutzen dieses Wissen z. B. beim Nebelhorn von Schiffen). Killerwale und Elefanten nutzen Infraschall, um Kontakt zwischen den verschiedenen Individuen einer Herde zu halten. Elefanten sind sogar in der Lage, verschiedene Individuen an deren Infraschallrufen zu erkennen, und dies sogar dann, wenn sie mehrere Jahre voneinander getrennt waren (McComb et al. 2000).

Ultraschall bezeichnet den Bereich über 20000 Hz (20 kHz). Ultraschall wird beispielsweise von Fledermäusen oder Walen benutzt, aber auch in der Kommunikation bei Nagetieren (Wilson & Hare 2004). Dies schützt die Tiere vor ihren Prädatoren, zumeist Greifvögeln, da diese die Ultraschall-Warnrufe nicht hören können. Möglicherweise verwenden auch Amphibien Ultraschall (Feng et al. 2006).

Kommunikation mithilfe von **Substratvibrationen** ist bei einer Vielzahl von Tieren beschrieben worden, z. B. bei Spinnen, Kängururatten und Wasserläufern. Sie ist besonders vorteilhaft, wenn die Tiere sich nicht sehen können. Die Vibrationen werden z. B. über Beintrommeln über ein Substrat übertragen (Wasser, Boden) und sind damit **seismische Signale**. Substratvibrationen dienen der Kommunikation um Futter, Feinde oder bei der Balz (Randall 2014). Die substratgebundenen Signale tragen nicht sonderlich weit und sind mit energetischen Kosten verbunden. Die Rezeptoren sind z. B. die Ohren bei manchen Säugern oder das Johnstonsche Organ in den Antennen der Insekten (Randall 2014).

Der Lebensraum **(biotisch)** und die Umweltgeräusche **(abiotisch/anthropogen)** haben einen bedeutenden Einfluss auf die Bildung von akustischen Signalen. Signale sind daher an die **Umwelt angepasst**. Als eine Anpassung an ökologische Bedingungen singen beispielsweise Vögel, die unterhalb des Kronendachs tropischer Wälder in Panama leben, in niedrigeren Frequenzen und mit einer größeren Zahl an reineren Tönen als mit Arten, die in der Grassteppe leben. Es wird vermutet, dass die höheren Töne weniger durch das Blätterdach des Waldes

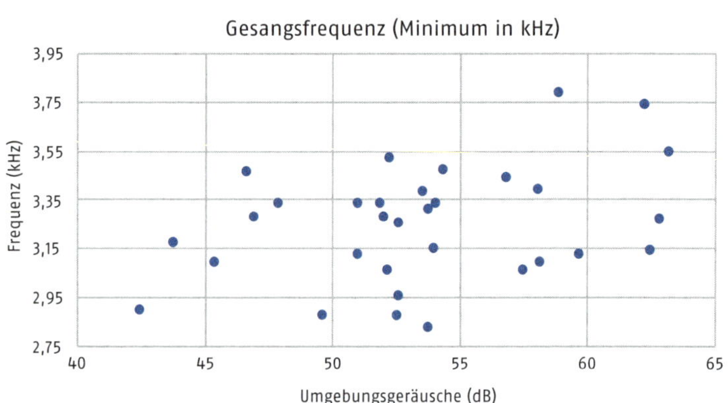

Abb. 10-3 | Kohlmeisen *(Parus major)* singen in einer höheren Frequenz, wenn die Umgebungsgeräusche lauter sind. (Neu gezeichnet nach Slabbekoorn & Peet 2003.)

gedämpft werden und deshalb auf größere Distanz hörbar sind (Morton 1975). Bezüglich anthropogener Geräusche (z.B. Verkehrslärm) zeigen aktuelle Studien, dass Kohlmeisen *(Parus major)* in Städten mit höherer Frequenz singen als ihre Artgenossen in den ländlichen Gegenden, vermutlich, um gegenüber dem niederfrequenten Verkehrslärm besser gehört zu werden (Slabbekoorn & Peet 2003). Ähnliche Ergebnisse wurden auch bei Alarmrufen gefunden (Templeton et al. 2016), beispielsweise bei Amphibienbalzrufen (Sun & Narins 2005; Parrins et al. 2009) und bei Grashüpfern (Lampe et al. 2012). Umweltlärm ist allerdings nicht nur durch Menschen verursacht. Ebenso können zirpenden Insekten wie Heuschrecken und Zikaden akustisches Rauschen produzieren, gegen das andere Arten konkurrieren müssen (Römer 2013). Um Umweltrauschen zu umgehen, können Signale auch in speziellen «**Zeitfenstern**» gesendet werden. Hierbei handelt es sich um Phasen, in denen mehr Ruhe herrscht als in anderen (Brumm 2006). Bei Rotkehlchen *(Erithacus rubecula)* vermutet man deshalb, dass diese nachts singen, da es dann ruhiger ist und sie besser zu hören sind (Fuller et al. 2007). Die Produktion von lang andauernden akustischen Signalen ist energetisch sehr kostenintensiv.

Bei der akustischen Kommunikation führen **Schalldämpfung** und **Schallverzerrung** zu Problemen. In Waldhabitaten kann Schall durch Echos und Halleffekte verzerrt werden, in offenen Habitaten am ehesten durch Wind. Bei gleicher Lautstärke können tiefere Töne zudem in größerer Entfernung wahrgenommen werden als höhere. Schall kann aber auch **verstärkt** werden: So verstärken z.B. Maulwurfsgrillen *(Scapteriscus acletus)* ihr Zirpen, indem sie speziell gegrabene Höhlen nutzen.

Dass Rufe bei einer Art sich in Abhängigkeit von der Distanz, in der sie wirken sollen, unterscheiden, wurde bei Zwergseidenäffchen *(Cebuella pygmaea)* untersucht. Diese besitzen drei Kontaktrufe, die den Gruppenzusammenhalt garantieren sollen. Von ihrer Bedeutung her sind alle drei Rufe gleich, jedoch unterscheiden sie sich in Bezug auf ihre Hörbarkeit über verschiedene Entfernungen. Ein Ruf wird benutzt, wenn die Tiere nahe beieinander sind, ein weiterer, wenn sie relativ weit auseinander sind. Dazwischen gibt es noch einen Ruf für die mittlere Distanz. Obwohl alle Rufe dieselbe Information senden, sind sie akustisch etwas unterschiedlich. Durch die Unterschiede wird zum einen die Entfernung mitgeteilt, zum anderen auch sichergestellt, dass der Ruf bei den anderen Gruppenmitgliedern ankommt (De La Torre & Snowdon 2002).

Bei der akustischen Kommunikation konnten verschiedene interessante Phänomene festgestellt werden. Der sogenannte **Cocktail-Party-Effekt** besagt, dass es selbst in einer eher unruhigen und lauten Situation möglich ist, den Gesprächen zu folgen und sich darauf zu fokussieren (Bee & Micheyl 2008). Dies funktioniert, weil das Gehirn sich quasi fokussieren kann und andere Signale ausblendet. Der **Lombard-Effekt** besagt, dass in einer lauter werdenden Umgebung die Lautstärke der Signale ebenfalls zunimmt, um dies wieder auszugleichen. Bei Vögeln und Säugetieren wurde dieser Effekt nachgewiesen (Brumm & Todt 2002; Brumm & Zollinger 2011).

Nicht alle akustischen Signale werden durch einen «Vokaltrakt» erzeugt. So gibt es beispielsweise auch das Brustklopfen der Gorillas oder das Fußstampfen der Kängururatten.

Taktile Signale 10.2.3

Taktile Signale sind Berührungen. Ein Vorteil taktiler Signale ist, dass sie kein Medium brauchen, sondern direkt an den Empfänger gesendet werden können, und deshalb auch bei Dunkelheit und Lärm gut funktionieren. Ihr Nachteil ist die erforderliche Nähe zum Signalempfänger.

Taktile Signale haben verschiedene Funktionen. Sie stärken beispielsweise den Gruppenzusammenhalt. Prozessionsspinnerraupen bleiben durch taktile Signale in Kontakt, damit sich die Gruppe nicht auflöst. Bei Schimpansen wirken taktile Signale in Dominanzhierarchien: Subdominante Schimpansen bestätigen ihren Status dadurch, dass sie das dominante Tier am Hodensack (Scrotum) berühren.

10.2.4 Chemische Signale

Chemische Signale, die zwischen Individuen einer Art wirken, werden **Pheromone** genannt. Pheromone sind quasi «Außen-Hormone» (Ektohormone), die von Hormonen, die nur innerhalb des Körpers eines Individuums wirken, unterschieden werden. Pheromone werden von exokrinen Drüsen in die Außenwelt abgegeben (im Gegensatz zu den Hormonen, die von endokrinen Drüsen in den Körperkreislauf abgegeben werden).

Sender chemischer Botschaften können den Wind und die Wasserströmung zur schnelleren Ausbreitung nutzen, ansonsten bleibt die deutlich langsamere Diffusion. Der Empfänger kann sich auf das Signal selbst zubewegen und direkten Kontakt mit dem Molekül aufnehmen (z. B. über die Riechschleimhaut).

Merksatz

Pheromone sind «Außenhormone», die von exokrinen Drüsen abgegeben werden und der Kommunikation zwischen Individuen einer Art dienen.

Chemische Signale können z. T. noch in sehr geringer Konzentration wahrgenommen werden. Der weibliche Seidenspinner (*Bombyx* sp.) zum Beispiel, Schmetterlinge aus der Familie der Spinner, produzieren das Pheromon **Bombykol**. Dieses ist leicht flüchtig und kann mehrere Kilometer weit mit dem Wind transportiert werden. Es genügt bereits, wenn einige wenige Moleküle (100 Moleküle auf einen Kubikzentimeter Luft) auf die Antennen eines Männchens treffen, damit dieses die Präsenz eines Weibchens registriert und es aufsucht (Heldmaier & Neuweiler 2004). Fische setzen chemische Botenstoffe frei, wenn sie angegriffen werden **(Schreckstoffe)**. Diese besitzen eine analoge Wirkung wie ein Alarmruf und informieren Artgenossen über die Anwesenheit eines Beutegreifers.

Durch ihre spezielle chemische Struktur sind manche Pheromone sehr volatil und verbreiten sich schnell, wie z. B. Alarmpheromone bei der Honigbiene *(Apis mellifera)*. Andere hingegen diffundieren langsamer und breiten sich weniger stark aus (z. B. Urinmarken von Säugetieren). Bei Säugetieren wurden je nach Funktion des Signals (→ Tab. 10-2) Unterschiede in den Markierungen festgestellt. Geruche, die Sexualpartner anlocken sollen, haben das geringste Molekulargewicht, was ihre Ausbreitung leichter ermöglicht. Reviermarken dagegen haben das größte Molekulargewicht. Dadurch ist die Reviermarkierung ein länger andauerndes Signal. Die Anzahl der Komponenten ist am höchsten bei der Erkennung anderer Individuen und der Reviermarkierung, da hier die individuelle Identität transportiert wird. Der Einbau eines aromati-

Chemische Charakteristika von verschiedenen olfaktorischen Signalen bei Säugetieren, geordnet nach der Funktion. (Nach Bradbury & Vehrenkamp 2011; Alberts 1992.) | Tab. 10-2

Charakter	Sexualpartner anlocken	Erkennung	Gefahr/Alarm	Reviermarkierungen
Molekulargewicht (Dalton)	91,0	140,1	189,9	208,1
Anzahl der Komponenten (n)	8,4	10,5	8,3	16,1
Aromatischer Ring (% Präsenz)	11,9	21,0	14,5	16,1
Karbon (CO)- Gruppe (Präsenz %)	0,0	18,3	41,9	28,0

schen Rings verstärkt die Dauerhaftigkeit des Signals. Signale mit einer Carbonyl-Gruppe sind wasserlöslich und verschwinden schnell wieder. Dies ist wichtig bei Alarmsignalen, die eher kurzzeitig wirken sollen. Vorteile der Pheromone sind,

- dass sie gut bei Dunkelheit wirken,
- z.T. länger anhaltend wirken (Urinmarken), auch noch in der Abwesenheit des Senders, und dass
- das akustische Rauschen keine große Rolle spielt, da die Pheromone durch spezielle Rezeptoren wahrgenommen werden.

Nachteilig ist hingegen,

1. dass die Ausbreitung über Luft und Wasser weniger kontrolliert werden kann und dass
2. die Richtung, in der sich die Pheromone ausbreiten, nicht beeinflussbar ist.

Basieren die Pheromone auf Stoffwechselprodukten, sind sie ehrliche Signale, da sie nicht manipuliert werden können.

Sender und Empfänger | 10.3

Wenn ein Tier ein Signal sendet, gibt es dafür «**beabsichtigte**» Empfänger, und es ist eine **Intention** damit verbunden. Die Signale sind dann von Überlebensvorteil, wenn z.B. Jungvögel Bettelrufe aussenden und dann von ihren Eltern (als beabsichtigten Empfängern) gefüttert werden (Intention). Sobald jedoch Information gesendet wird, wird sie öffentlich **(«öffentliche Information»)** und kann auch von unbeabsichtigten Empfängern genutzt werden. Dieses Phänomen wird als **Lauschen** bezeichnet. Es findet beispielsweise dann statt, wenn Ziesel durch die

Warnrufe die eigenen Jungen vor einem Adler warnen (→ Kap. 11.2), aber auch andere, nichtverwandte Tiere diese Information nutzen und davon profitieren (d. h., sich vor dem Beutegreifer in Sicherheit bringen). Das Lauschen anderer Tiere ist für die Ziesel nicht mit zusätzlichen Kosten verbunden. Lauschen kann sogar individuelle Vorteile haben, z. B. dann, wenn Tiere andere Tiere beobachten und daraus Informationen entnehmen, die ihnen bei weiteren Entscheidungen helfen. Bei Siamesischen Kampffischen *(Betta splendens)* zeigten Experimente, dass ein drittes Individuum, das einen Kampf zwischen zwei anderen beobachtete, daraus Information über die Kampfesstärke entnehmen kann und dann ggf. einen Konflikt mit dem stärkeren Tier vermeidet. **Ausnutzung (Exploitation)** wird der Vorgang des Lauschens dann genannt, wenn ein unbeabsichtigter Empfänger das Signal nutzt, und dem Sender dabei z. T. hohe Kosten entstehen. Dies ist zum Beispiel dann der Fall, wenn eine Katze aufgrund der Bettelrufe der Jungvögel ein Nest findet und die Jungen auffrisst. Bei manchen Signalen ist die

Abb. 10-4 | Der Gesang einer Kohlmeise *(Parus major)* wird von einer Reihe anderer Tierarten genutzt: Die eigentliche Intention des Gesangs einer männlichen Kohlmeise ist es, eine weibliche Kohlmeise (links oben) als Partnerin anzulocken und einen männlichen Rivalen zu vertreiben. Allerdings kann ein Prädator dieses Signal ausnutzen und die Kohlmeise angreifen (womit der Gesang für den Prädator einen Reiz und kein Signal darstellt). Ob ein Eichhörnchen *(Sciurus vulgaris)* (links unten) aus dem Gesang Informationen entnimmt, ist unklar. Möglicherweise kann es durch Lauschen erkennen, dass momentan keine Beutegreifer anwesend sind, da die Kohlmeise sonst eher nicht singen würde; es kann sich daher auf die Nahrungssuche konzentrieren (Nach Slater 1999; Barnard 2004). Fotos: C. Randler.

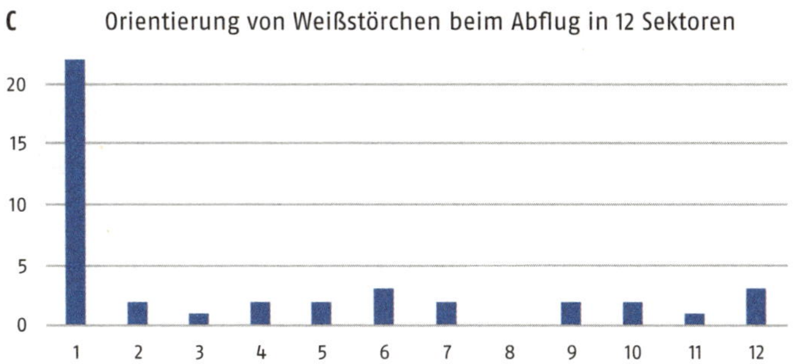

Abb. 10-5

Lauschen bei Weißstörchen. A) Die Balzrufe von Wasserfröschen (aus dem *Rana-esculenta*-Komplex) sind laut und weithin zu hören. B) Weißstörche *(Ciconia ciconia)* nutzen die Signale der männlichen Frösche an die Weibchen als Hinweis auf eine Futterquelle. C) Dargestellt ist die Zahl der Flüge über zwölf verschiedene Sektoren rund um die Nester von Weißstörchen, wobei in Sektor 1 ein Lautsprecher platziert wurde, der Froschquaken abspielte. In Sektor 3 wurden Vogelrufe abgespielt. (Neu gezeichnet nach Igaune et al. 2008.) Fotos: C. Randler.

Gefahr der Ausnutzung größer als bei anderen. Groß ist die Gefahr beispielsweise bei Paarungsrufen mancher Insekten, die beständig und über einen langen Zeitraum von derselben Stelle aus gesendet werden (z. B. bei Grillen, die so von parasitischen Fliegen *(Ormia ochracea)* geortet werden (Robert et al. 1996)). Chemische Signale dagegen sind schwieriger zu lokalisieren und direkt auf den Sender zurückzuführen und daher weniger anfällig für Ausnutzung.

Definition

LAUSCHEN bezeichnet das Ausbeuten eines Signals, das für einen anderen Empfänger bestimmt ist. Dem Sender entstehen dabei keine oder geringe Kosten.
EXPLOITATION bezeichnet das Ausnutzen eines Signals zum Nachteil des Senders, dem dadurch höhere Kosten entstehen.

Eine weitere Interpretation des «Lauschens» ist der **Audienz-Effekt**. Oft werden Signale nicht nur an ein Individuum oder ein Geschlecht gerichtet. Kämpfen beispielsweise zwei Männchen einer Fischart miteinander, so kann das Signal einerseits an andere Männchen gerichtet sein, aber auch an Weibchen. In diesem Fall gibt es **multiple Empfänger;** man spricht dann von einem **Kommunikationsnetzwerk** (Doutrelant

Abb. 10-6

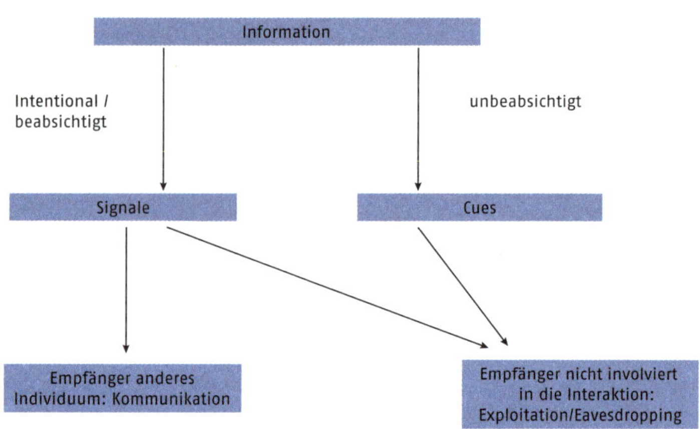

Überblick über verschiedene Begriffe im Zusammenhang mit Kommunikation. (Neu gezeichnet nach Théry & Heeb 2008.)

& McGregor 2000). Das obige Beispiel der Siamesischen Kampffische kann also auf zwei Weisen interpretiert werden: Einerseits kann der Kampf der Fische durch weitere Individuen beobachtet werden, die aus ihrer Beobachtung Informationen extrahieren, andererseits könnte der Kampf selbst intentional als Signal an weitere Männchen gerichtet sein. Weibchen können daraus Information zur Kampfkraft und damit vielleicht zur genetischen Eignung eines Männchens entnehmen.

10.4 Warum sind Signale zuverlässig und ehrlich?

Stellen Sie sich eine typische Vorlesung vor: Studierende, die sich etwas nach vorne beugen, den Kopf schräg halten, die Augen weit öffnen und den Professor fixieren, erwecken den Eindruck, dass sie interessiert seiner Vorlesung folgen. Dieses Verhalten öffnet die Tür für Betrugsstrategien, da es wenig Energie verbraucht. Solange es nun nur bei wenigen Studierenden zu beobachten ist, kann der Betrug zum Ziel führen. Sollte es aber von allen oder vielen Studierenden verwendet werden, so verliert das Signal seine Wirkung. Signale können daher nur dann eine Wirkung haben – und ergo nur dann als Signale funktionieren – wenn sie ehrlich sind. Wichtig ist allerdings, dass dieser Effekt nur langfristig gesehen korrekt ist; kurzfristig können auch falsche Signale funktionieren (vgl. nächster Abschnitt).

Zahavi (1975) formulierte drei Kriterien für die Ehrlichkeit von Signalen:

Signalwirksamkeit/Reliabilität bei verschiedenen Arten, basierend auf kontinuierlichen Signalen (aus Bradbury & Vehrenkamp 2011, S. 321). **Tab. 10-3**

Tierart	Input	Output	Beziehung	Quelle
Schleiereule *(Tyto alba)*	Parasiten widerstehen	Brustfleckung (Zahl, Größe)	Je mehr Flecken, desto widerstandsfähiger	Roulin et al. 2001
Rebhuhn *(Perdix perdix)*	Kokzidienbefall (Magen-Darm-Trakt)	Schnabelfarbe		Mougeot et al. 2009
Sumpfammer *(Melospiza georgiana)*	Größe und Alter des Männchens	Gesang (Trillerrate)	Schnelle Triller bei älteren und größeren Männchen	Ballentine 2009
Froschlurche (12 Arten)	Körpergröße	Dominante Frequenz der Männchenrufe	Je tiefer, desto größer	Searcy & Nowicki 2005
Moorschneehuhn *(Lagopus scoticus)*	Immunkompetenz	Farbe des Kamms	Je röter, desto gesünder	Mougeot 2008
Rothirsch *(Cervus elaphus)*	Körpergröße	Formantenabstand beim Röhren	Je tiefer, desto größer	Reby & McComb 2003
Stichling *(Gasterosteus aculeatus)*	Körperkondition	Rotfärbung (Balz), Männchen	Je röter, desto höhere Kondition	Milinski & Bakker 1990
Sumpfschwalbe *(Tachycineta bicolor)*	«Hunger», Zeitdauer seit der letzten Fütterung	Bettelrate	Je mehr Rufe, desto hungriger	Leonard & Horn 2006
Arctiidae (Nachtfalter)	Alkaloide (Schutz) in Spermatophore	Balzpheromone des Männchens	Duft gibt Auskunft über den Gehalt	Dussourd et al. 1991
Blaumeise *(Cyanistes caeruleus)*	Gesang	Plasmatestosteron	Testosteron korreliert mit der Sangesrate	Foerster et al. 2002

- Signale sind zuverlässig, da sie sonst nicht beachtet und ergo im Laufe der Evolution verloren gehen würden.
- Die Zuverlässigkeit ist mit Kosten verbunden, um die Signalbildung aufrechtzuerhalten.
- Es gibt einen direkten Zusammenhang zwischen dem Signal und der signalisierten Qualität.

Unehrliche Signale

Nicht alle Signale sind ehrlich. Zwar wirkt – wie oben beschrieben – die Selektion beim Empfänger darauf hin, ehrliche von unehrlichen Signalen zu unterscheiden (Maynard Smith & Harper 2008). Manche Tiere nutzen trotzdem falsche Alarmsignale, um andere Individuen zur Flucht zu veranlassen und daraufhin deren Futter aufzufressen. In diesem Falle wird falsche Information verbreitet. Zumindest kurzfristig kann dieses Verhalten durchaus funktionieren. Tiere können aber auch

Abb. 10-7 | Falsche Alarmrufe beim Trauerdrongo *(Dicrurus adsimilis)*. A) Trauerdrongo. B) Wahrscheinlichkeit, dass Drongos Futter von Säugetieren stehlen, wenn sie einen falschen Alarmruf verwenden: linke Seite, wenn beim zweiten Mal derselbe Alarmruf verwendet wird, rechte Seite, wenn der Alarm einer anderen Art verwendet wird. (Neu gezeichnet nach Flower et al. 2014.) Foto: C. Randler.

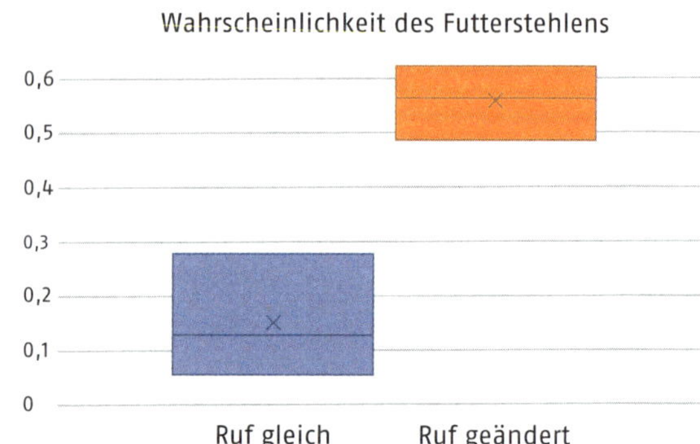

Information zurückhalten, wenn sie beim Entdecken einer neuen Futterquelle keine Futterrufe äußern, um andere Individuen nicht anzulocken. Besonders ausgeprägt und komplex sind falsche Alarmrufe bei Trauerdrongos *(Dicrurus adsimilis)*, einer etwa drosselgroßen Vogelart in Afrika. Drongos begleiten oft kleine Raubtiere wie Erdmännchen *(Suricata suricatta)*, und warnen diese vor sich nähernden Prädatoren. Bei einem Alarmruf des Drongos flüchten die Raubtiere und hinterlassen dabei manchmal ihre Beutestücke, die die Drongos dann auffressen. Drongos imitieren nun gelegentlich Alarmrufe anderer Vogelarten, um einen falschen Alarm auszulösen und so Futter zu ergattern. Die Drongos verfügen über mehr als 30 Rufe, sodass bei den getäuschten Raubtieren kein Gewöhnungseffekt eintritt (Flower et al. 2014).

10.5 | Funktionale Referenz und Bedeutung von Signalen

Funktionelle Referenz von Signalen bedeutet, dass die jeweiligen Signale eine ganz bestimmte Bedeutung haben **(Semantik)** und sich von anderen Signalen unterscheiden. Dies wurde in einer klassischen Studie von Robert Seyfarth und Dorothy Cheney (1990) durch Beobachtungen und Experimente am Alarmrufsystem der Grünen Meerkatze *(Cercopithecus aethiopis)* belegt. Vereinfacht gesagt verfügen diese Affen über drei verschiedene Alarmrufe: Ein Alarmruf wird ausgestoßen, wenn sich ein Leopard nähert, worauf sich die Tiere auf Bäume flüchten, dem sichersten Platz vor einem Leoparden. Ein weiterer Ruf wird beim Erscheinen eines Greifvogels ausgestoßen. In diesem Fall flüchten die Affen in einen Busch und verstecken sich dort. Der dritte Ruftyp bezieht sich auf die Gefahr durch eine Schlange. Die Meerkatzen stellen sich dann auf die Hinterbeine und suchen den Boden nach einer Schlange ab. Jedem Ruf ist somit eine bestimmte Bedeutung zugordnet.

Aus diesen Beobachtungen kann nun die **funktionelle Referenz** der Rufe postuliert werden. Die Forscher können allerdings nicht ausschließen, dass das reagierende Tier den Greifvogel selbst erspähte und direkt auf diesen reagierte und nicht auf die Rufe der Artgenossen hin. Deshalb führten Cheney und Seyfarth in der Folge Playback-Experimente durch, bei denen den Tieren nur die jeweiligen Rufe vorgespielt wurden. Dadurch kann ausgeschlossen werden, dass die Tiere auf etwas Anderes als auf den Ruf reagieren. Cheney und Seyfarth konnten zeigen, dass es tatsächlich die jeweiligen Rufe sind, auf die die Tiere in einer adaptiven Weise reagieren. Auf Greifvogelrufe reagierten sie wie erwartet mit Verstecken, bei Leopardenalarmrufen mit Flüchten auf den Baum und bei Schlangenalarmrufen stellten sie sich auf die Hinterbeine (Seyfarth et al. 1980). Ähnliche funktionale Referenzen wurden bei anderen Säugetieren nachgewiesen (Townsend & Manser 2013).

Funktionale Referenz ist teilweise auch über Artgrenzen hinweg möglich (Rainey et al. 2004; Randler 2006). Ein gut untersuchtes Beispiel sind europäische Singvogelarten. Einige dieser Arten warnen mit unterschiedlichen Rufen vor Luft- und Bodenfeinden. Luftfeindrufe warnen vor fliegenden Greifvögeln, die eine Gefahr darstellen. Diese Rufe sind eher schwierig zu orten und besitzen eine höhere Frequenz und geringere Bandbreite (Marler 1955). Die Bodenfeindrufe werden

Abb. 10-8

Grüne Meerkatze *(Cercopithecus aethiopis)*. An dieser Art wurden referenzielle Signale ausgiebig durch Beobachtungen und Experimente belegt. Foto: C. Randler.

dagegen bei Bodenprädatoren benutzt (z. B. bei Katzen und Mardern). Diese Rufe sind lauter, tiefer und haben eine größere Bandbreite. Studien haben nun gezeigt, dass mitteleuropäische Singvögel wechselseitig auf die jeweiligen Alarmrufe reagieren, also auch die heterospezifische Information dekodieren können (→ Kap. 6.11). Auf die Alarmrufe anderer Arten zu reagieren, ist evolutiv vorteilhaft, wenn sich die Tierarten auf einer ähnlichen trophischen Stufe befinden und sie sich vor den gleichen Prädatoren schützen müssen. Sie sollten daher miteinander kooperieren. Wenn nun eine Art mehr oder häufiger warnt als die andere, spricht man auch von **Informations-Parasitismus**. Investieren zwei Tierarten ähnlich viel, spricht man von **Mutualismus**.

Dringlichkeitsantwort

Funktionell referenzielle Rufe können entweder diskret oder kontinuierlich sein. **Diskrete** Rufe klingen unterschiedlich, kontinuierliche Rufe dagegen basieren auf demselben Ruf, der etwas abgewandelt wird (Manser & 2001). Ein solchermaßen abgewandelter Ruf liefert zusätzliche Information, z. B. über die **Gefährlichkeit** oder die **Nähe** eines Beutegreifers. Je näher und gefährlicher der Beutegreifer, desto intensiver sind die Rufe. Die «chick-a-dee» Rufe nordamerikanischer Graukopfmeisen *(Poecile atricapillus)* beinhalten Informationen zur Gefährlichkeit eines Prädators. Dies wurde durch Beobachtungen festgestellt sowie mit Playback-Experimenten bestätigt (Templeton et al. 2005). Je kleiner eine Greifvogelart ist, desto gefährlicher ist sie für die Graukopfmeisen, da die größeren Arten die Meisen selten fressen. Die Meisen wandeln nun ihre Rufe entsprechend des Prädators ab. Bei gefährlicheren Prädatoren gibt es mehr «dee»-Elemente als bei weniger gefährlichen. Andere Graukopfmeisen, die den Prädator möglicherweise nicht sehen, können aufgrund dieser Information die tatsächliche Gefahr einschätzen. Diese «Dringlichkeitsantwort» funktioniert auch bei anderen Arten, z. B. bei Kanadakleibern *(Sitta canadensis)*: sie können die Information, die die Graukopfmeise sendet, korrekt dechiffrieren (Templeton et al. 2007). Selbst bei einer allopatrischen Art, der europäischen Kohlmeise *(Parus major)*, zeigte sich eine entsprechende korrekte Antwort auf die unterschiedlichen Rufe. Da die beiden Meisenarten sich nicht «kennen», weil sie kein gemeinsames Verbreitungsgebiet haben, ist die Reaktion wohl angeboren (Randler 2012) oder sie folgt einer simplen Regel: «Je mehr Rufe, desto mehr Gefahr».

Box 10.1

Funktion des Vogelgesangs

Vogelgesang beinhaltet zwei verschiedene Botschaften. Zum einen ist er an Weibchen adressiert und soll mögliche Sexualpartner anlocken. Zum anderen dient der Gesang als Signal an andere Männchen, dass ein Revier bereits besetzt ist. Manche Vogelgesänge weisen deshalb zwei Teile auf. Der lautere und weithin hörbare ist an potenzielle Partnerinnen gerichtet, der leisere an die Männchen in der unmittelbaren Nachbarschaft (Catchpole & Slater 2003). Dies konnte experimentell nachgewiesen werden. Spielt man im Revier eines singenden Männchens den Gesang derselben Art ab, so nähert sich dieses bald an und beginnt Kontergesang oder greift sogar den Lautsprecher an. Die meisten Männchen reagieren weniger aggressiv, wenn der Gesang des Nachbarn abgespielt wird («dear-enemy hypothesis»; Temeles 1994). Dies wird so interpretiert, dass die beiden Nachbarn ihre Reviergrenze bereits ausgehandelt haben und so beide Individuen Energie sparen. Es gibt viele Studien zur Männchenreaktion, aber bedeutend weniger bezüglich der Reaktion der Weibchen. In einem Experiment wurden daher Nistkästen mit Playbacks präpariert, die unablässig Männchengesang abspielten, während an Kontrollnistkästen nur Rauschen und Umweltgeräusche abgespielt wurden. Um die Nistkästen herum wurden Fangnetze aufgespannt. Es zeigte sich, dass an den Kästen, an denen der Männchengesang abgespielt wurde, tatsächlich deutlich mehr Weibchen dieser Art gefangen wurden. Dies belegt die Hypothese, dass Männchengesang Weibchen anlockt (Eriksson & Wallin 1986).

Funktion von Bettelrufen

Bettelrufe bei **Jungvögeln** sind ehrliche Signale, da die Jungvögel am lautesten und ausdauerndsten betteln, die auch am hungrigsten sind (→ Kap. 8.3). Im Gegenzug reagieren die Eltern entsprechend auf das Betteln der Jungvögel. Wird das Betteln der eigenen Jungen durch Bettelrufe aus einem Lautsprecher unterstützt, bringen die Elternvögel mehr Futter zum Nest. Dies wiederum resultiert in einer größeren Gewichtszunahme der Jungvögel (Leonard & Horn 2001).

Aus **Sicht der Eltern** helfen Bettelrufe einzuschätzen, welcher Jungvogel gerade am meisten Nahrung benötigt **(individuelle Ebene)**. Aber auch eine generelle Einschätzung **(auf der Nestebene)** zeigt an, ob gerade Futter zum Nest gebracht werden muss oder ob der Altvogel Zeit hat, für sich selbst nach Nahrung zu suchen. Bettelrufe können allerdings auch nachteilig sein, da sie Prädatoren anlocken können. Um dies zu testen, wurden Kunstnester mit Wachteleiern bestückt. In der Experimentalgruppe wurden diese Nester nun dauerhaft mit Bettelrufen beschallt. In der Kontrollgruppe wurde Rauschen oder Vogelgesang abgespielt. Die mit Bettelrufen beschallten Nester wurden tatsächlich häufiger von Prädatoren ausgeraubt als Nester ohne Playback-Bettelrufe (Leech & Leonard 1997).

Weiterführende Literatur

Bradbury JW, Vehrenkamp SL (2011): Principles of Animal Communication. 2nd ed. Sinauer, Sunderland, MA, 697pp.

Brumm H (2013): Animal communication and noise. Springer, Heidelberg, 453pp.

Searcy, WA, Nowicki S (2005): The Evolution of Animal Communication: Reliability and Deception in Signaling Systems. Princeton, NJ: Princeton University Press. 270pp.

Witzany G (2014): Biocommunication of animals. Springer, Dordrecht, 420pp.

Sozialverhalten, Soziobiologie und soziale Evolution

11

Inhalt

Beim Sozialverhalten interagieren zwei oder mehr Tiere miteinander. Dabei kommt es zu Konflikt und/oder Kooperation. Leben in Gruppen beinhaltet sowohl Vorteile (Nahrungssuche, Fellpflege, soziales Lernen, Feindabwehr) als auch Nachteile (Konkurrenz, sozialer Stress, Parasitenübertragung). Tierarten können altruistisch handeln, weil es einen genetischen (Fitness-) Vorteil gibt (Verwandtenselektion), Kooperationen (Mutualismus) ermöglicht und einen Nettogewinn für die kooperierenden Individuen beinhaltet oder, weil Manipulation stattfindet. Reziproker Altruismus findet statt, wenn ein Tier altruistisch handelt und in der Zukunft eine ebensolche Reaktion erwarten kann. Fakultativer Altruismus besteht bei Helfern am Nest. Diese haben entweder einen indirekten Fitnessgewinn oder bleiben aufgrund ökologischer Randbedingungen bei den Eltern (z. B. wenig Nistplätze). Obligater Altruismus wie bei der Honigbiene und dem Nacktmull findet statt, wenn die Tiere die eigene (direkte) Reproduktion zugunsten des Helfens (indirekte Reproduktion, indirekter Fitnessgewinn) aufgeben.

11.1 Aspekte des Sozialverhaltens

Im Gegensatz zur allgemeinen Definition von Verhalten (→ Kap. 1.1), die von der Reaktion eines Tieres auf wahrgenommene Veränderungen ausgeht, interagieren beim **Sozialverhalten** zwei oder mehr Individuen miteinander. Sozialverhalten findet also dann statt, wenn nicht auf

Umweltreize, sondern auf Reize oder Signale eines anderen Individuums reagiert wird oder aber ein Tier selbst Reize bzw. Signale aussendet. Zum Sozialverhalten gehört auch der Streit zweier Tiere, z. B. um eine Futterquelle. Sozialverhalten meint deswegen immer **Kooperation und Konflikt**. Auch eine «Nicht-Reaktion» ist ein Sozialverhalten, also beispielsweise dann, wenn Jungvögel ihre Elterntiere um Futter anbetteln, diese aber nicht reagieren. Reine **Ansammlungen/Aggregationen** von Tieren, die durch einen Umweltreiz ausgelöst wurden, bedingen noch kein Sozialverhalten. Erst dann, wenn die Tiere miteinander interagieren oder kommunizieren, entsteht Sozialverhalten. Nachtfalter, die durch Licht angelockt werden, sind deshalb eine Aggregation, solange keine Interaktion zwischen den Faltern stattfindet.

Merksatz

Als Sozialverhalten wird alles Verhalten bezeichnet, bei dem zwei oder mehr Individuen interagieren. Sozialverhalten kann Kooperation und Konflikt beinhalten.

Sozialverhalten kann auch zwischen Tieren verschiedener Arten stattfinden, wie am Beispiel der Warnrufe verschiedener Vogelarten dargestellt wurde (→ Kap. 10.5). Manche Tiere gehören je nach Jahreszeit unterschiedlichen sozialen Gruppen an. Einige Meisenarten beispielsweise leben im Winter in größeren Gruppen, trennen sich dann auf und bilden Paare.

Tab. 11-1 Vorteile und Nachteile des Gruppenlebens.

	Vorteile	Nachteile
Nahrung/Futter	gemeinsame Suche Revierverteidigung	Konkurrenz um Nahrung
Parasiten/Krankheiten	gegenseitige Fellpflege	leichtere Übertragung von Parasiten
Fortpflanzungspartner	geringer Suchaufwand	Konkurrenz um Partner
Jungenaufzucht	gemeinsame Jungenaufzucht	Konkurrenz um Futter
Feindvermeidung	Verdünnungseffekt/ geteilte Wachsamkeit gemeinsame Verteidigung	größere Gruppen sind auffälliger für Prädatoren
Lernen/Innovation	soziales Lernen (Nachahmung) möglich	Innovationen («Ideen») können ausgebeutet werden
Stressoren	durch Umweltbedingungen/ Feinde	zusätzlicher sozialer Stress

Gruppenleben

Viele Tierarten, die in komplexen Gruppen leben, zeigen ein hoch differenziertes Sozialverhalten (Bienen, Schimpansen), während andere Tierarten weitgehend Einzelgänger sind (Dachs, Bär), die größte Zeit des Jahres allein verbringen und dann lediglich zur Paarungszeit Sozialverhalten zeigen. Sozialverhalten bringt viele **Vorteile und Gewinne**, wie gemeinsame Feindvermeidung, Verteidigung, Finden von Nahrungsquellen, gemeinsame Jungenaufzucht, aber auch **Nachteile und Kosten**, wie die leichtere Übertragung von Krankheiten oder die Konkurrenz um Futter oder Fortpflanzungspartner.

Organisation von Sozialverbänden

In **geschlossenen sozialen** Verbänden unterscheiden die Angehörigen des Verbands streng zwischen Gruppenmitgliedern und Nichtmitgliedern. Dies wird durch Erkennungsmechanismen, beispielsweise Geruch bei Ameisen (Formicideae), sichergestellt. In den geschlossenen Verbänden gibt es **anonyme** und **individualisierte** Gruppen. In anonymen Gruppen können sich die Tiere nicht individuell erkennen (Ameisenstaaten), während sich in den individualisierten Gesellschaften (z. B. Elefantengruppen) die Tiere individuell erkennen können und sich Rangstrukturen oder Arbeitsteilungen herausbilden. Den geschlossenen Verbänden stehen **offene Verbände** gegenüber, denen sich fremde Tiere anschließen können und in denen Tiere in einen anderen Sozialverband wechseln können. Dies ist bei vielen Vogelschwärmen der Fall.

Beispiele für soziale Gruppen. (Nach Wuketits 2002.) | **Tab. 11-2**

Typ	Charakteristika	Art	Anzahl
anonym, geschlossen	Funktionsaufteilung: Königin für Reproduktion, verschiedene Kasten bei den Weibchen, Männchen (Drohnen) für die Fortpflanzung	Bienenvolk	40000–70000
anonym, offen	nur ein Kind pro Jahr, Arbeitsteilung zwischen den Geschlechtern, gemeinsame Nachwuchsbetreuung («Kindergärten»)	Königspinguinkolonie	100 bis mehrere 1000
individualisiert, geschlossen	kollektive Jagd, Rangordnung unter Männchen als auch Weibchen, nur Ranghöchste paaren sich	Wolfsrudel	13
individualisiert, geschlossen	Matriarchat, angeführt von der ältesten Kuh, Jungbullen verlassen die Gruppe, geschlechtsreife Männchen konkurrieren um Weibchen	Elefantenherde	30
individualisiert, geschlossen	zehnjähriges oder älteres Männchen («Silberrücken»), wenige erwachsene, aber jüngere Männchen, etwa sechs ausgewachsene Weibchen und halbwüchsige Jungtiere	Gorillagruppe	30

Abb. 11-1 Unterschiedliche soziale Verbände. A) Wolf *(Canis lupus)*, Beispiel für einen geschlossenen, individualisierten sozialen Verband. B) Tüpfelhyäne *(Crocuta crocuta)* als Beispiel einer «fission-fusion»-Gesellschaft. Fotos: C. Randler.

Sozialsysteme und soziale Netzwerke

Hyänen und Schimpansen leben in einer **«fission-fusion»-Gesellschaft**. In diesen Gesellschaften gibt es eine große Gruppe, die sich gelegentlich in kleinere («fission») aufspaltet, sich aber später (in kürzeren oder längeren Zeitabständen) wieder vereinigt. Diese Gruppenorganisation hat den Vorteil, dass sie als Ganzes stärker sind, wenn es um die gemeinschaftliche Jagd oder das Aufziehen und Verteidigen der Nachkommen geht, aber gleichzeitig besteht die Möglichkeit, sich in kleinere Gruppen aufzuspalten, wenn die Nahrung knapp wird, sodass verschiedene Gruppen an verschiedenen Plätzen nach Nahrung suchen können.

Soziale Dominanz

In individualisierten Verbänden bildet sich meist eine **Dominanzhierarchie** heraus. Dabei entsteht eine Rangordnung. Wenn beispielsweise Individuum A alle anderen Individuen unterdrückt, Individuum B alle Individuen außer A dominiert, und Individuum C alle weiteren Tiere außer A und B, spricht man von einer **linearen Hierarchie**. Diese Hierarchieform kommt bei Haushühnern und bei männlichen Schimpansen vor (Wittig & Boesch 2003). Allerdings sind nicht alle Hierarchien linear; so kann es beispielsweise vorkommen, dass Individuum C zwar von B dominiert wird, seinerseits aber Individuum A dominiert **(nichtlineare Hierarchie)**. Bei weiblichen Hausschweinen wurden sowohl lineare als auch nichtlineare Hierarchien gefunden (Arey 1999). Dies bedeutet, dass auch innerhalb derselben Art unterschiedliche Hierarchiestrukturen möglich sind. Manche dieser Hierarchien sind **despo-**

Ort	Korrelation zwischen Kehllatzgröße und Dominanzrang
Hollenstedt A)	0,57
∅ Brønderslev	0,52
Hollenstedt B)	0,89

Tab. 11-3

Dominanz beim Haussperling *(Passer domesticus)* wird durch die Größe des schwarzen Kehllatzes signalisiert (Møller 1987).

tisch, d. h., ein einzelnes Individuum dominiert alle anderen, und unter diesen wiederum besteht keinerlei Hierarchie. Hierarchien reflektieren in der Regel die Wahrscheinlichkeit, dass ein Tier ein anderes bei einem Kampf besiegen könnte. Dadurch bringen Hierarchien Vorteile, wie durch die Vermeidung von Kämpfen Zeit und Energie gespart wird. Dominanz und aggressive Interaktionen müssen nicht unbedingt korreliert sein, da gerade die besonders dominanten Tiere, die weit oben in der Rangordnung stehen, ihren hohen Status nicht immer aufs Neue durch Kampf belegen müssen. Manche Signale oder Indikatoren belegen die Dominanz eines Tieres. Bei Haussperlingen *(Passer domesticus)* wird dies durch die Größe des Kehllatzes signalisiert – je größer und dunkler dieser ist (weil er mehr Melanin enthält), desto dominanter ist das Männchen.

Merksatz

SOZIAL KOORDINIERTES VERHALTEN bezeichnet Verhalten, bei dem ein Individuum sein Verhalten an Artgenossen anpasst, um seinen eigenen Fortpflanzungserfolg zu erhöhen (Konkurrenz um Futter, Konkurrenz um Weibchen). Revierverhalten oder Kampf um Futter fallen in diese Kategorie.

Warum helfen sich Tiere gegenseitig?

11.2

Sozial kooperatives Verhalten kann in **Mutualismus** und **Altruismus** aufgeteilt werden. Beim **Mutualismus** kooperieren zwei Tiere zum beidseitigen Vorteil miteinander. Dies ist z. B. dann der Fall, wenn zwei Tiere bei der Jagd kooperieren und dadurch ein Beutetier erlegen, das sie alleine nicht hätten erlegen können. Beim **Altruismus** lässt ein Individuum Aktivitäten erkennen, die einem anderen Individuum (oder Individuen einer künftigen Generation) nutzt, nicht jedoch dem aktiven Tier selbst. Die Handlungen können sogar für das handelnde Tier nachteilig und für den Sozialpartner vorteilhaft sein. Beispiele sind hier Helfersysteme bei der Jungenaufzucht (→ Kap. 11.3) oder Wachsamkeit und Alarmrufe (→ Kap. 6.6 und Kap. 10.5).

Früher wurde Altruismus im Sinne der **Gruppenselektion** interpretiert: Uneigennütziges Verhalten dient dem Fortbestand der Gruppe, Individuen opfern sich quasi für die Gruppe auf. Diese Vorstellung konnte allerdings durch modernere Interpretationen widerlegt werden (vgl. Box 11.1).

Die Wahrscheinlichkeit für altruistisches Verhalten ist umso höher (Voland 2013),

- je geringer die Nachteile/Kosten für den Altruisten sind,
- je größer die Vorteile für den Nutznießer sind und
- je näher Altruist und Nutznießer verwandt sind.

Vier Hypothesen für die **Evolution von kooperativem Verhalten** werden unterschieden (Krebs & Davies 1996):

1. **Verwandtenselektion:** Phänotypischer Altruismus, der genetisch eigennützig ist: Tiere helfen genetisch Verwandten und haben dadurch einen Eigennutz (direkter/indirekter Fitnessgewinn).
2. Kooperation ohne Altruismus **(Mutualismus):** Tiere helfen sich gleichzeitig (Kooperation); beide haben dadurch einen Nettogewinn.
3. **Reziprokes Verhalten:** Tiere helfen, weil sie in der Zukunft ebenfalls Hilfe erwarten.
4. **Selbstaufopferung**, die sowohl vom Erscheinungsbild als auch vom genetischen Aspekt tatsächlich altruistisch ist (ggf. aber erst infolge von Manipulation auftritt).

Verwandtenselektion

Kooperation findet häufig zwischen verwandten Tieren statt. Das Phänomen wird als Verwandtenselektion oder Sippenselektion bezeichnet und mit mathematischen Modellen belegt (vgl. Box 11.1). Da die direkten Nachkommen eines Tieres etwa 50 % der Genausstattung gemeinsam haben, «lohnt» es sich mathematisch betrachtet, in seine Nachkommen zu investieren. Verwandtenselektion findet dementsprechend häufiger in Gruppen statt, bei denen die Mitglieder nahe miteinander verwandt sind. Ebenso sollten eher nahe verwandte Mitglieder einer Gruppe kooperieren als weiter entfernt verwandte. Außerdem müssen Generationen überlappen, damit die Verwandtenselektion möglich ist.

Box 11.1

Verwandtenselektion

Die meisten höheren sozialen Formen bei Tieren entstammen aus familiären Brutpflegebeziehungen von Tieren, die sich sexuell fortpflanzen. Daher stammen die meisten Tiere in solchen Gruppen aus einer Verwandtschaft (direkte Nachkommen, aber auch Cousins und Cousinen, Neffen und Nichten), man spricht deshalb von Verwandtenselektion. Verwandte haben einen Teil der Gene gemeinsam, weswegen altruistisches Sozialverhalten zu **direkten** und **indirekten** Fitnessgewinnen führt. Ein **direkter** Fitnessgewinn liegt vor, wenn ein Tier seine eigenen Gene zum Genpool beisteuert (z. B. über die eigenen Nachkommen). **Indirekt** ist der Fitnessgewinn, wenn Verwandte zum Genpool beitragen. Wenn beispielsweise in einer großen Pavianherde ein Männchen die Nachkommen vor einem Leoparden schützt, investiert es direkt, wenn es die eigenen Nachkommen beschützt, und indirekt, wenn es Neffen und Nichten schützt. Neffen und Nichten tragen ebenfalls zum Genpool bei, obwohl sie keine direkten Nachkommen sind. Diese beiden Aspekte der Fitness werden als **Gesamtfitness** bezeichnet. Hamilton hat diese in einer einfachen Regel mathematisch formalisiert:

$$C < B * r$$

Wobei C für die Kosten (costs) steht, die ein Tier für sein altruistisches Verhalten hat, B für den Nutzen (benefit) und r für den Verwandtschaftskoeffizienten. Hamilton setzte diese Regel nun in Bezug zum altruistischen Selbstmord. In der Pavianherde stellen sich oft die adulten Männchen den Raubtieren, z. B. Leoparden, in den Weg, um die Jungtiere zu schützen. Aus egoistischer Sicht ist dieses Verhalten sehr gefährlich, z. T. tödlich. Die Erwachsenen sollten also eher die Jungtiere opfern, um selbst zu überleben. Adaptiv macht das Verhalten erst durch Hamiltons Interpretation Sinn: Wenn ein Individuum selbst zwei Nachkommen hat in der Gruppe, sind Kosten und Nutzen identisch, da der genetische Beitrag in die kommende Generation = 1 ist. Die beiden Nachkommen haben mathematisch je 50 % der genetischen Ausstattung des Elterntiers. Bei drei Nachkommen besteht ein Fitnessgewinn, da der Beitrag 1,5 beträgt. Ein altruistischer Selbstmord könnte also dann fitnessrelevant sein, wenn im Gegenzug dafür drei Söhne/Töchter oder mehr als vier Nichten/Neffen überleben. In diesem Sinne wäre dann der Schutz von drei eigenen Nachkommen wertvoller als das eigene Überleben.
Folgende **Verwandtschaftskoeffizienten** werden bei der Hamilton-Regel berücksichtigt:

- Direkter Nachkomme (Kind) = 50 %
- Direkter Nachkomme (Enkel) = 25 %
- Bruder/Schwester = 50 %
- Halbgeschwister = 25 %
- Vettern und Cousinen = 12,5 %

Diese Prozentangaben dienen der Veranschaulichung, denn der Fitnessgewinn wird als r bezeichnet (entsprechd ergibt eine genetische Verwandtschaft von 25 % ein r = 0.25). Nach der Hamilton-Regel ist es also adaptiv, sich altruistisch zu verhalten, wenn es um das Überleben von mindestens drei Kindern, fünf Enkeln oder neun

Cousins geht. Wobei überlebende Kinder und Enkel direkte Fitnessgewinne, überlebende Cousins indirekte Fitnessgewinne darstellen.

Die Regel gilt bei diploiden Erbgängen. Eine Sonderform findet sich bei manchen Hautflüglerarten (Hymenoptera). Dies liegt an einem spezifischen Haplo-Diploiden-Erbvorgang. Dabei schlüpfen die Männchen (z. B. der Honigbiene) aus unbefruchteten Eiern, sie sind also haploid. Weibchen dagegen schlüpfen aus befruchteten Eiern und sind deshalb diploid. Diese genetische Grundlage begünstigt den Altruismus. Jedes Weibchen erhält 50 % seiner genetischen Ausstattung von der Mutter und 50 % vom Vater. Da die Männchen haploid sind, ist dieser Teil bei allen Weibchen identisch (die Allele sind zu 100 % gleich). Von Mutters diploidem Chromosomensatz erhalten die Weibchen 50 %. Sie haben also mit der Mutter etwa die Hälfte der Allele gemeinsam. Würde eine Arbeiterbiene selbst Nachkommen erzeugen, so stimmten mit ihrer Tochter nur 50 % der Allele überein. Die weiblichen Arbeiterinnen in einem Bienenstaat sind jedoch Schwestern, die einen Verwandtschaftskoeffizienten von 75 % haben, da sie zu 50 % mit den Genen des Vaters übereinstimmen und mit weiteren 25 % mit ihren Müttern. Genetisch ist es also vorteilhafter, sein Verhalten eher für die Schwestern ($r = 0{,}75$) als für die eigenen Nachkommen ($r = 0{,}5$) einzusetzen.

▲

Nicht alle altruistischen Verhaltensweisen sind allerdings so extrem ausgeprägt wie der Selbstmord oder die Sterilität bei sozialen Insekten **(obligater Altruismus)**. Oft sind die Kosten für die Altruisten geringer. Ein Beispiel hierfür sind Feindalarmrufe (→ Kap. 10.5). Viele sozial lebende Tierarten warnen ihre Verwandten vor ihren Feinden durch spezielle Rufe. Im Sinne der natürlichen Selektion wäre es vorteilhafter für ein Tier, vor einem Feind zu flüchten, anstatt durch Rufe dem Prädator seinen genauen Aufenthaltsort mitzuteilen. Allerdings sichern diese Warnrufe anderen Individuen einen Überlebensvorteil. Auch dies trägt zum direkten und indirekten Fitnessgewinn bei. Beim Schwarzschwanz-Präriehund *(Cynomys ludovicianus)* wurde dies experimentell nachgewiesen und festgestellt, dass die Tiere tatsächlich seltener Alarmrufe produzieren, wenn sich keine engen genetischen Verwandten in der Gruppe befinden. Am häufigsten waren Alarmrufe, wenn sich direkte Nachkommen in der Gruppe befanden. Diese Alarmrufe müssen jedoch nicht nur uneigennützig interpretiert werden. Ein Tier kann dem Prädator auch signalisieren, dass er bereits entdeckt wurde und sich eine Verfolgung nicht lohnt (→ Kap. 6.8). Auch können seine Alarmrufe dazu führen, dass der Räuber in dieser Kolonie keine Beute macht und sie darum in Zukunft meidet, was ebenfalls ganz direkte Vorteile für das alarmrufende Tier bringt.

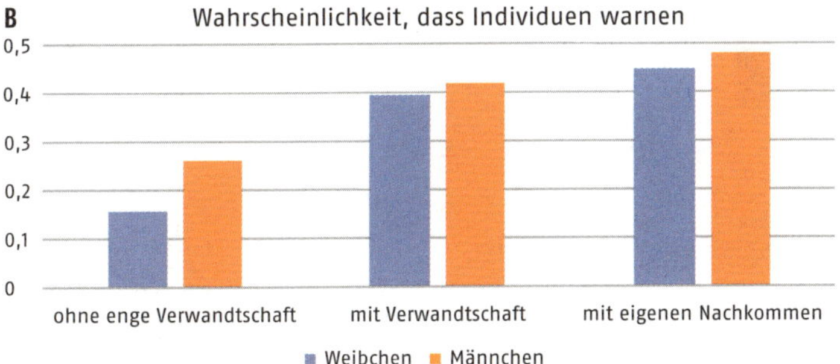

Abb. 10-2

Alarmverhalten beim Schwarzschwanz-Präriehund *(Cynomys ludovicianus)*. A) Schwarzschwanz-Präriehund B) als Prädator wurde ein ausgestopfter Dachs *(Taxidea taxus)* verwendet. Sowohl Männchen als auch Weibchen geben seltener Alarmrufe in Gruppe A, in der sich keine engen genetischen Verwandten befinden. (Neu gezeichnet nach Hoogland 1983.) Foto: C. Randler.

Direkte Fitnessgewinne beziehen sich auf die eigenen Nachkommen und es ist intuitiv überzeugend, dass sich Eltern für ihre eigenen Nachkommen aufopfern. **Indirekte Fitnessgewinne** sind schwieriger zu verstehen. Ein klassisches Beispiel hierfür ist das Helferverhalten einiger Jungtiere: Ein Jungvogel könnte sich eigentlich nach der Geschlechtsreife verpaaren und eigene Nachkommen großziehen. Manche Jungtiere jedoch bleiben bei ihren Eltern und helfen diesen dabei, Geschwister aufzuziehen. Formal mathematisch lohnt sich dies nur, wenn der indirekte Fitnessgewinn über das Helfen größer ist als der eigene Fitnessgewinn. Würde ein solcher Jungvogel einen eigenen Nachkommen großziehen, so wäre der direkte Fitnessgewinn $r = 0{,}5$. Hilft das Jungtier hingegen seinen Eltern weitere Geschwister großzuziehen, so ist der indirekte Fitnessgewinn ebenfalls 0,5, falls durch die Helferleistung genau ein weiterer zusätzlicher Nachkomme entsteht; d. h., die Eltern durch die Hilfe des Helfers einen zusätzlichen Nachkommen produzieren können, den es ohne Hilfe nicht gegeben hätte. Genetisch allerdings muss dieser zusätzliche Nachkomme ein Vollgeschwister zum Helfer sein. Damit wäre die Bilanz mathematisch ausgeglichen. Können die Eltern allerdings zwei zusätzliche Nachkommen produzieren, so wäre $r = 1$ und der indirekte Fitnessgewinn für das Jungtier doppelt so hoch.

Abb. 11-3 | Zusammensetzung einer menschlichen Wohngemeinschaft und Spiegel des Stresshormons Cortisol. Diese Daten belegen, dass beim Zusammenleben von nahen Verwandten weniger Stresshormon produziert wird als beim Zusammenleben mit entfernten Verwandten, was die Verwandtenselektion auch beim Menschen bestätigt (neu gezeichnet nach Flinn & England 2003, zitiert in Buss 2008, p. 242).

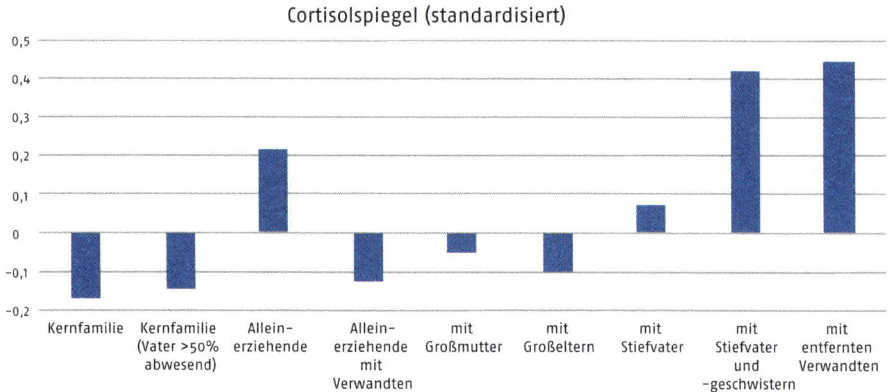

Definition

DIREKTE FITNESS bezeichnet den reproduktiven Output eines Individuums durch eigene Fortpflanzung, INDIREKTE FITNESS bezieht sich auf den reproduktiven Wert, der durch die Unterstützung von Verwandten erzielt wird.

11.2.1 | Verwandtenerkennung

Damit die ultimaten Faktoren wirken können, muss es auf proximater Ebene einen Mechanismus geben, der hilft, Verwandte zu erkennen. Folgende, zunehmend komplexe Erkennungsmaßnahmen spielen in diesem Zusammenhang eine wichtige Rolle:

- Kontext-basierte Erkennung: Basiert auf dem Platz, z. B. der gemeinsamen Höhle;
- Gruppenerkennung: Zugehörigkeit zu einer bestimmten sozialen Gruppe;
- Verwandtenerkennung: Nahe verwandte Tiere werden erkannt und von nicht verwandten unterschieden;
- Individuelle Erkennung: Einzelne Individuen werden als solche erkannt.

Kontext-basierte Erkennung kann durch eine simple Regel funktionieren, die sich durch das Motto «Behandle jeden in deiner Nähe wie einen Verwandten» ausdrücken lässt. Unter diesen Umständen sollten sich allerdings keine solchen Abstufungen wie beim Schwarzschwanz-Präriehund *(Cynomys ludovicianus;* → Abb. 11-2) ergeben, denn alle Individuen in der näheren Umgebung müssten dann gleich behandelt werden. **Gruppenerkennung** ist beispielsweise bei Honigbienen *(Apis mellifera)* ausgeprägt: Jeder Bienenstock verfügt über stockeigene Pheromone, an denen die Bienen ihre soziale Gruppenzugehörigkeit erkennen.

Verwandtenerkennung ist wichtig, um den nahen Verwandten Hilfe zukommen zu lassen und gleichzeitig das Verpaaren mit einem nahen Verwandten zu vermeiden (Inzucht). Man spricht hier vom «**phenotype matching**». Nach der Geburt erlernt das Tier seinen Phänotyp aufgrund von Vokalisation, Gerüchen, Aussehen und anderen Aspekten und lernt dadurch, Verwandte von nicht Verwandten zu unterscheiden. Diese erlernte Kenntnis kann das Individuum dann auf jedes weitere Individuum anwenden, auf das es in Zukunft treffen wird. Eine wichtige Rolle bei vielen Tieren und insbesondere bei Säugetieren scheint hierbei der MHC (Major Histocompatibility Complex; Haupthistokompatibilitätskomplex) zu spielen. Dabei handelt es sich um eine Reihe von Immungenen, die sich im Körpergeruch wiederfinden. Viele Säugetiere, insbesondere Nagetiere, erkennen Verwandte dank MHC (Yamazaki et al. 2000). Bei Fischen ist der MHC ebenfalls ein wichtiger Aspekt: So bevorzugen Seesaiblinge *(Salvelinus alpinus)* Wasser mit dem Geruch von Geschwistern gegenüber unbehandeltem Wasser (→ Abb. 11-4).

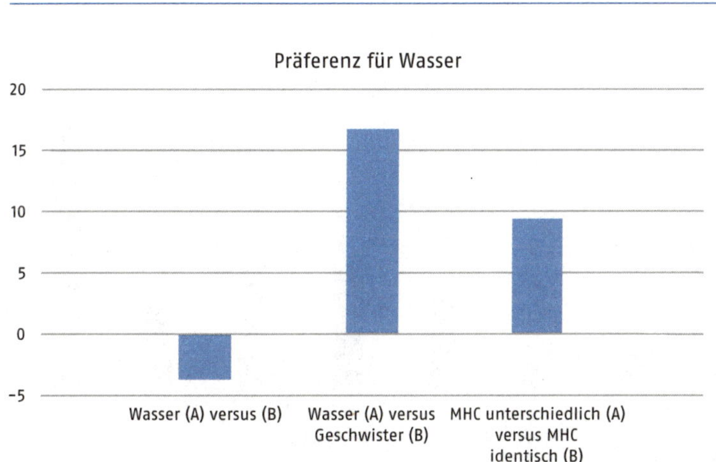

Abb. 11-4

Präferenz von Seesaiblingen *(Salvelinus alpinus)* für das Wasser eines Gewässers (Zwei-Wahl-Versuch, A gegen B). 1: unbehandeltes Wasser in beiden Becken, Kontrollgruppe. 2: Vergleich von Wasser mit dem Geruch der Geschwister (A) versus unbehandeltes Wasser (B). 3: Geruch von Geschwistern mit ähnlichem (A) und weniger ähnlichem (B) MHC (neu gezeichnet nach Olsen et al. 1998).

11.2.2 Mutualismus und Kooperation

Tiere können auch miteinander kooperieren, wenn sie sich nicht gegenseitig kennen und nicht miteinander verwandt sind. Wichtig ist in diesem Zusammenhang, dass für das jeweilige Individuum ein **Nettogewinn** entsteht. Der Nettogewinn muss beiden gleichzeitig zur Verfügung stehen, d. h., die Kooperation muss beiden einen «Sofortgewinn» bescheren. Bachstelzen *(Motacilla alba)* verteidigen im Winter oft zu zweit ein Nahrungsterritorium (Krebs & Davies 1996). Sie haben zwar höhere Kosten, weil sie sich ein Revier teilen müssen, gewinnen aber dadurch, dass die Revierverteidigung zu zweit leichter fällt und dass sie das Territorium ausweiten können, wodurch sie mehr Revierfläche nutzen können. Manche Wissenschaftler bezweifeln, dass es sich dabei um Kooperation handelt. Da aber eine gewisse Koordination zwischen den Individuen stattfinden muss, handelt es sich bei Mutualismus um eine Form der Kooperation. Ebenfalls gut untersucht ist dies bei der gemeinsamen Jagd von Schimpansen (Boesch & Boesch 1989). Im Tai-Nationalpark (Côte d'Ivoire) jagen meist adoleszente und adulte Schimpansenmännchen *(Pan troglodytes)* gemeinsam kleinere Affenarten. Die Erfolgsrate bei kooperativen Jagden beträgt etwa 90 %, die von Einzeljagden 12 %. Durch die Kooperation entsteht für alle jagenden Individuen ein Vorteil.

11.2.3 Reziproker Altruismus

Es gibt auch Beispiele, bei denen nicht verwandte Tiere kooperieren – gelegentlich auch als **reziproker Altruismus** oder **Freundschaft** bezeichnet.

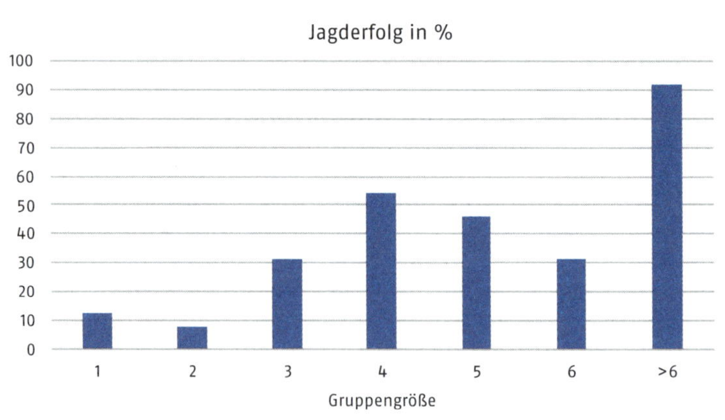

Abb. 11-5 Jagderfolg bei Schimpansen *(Pan troglodytes)* in Abhängigkeit zur Gruppengröße. (Neu gezeichnet nach Boesch & Boesch 1989; Boesch et al. 2005.

Wichtig ist in diesem Fall die zeitliche Komponente. Dies bedeutet, dass zuerst ein Tier einem anderen hilft und erst mit einer größeren Zeitverzögerung in der Zukunft dafür belohnt wird. Dieses Muster folgt einem «tit-for-tat» (bzw. «Wie-du-mir-so-ich-dir»). Dabei beginnt ein Tier mit einem altruistischen Verhalten gegenüber einem anderen und wird in der Zukunft ebenfalls unterstützt. Tiere investieren Energie und helfen dadurch einem anderen Individuum, erhöhen damit aber auch die Wahrscheinlichkeit, selbst in den Genuss eines solchen Verhaltens in der Zukunft zu kommen. Findet allerdings keine gegenseitige Unterstützung statt, dann beendet der Beginner die Interaktion. Ein Beispiel von reziprokem Altruismus ist bei Vampirfledermäusen *(Desmodus rotundus)* zu beobachten, die an einem gemeinsamen Rastplatz den Tag verbringen und nachts auf Nahrungssuche gehen. Vampirfledermäuse ernähren sich vom Blut anderer Wirbeltiere. Wenn eine Vampirfledermaus in zwei aufeinanderfolgenden Nächten keine Blutmahlzeit findet, verhungert sie. In solchen Fällen betteln die Tiere einen Mitbewohner an. Wenn dieser etwas Blut hervorwürgt, kann die hungrige Fledermaus den nächsten Tag überstehen. Für den Empfänger ist diese Blutmahlzeit lebensrettend, für den Spender dagegen impliziert sie nur einen geringen Nachteil: Der Empfänger gewinnt durch diese Aktion etwa 12 h weitere Lebenszeit, während der Geber deutlich weniger verliert als diese 12 h. Das liegt daran, dass nach einer ausreichenden Blutmahlzeit noch Energie für weitere 36 weitere Stunden bleibt (Wilkinson 1984).

Reziproker Altruismus entstand am wahrscheinlichsten bei Tierarten,

1. die in stabilen sozialen Verbänden leben,
2. langlebig sind,
3. eine geringe Dispersionsrate aufweisen und
4. ein gutes Gedächtnis haben.

Experimente von Milinski (1987) am Dreistachligen Stichling *(Gasterosteus aculeatus)* belegen ebenfalls Kooperation mit nichtverwandten Tieren. Stichlinge führen beim Auftauchen eines Prädators sogenannte «Inspektionen» durch, bei denen sie sich dem Prädator nähern, um Informationen über ihn zu gewinnen (→ Kap. 6.11). Allerdings sind diese Annäherungen nicht ungefährlich für den Inspektor. Milinski erfand nun ein Experiment, bei dem er einen Spiegel nutzte, indem sich der Stichling spiegelte, wenn er sich dem Prädator annäherte. Dadurch konnte dem Stichling vorgegaukelt werden, dass ein zweiter Stichling ebenfalls den Prädator inspizierte. Durch geschicktes Platzieren des Spiegels wurden nun zwei verschiedene Situationen geschaffen. In der einen Situation schwamm das Spiegelbild immer auf gleicher Höhe

(Kooperation), in der anderen Situation dagegen etwas zurückgesetzt. In der Situation der Kooperation bewegte sich der Stichling tatsächlich näher auf den Prädator zu als in der Situation der Zurücksetzung. Dies zeigt, dass Tiere die Kooperationssituation einschätzen können und ihr Verhalten dementsprechend anpassen.

Da die meisten Tiere jedoch mehr im «Hier und Jetzt leben», bezweifeln manche Wissenschaftler die Existenz dieses reziproken Altruismus (Clutton-Brock 2009). Um die Erwartungen des reziproken altruistischen Modells zu erfüllen, müss(t)en folgende Voraussetzungen gegeben sein:

- Die Tiere müssen sich individuell erkennen können.
- Ein Individuum darf nicht durch Betrügen einen Vorteil erzielen. Es muss die Möglichkeit bestehen, dass das betrügende Tier erkannt und bestraft werden kann.
- Damit Reziprozität entstehen kann, muss die Wahrscheinlichkeit hoch sein, dass die Individuen wieder aufeinandertreffen und sich «revanchieren» können.
- Der Nutzen für den Rezipienten sollte höher sein als die Kosten für den Gebenden.
- Die Tiere müssen sich vergangene Interaktionen bis zu einem gewissen Grad merken können.

Solche Erwartungen werden am ehesten in **sozialen Netzwerken** erfüllt (Croft et al. 2015; Nowak & Sigmund 2005). → Abb. 11-5 zeigt ein Beispiel für reziproken Altruismus. Dabei hilft Individuum A Individuum B und zu einem späteren Zeitpunkt B wiederum A. In sozialen Netzwerken ist die Reputation eines Individuums wichtig, d. h., die Interaktionen werden von weiteren Individuen beobachtet. Indem Individuum A Individuum B hilft und dabei von Individuum C beobachtet wird, hilft Individuum C daraufhin A, da C die Interaktion von A und B beobach-

Abb. 11-6 | Unterschiedliche Formen der Reziprozität. 1) direkte Reziprozität, 2) indirekte Reziprozität: A hilft B, C beobachtet dies und hilft A, 3) generelle Reziprozität: A hilft B und B hilft C. (Neu gezeichnet nach Nowak & Sigmund 2005.)

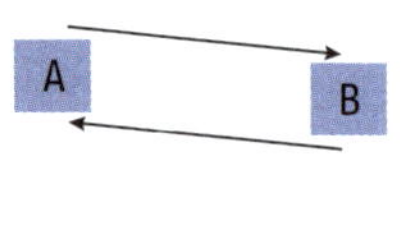

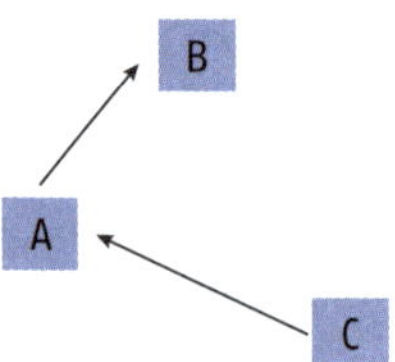

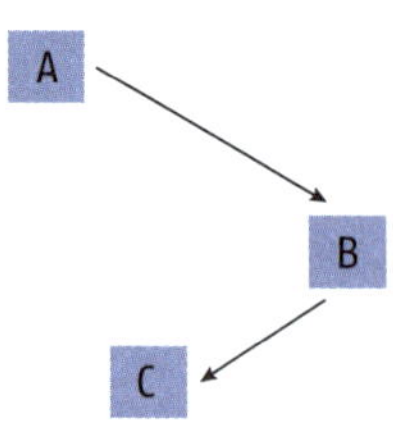

tet hatte. Eine generalisierte Reziprozität wäre dann erreicht, wenn Individuum A Individuum B hilft und dieses Individuum dann wiederum einem weiteren (Individuum C).

Neuere Hypothesen bringen den Aspekt der **Gruppenselektion** wieder in den Fokus, oft unter dem Stichwort **Superorganismus**. Dabei wird postuliert, dass innerhalb einer Gruppe der Egoist eine bessere Leistung erzielt, während beim Gruppenvergleich altruistische Gruppen erfolgreicher sind als egoistische (Wilson & Wilson 2007). Innerhalb einer Gruppe kann sich also Ausnutzen und Betrügen lohnen, während sich bei der Selektion zwischen Gruppen die Kooperation als erfolgreicher erweist (allerdings nur zwischen den Individuen innerhalb einer Gruppe; Dugatkin 2014).

Wahrer Altruismus in der menschlichen Gesellschaft?

Wahrer Altruismus bedeutet die absichtliche Unterstützung für ein Individuum zu dessen Nutzen oder Wohlergehen ohne eigene Interessen und eigenen Nutzen, aber verbunden mit eigenen Kosten (Wilson 2015). Die Frage, ob wahrer Altruismus vorkommt, stellt die Theorie der natürlichen Selektion in Frage, da ein Tier bei wahrem Altruismus in ein anderes Tier investieren (ihm helfen) würde, ohne dass es sich für dieses Tier selbst lohnen würde. Lösungen aus dem Dilemma bildet das Konzept des reziproken Altruismus, bei dem nach einiger Zeit eine Revanche kommt (s.o.), es sich also nur um eine zeitliche Verschiebung der Rückzahlung handelt. Eine weitere Hypothese ist, dass in einer Gesellschaft ein Individuum A einem Individuum B hilft, ohne dass sich B revanchiert, aber zu einer anderen Zeit Individuum C Individuum A

Unterschiedliche Kategorien des helfenden Verhaltens. (Nach Alcock 2005, S. 443.) **Tab. 11-4**

Klassifikation		**Beispiel**
Mutualismus/Kooperation	Geteilter direkter Fitnessgewinn (höher als bei einzelner Aktion) Unbedingte Kooperation	Gemeinsame Jagd bei Löwen; Teilen des Territoriums bei Bachstelzen; gegenseitige Fellpflege bei Primaten
Reziproker Altruismus	Direkter Gewinn (Revanche) trifft erst mit einer gewissen Zeitverzögerung ein Bedingte Kooperation	Vampirfledermaus teilt Nahrung ohne sofortige Gegenleistung
Fakultativer Altruismus	Zeitweiser Verlust des direkten Fitnessgewinns (mit Gewinn an indirekter Fitness), aber später direkter Fitnessgewinn	Blaubuschhäher hilft Eltern am Nest, bis die Individuen selbst sich fortpflanzen
Obligater Altruismus	Kompletter Verlust der direkten Fitness, aber indirekter Fitnessgewinn	Honigbiene resp. Nacktmull helfen in der Sozialgruppe, ohne je eine eigene direkte Fortpflanzungsgemeinschaft zu etablieren

unterstützt, ebenso ohne Revanche. Eine solche Situation bildet dann aber weniger Altruismus, sondern viel eher Hilfsbereitschaft ab, was durchaus auch eine eigennützige Komponente haben kann.

In der menschlichen Gesellschaft ist die Frage nach dem wahren Altruismus besonders spannend, da es Wohltäter gibt, die ihr Geld oder ihre Arbeit in den Dienst der Menschheit stellen. Allerdings merken auch hier Kritiker an, dass z. B. ein Rockstar, der (medienwirksam) einen großen Teil in die Entwickung Afrikas investiert, einen Nutzen generiert (z. B. durch hohe Sympathiewerte, die sich beispielsweise in besseren Plattenverkäufen oder Downloadzahlen äußert).

11.2.4 Manipulation

Manipulation findet statt, wenn ein Tier so manipuliert wird, dass es eine altruistische Handlung für ein anderes ausführt, ohne daraus einen eigenen Nutzen zu ziehen. Dies wird auch als **Parasitismus** bezeichnet. Am ehesten einleuchtend ist das Beispiel des Kuckucks (*Cuculus canorus;* → Kap. 8.4), der seine Eier in die Nester anderer Vogelarten legt. Der Jungkuckuck wird von den Wirtseltern altruistisch aufgezogen, die davon keinerlei Nutzen haben, in den meisten Fällen sogar ihre eigene Brut verlieren.

11.3 Helfersysteme

Helfersysteme gibt es etwa bei 200 Vogel- und 120 Säugetierarten (Krebs & Davies 1996). Tiere dieser Arten verbringen einen Teil ihres Lebens damit, Artgenossen bei der Fortpflanzung zu helfen und ziehen daraus teilweise indirekte Fitnessgewinne (s.o.). Es handelt sich dabei um sogenannten **fakultativen Altruismus.** Diese Hilfe **(alloparentale Fürsorge)** besteht in der Regel aus dem Füttern des Nachwuchses oder dem Schutz für den Nachwuchs. Etwa 80 % dieser Helfer sind **Helfer am Nest**, oft Jungvögel, die die Eltern weiter unterstützen. Bei Blaubuschhähern *(Aphelocoma coerulescens)* können Paare mit Helfern am Nest mehr Jungen aufziehen als ohne solche Helfer. Die Helfer wiederum haben einen indirekten Fitnessgewinn, weil sie meist (zu über 90 %) mit den Jungvögeln verwandt sind, oft handelt es sich um Geschwister (Woolfenden & Fitzpatrick 1984). Allerdings führen auch die ökologischen Randbedingungen zum Helferverhalten. Man vermutet beim Blaubuschhäher, dass alle guten Habitate besetzt sind und die Jungen dann in suboptimale Habitate abwandern, dort aber womöglich nur geringe Fortpflanzungsraten erzielen würden. Durch das Verbleiben und Helfen

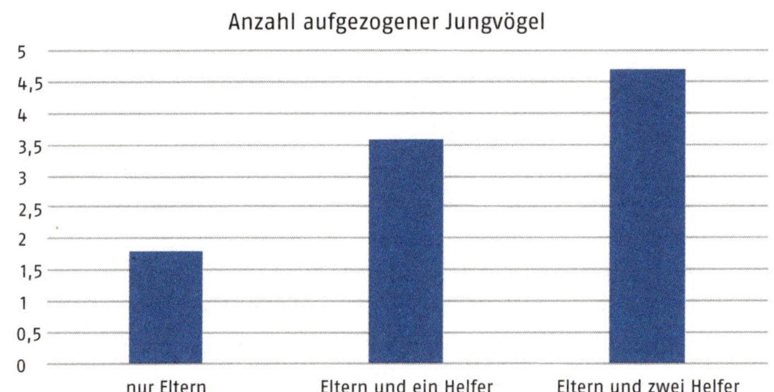

Abb. 11-7

Bruterfolg beim Graufischer *(Ceryle rudis)* am Victoriasee in Abhängigkeit zur Zahl der Helfer. Der Bruterfolg nimmt mit den Helfern zu. (Neu gezeichnet nach Reyer 1980.)

bei den Eltern steigern die Jungvögel so ihre Fitness indirekt. Abwandern führt in der Regel zu einer hohen Mortalität und zu schlechteren Fortpflanzungsraten. Als in zwei Ausnahmejahren die Hälfte der adulten Vögel starb, gründeten die Jungvögel recht schnell eigene Familien. Dies stützt die Hypothese der Beschränkung durch die ökologischen Randbedingungen. Zusammenfassend konnte man schlussfolgern:

- Die eigenen Überlebenschancen steigen, wenn die Häher im Territorium der Eltern verbleiben.
- Abwanderung in ein eigenes Brutgebiet ist wenig erfolgversprechend (keine Reviere, schlechte Qualität).
- Männliche Häher können das Brutrevier des Vaters «erben».
- Die Überlebenschancen der Eltern der Helfer steigen.
- Die Zahl der jüngeren Verwandten nimmt zu (und damit die indirekte Fitness des Helfers).
- Die Territoriumsgröße nimmt zu (da mehr Vögel es verteidigen), und damit die Chance, ein eigenes Revier im Revier der Eltern abzuspalten.

Graufischer *(Ceryle rudis)* brüten in Kolonien in Afrika (→ Abb. 11-7). Reyer (1980) beobachtete ein ausgeklügeltes Helfersystem an den Niströhren. Dabei konnte zwischen primären und sekundären Helfern unterschieden werden. Die primären Helfer sind zu 92 % mit einem der beiden Elter verwandt, die sekundären Helfer dagegen nicht bzw. nur weitläufig. Der Fütterungsaufwand der primären Helfer war bedeutend größer als jener der sekundären, was der Theorie der indirekten Fitness entspricht. Die Entstehung dieses Verhaltens wurde dadurch erklärt, dass in den Kolonien ein Männchenüberschuss herrschte. Weibchen konnten bereits nach einem Jahr brüten, während Männchen diese Strategie nicht verfolgen konnten, da sie den älteren Männchen unterlegen waren. Aus diesem Grund gab es auch keinerlei weibliche Helfer in der Kolonie. Die zweitbeste Wahl war also für die Männchen das Helfen am Nest, dabei war der Fitnessgewinn beim Helfen am elterlichen Nest am höchsten.

Die Einschätzung des Helfens am Nest unterscheidet sich also, je nachdem, ob es darum geht, warum die Jungtiere im Revier ihrer Eltern bleiben oder warum sie am Nest helfen. Bislang wenig untersucht wurde, welche Kosten das Verhalten für die Helfer hat. Helfersysteme entstanden womöglich aufgrund ökologischer Beschränkungen, die es erschweren, dass die Helfer eigenen Nachwuchs produzieren. Dazu gehören beispielsweise ungünstige Umweltfaktoren (Nahrungsverknappung, besetzte Territorien) oder eine ungleiche Geschlechterrate. Jan Komdeur (1994) testete die Hypothesen beim Seychellen-Rohrsänger *(Acrocephalus sechellensis)* auf der Insel Cousin. Dabei siedelte er eine gewisse Anzahl an Individuen auf eine unbesetzte Insel um, wodurch auf Cousin Territorien frei wurden. Die Helfer auf Cousin gaben daraufhin ihre Hilfe prompt auf und brüteten selbst. Der Nachwuchs der umgesiedelten Vögel verließ ebenso zügig das elterliche Revier und brütete ebenfalls selbst (Komdeur et al. 1995). Dies deutet darauf hin, dass das Helfen eher eine Notlösung ist.

11.4 Eusozialität

Eusozialität bezeichnet das generationenübergreifende Zusammenleben und die Kooperation in Sozialverbänden, in denen nur eines oder wenige Mitglieder sich fortpflanzen. Solche Sterilität und Arbeiterkasten sind nur bei sozialen Insekten, einer Shrimps-Art (*Synalpheus regalis*; Duffy et al. 1999) und bei Säugetieren von zwei Mullarten bekannt. Hierbei handelt es sich um einen **obligaten Altruismus**. Nacktmulle *(Heterocephalus glaber)* sind fast haarlos und blind und leben in Kolonien von 25 bis 300 Individuen in Afrika in weitverzweigten Höhlensystemen. Jede Kolonie besteht aus einem reproduktiven Weibchen, der Königin, und bis zu drei reproduktiven Männchen (Jarvis 1981) sowie deren gemeinsamen Nachwuchs, der in der Kolonie verbleibt und bei der Aufzucht mithilft. Die Königin kann bis zu 15 Jahre alt werden, ist ständig schwanger und wächst währenddessen weiter und wird immer größer. Die anderen Weibchen (alles Schwestern bzw. Töchter der Königin) dienen als Arbeiterinnen in der Kolonie. Die Königin beherrscht die Kolonie durch ihre aggressive Dominanz. Die Dominanzhierarchie ist linear und weist ein klares Ranking der Weibchen auf. Wird die Königin experimentell entfernt (Braude 2000), gibt es heftige Kämpfe; das dominanteste Weibchen übernimmt dann die reproduktive Rolle in der Kolonie. In der Arbeiterkaste gibt es zwei Typen: die einen arbeiten sehr intensiv für die Kolonie, die anderen weniger intensiv. Letztere sind weniger eng mit der Königin verwandt, können sich jedoch zu einer Königin entwickeln (Reeve 1992). Der Verwandtschaftskoeffizient innerhalb einer Kolonie ist sehr hoch (r = 0,8), die Inzucht unter allen Säugetieren die größte (Reeve et al. 1990). Allerdings sind auch die Unterschiede zwischen den Kolonien relativ gering, die Tiere können aber ihre Kolonien am Geruch unterscheiden und vermeiden fremde Tiere (O'Riain & Jarvis 1997). Andererseits scheinen auch ökologische Faktoren eine Dispersion zu verhindern.

Kulturelle Evolution

Kulturelle Evolution und Traditionsbildung kann nur bei – im weitesten Sinne – sozialen Tieren stattfinden. Dazu muss aber nicht unbedingt ein enger sozialer Kontakt bestehen; das Beobachten des Verhaltens eines anderen Tieres kann bereits Kultur ermöglichen, wenn ein Tier das beobachtete Verhalten in sein Verhaltensrepertoire mit einbaut. Makaken *(Macaca fuscata)* in Japan lernten, dass man Sand von Kartoffeln im Wasser abwaschen kann (Kawai 1965). Dies wurde dann von weiteren Individuen der Gemeinschaft nachgeahmt (Soziales Lernen, → Kap. 9.1). Nach einiger Zeit «lernten» die Tiere, dass man Weizenkörner von Sand trennen kann, indem man sie ins Wasser wirft. Der Sand sinkt zu Boden und die schwimmenden Körner können abgeschöpft werden. Dieses Nachahmen wird als Tradition oder Kultur bezeichnet.

Definition

TRADITION: Verhaltensweisen oder -repertoire, welches innerhalb einer Abstammungslinie oder Gruppe auftritt und durch soziales Lernen weitergegeben wird.
KULTUR: umfasst alle sozial weitergegebenen Verhaltensweisen, die den Phänotyp durch Lehren oder soziales Lernen beeinflussen.

Kultur kann auch experimentell hervorgerufen werden. Interessant ist in diesem Zusammenhang ein Experiment mit Kohlmeisen *(Parus major)*. Dabei wurden Männchen darauf trainiert, eine Futterbox mit Schiebetür zu öffnen. Ein Teil der Tiere lernte, dass die Tür nach links zu öffnen war, bei der anderen Gruppe öffnete sich die Schiebetür nach rechts. Nun wurden die Tiere nach ihrem Laboraufenthalt in zwei verschiedenen Populationen freigelassen, für die wiederum entsprechende Futterboxen aufgestellt wurden. Die am Ort der Freilassung lebenden Tiere lernten nun von den Tutoren; rund 75 % der jeweiligen Population zeigte daraufhin das entsprechende Verhalten (Aplin et al. 2015).

Bei Tradition und kulturellem Lernen handelt es sich streng genommen nur um einen Lernvorgang. Der große Unterschied zum individuellen Lernen jedoch ist, dass das gewonnene Wissen nicht mit dem Tod eines Tieres wieder verloren geht, sondern, dass durch Kultur erworbenes Wissen durch andere Tiere erhalten bleibt, Wissen somit allgemein (und nicht mehr individuell) wird und dadurch auch vermehrt werden kann (Dugatkin 2014). Das beste Beispiel hierfür ist der Mensch: Sprache und Schrift werden durch Lehren weitergegeben. Beim Menschen jedoch wird das Wissen «außerhalb» des Körpers (extra-somatisch) gespeichert, z. B. auf Medien. Die Kultur beim Menschen umfasst auch Symbole und Repräsentationen (z. B. Schrift) und unterscheidet sich damit deutlich von der nichtmenschlicher Tiere (Avital & Jablonka 2000).

11.5 Infantizid

Infantizid ist die Kindstötung, meist durch Männchen (reproduktive Konkurrenz unter Männchen). Dieses Verhalten kommt bei einigen Arten, oft Katzen (Felidae) und manchen (Menschen)Affen vor. Obwohl es eigentlich zweckfrei erscheint, ist es für die Männchen adaptiv: Löwenmännchen, die ein neues Rudel übernehmen, töten oft die Jungen, die von den Weibchen gesäugt werden. Dadurch werden die Weibchen wieder östrisch und können vom neuen Rudelchef befruchtet werden. Da die Zeiten, in denen ein Löwenmännchen ein Weibchenrudel monopolisieren kann, beschränkt sind, steigert das Männchen dadurch seinen Fortpflanzungserfolg. Häufiger ist Infantizid bei Tieren, bei denen sich die Weibchen recht lange um ihren Nachwuchs kümmern, z. T. mehrere Jahre; sie sind in dieser Zeit nicht fruchtbar.

Infantizid kann auch durch reproduktive Konkurrenz unter Weibchen entstehen, etwa dann, wenn in polygynen Systemen (→ Kap. 7.6) das Investment durch Männchen begrenzt ist, weil ein Männchen für mehrere Weibchen mit Nachwuchs sorgen müsste. Drosselrohrsänger *(Acrocephalus arundinaceus)* haben gelegentlich zwei verschiedene Weibchen mit jeweils eigenem Nest. Da die Männchen nicht in beide Nester gleich investieren können, erfährt die Brut eines (meist des ersten) Weibchens mehr Unterstützung. Geht diese Brut allerdings verloren, dann widmet sich das Männchen ganz der zweiten Brut. Manche Zweitweibchen zerstören nun die Brut des ersten Weibchens, wodurch das Männchen sich mehr an der Aufzucht der zweiten Brut beteiligt (Hansson et al. 1997).

Ein Infantizid kann auch bereits im Mutterleib erfolgen. Bei manchen Nagetieren führt die Anwesenheit eines neuen Männchens dazu,

Abstände zwischen Mutter und Nachwuchs bei verschiedener Gruppenzusammensetzung bei Schimpansen *(Pan troglodytes)*. Sind Männchen mit in der Gruppe, sind die Kinder näher bei ihren Müttern. Dies kann adaptiv sein und vor Infantizid schützen. (Neu gezeichnet nach Voland 2013 nach Otali & Gilchrist 2006.)

Abb. 11-8

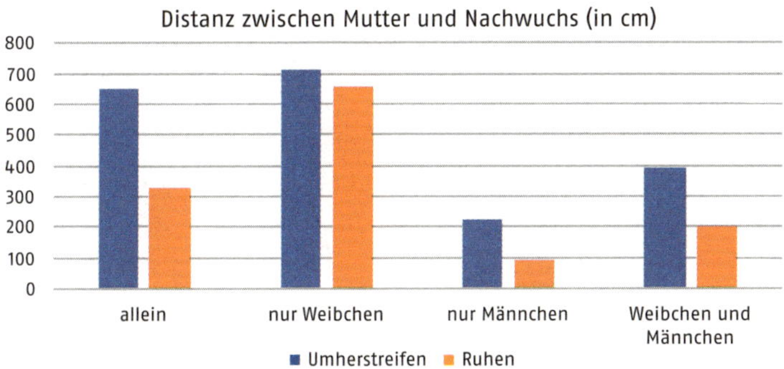

dass bei schwangeren Weibchen physiologisch eine Abtreibung vollzogen wird. Dadurch wird das Weibchen schnell wieder befruchtungsfähig. Die physiologische Abtreibung wird bei Mäusen durch den Geruch des neuen Männchens ausgelöst **(Bruce-Effekt)**. Wird das Geruchszentrum blockiert, gibt es diesen Effekt nicht. Ersetzt man das alte Männchen durch einen Klon, so kommt es ebenfalls nicht zu einem Abort.

Merksatz

Der Bruce Effekt ist eine physiologische Abtreibung, ausgelöst durch ein neues Männchen bzw. durch dessen Geruch.

Die Gefahr eines Infantizids wirkt sich auf das Gruppenverhalten aus. Bei Schimpansen *(Pan troglodytes)* halten sich die Jungtiere näher bei ihren Müttern auf, wenn Männchen alleine in der Subgruppe sind (→ Abb. 11.8). Dies ist vorteilhaft, da die Männchen Jungtiere töten, wenn sie ein Rudel übernehmen wollen.

Weiterführende Literatur

Krause J, James R, Franks DW, Croft DP (2015): Animal social networks. Oxford University Press, Oxford, 260pp.

Voland E (2013): Soziobiologie. Die Evolution von Kooperation und Konkurrenz. 4. Aufl. Springer, Heidelberg, 265pp.

Wuketits FM (2002): Was ist Soziobiologie? CH Beck, München, 113pp.

Workman L, Reader W (2014): Evolutionary Psychology. 3rd ed. Cambridge University Press, Cambridge, 544pp.

Angewandte Aspekte

12

Inhalt

Der Beitrag der Verhaltensbiologie für den Natur- und Artenschutz ist bislang eher gering, dürfte jedoch an Bedeutung gewinnen. Dies liegt zum Teil daran, dass Verhaltensbiologen oft häufigere Arten untersuchen. Die Anwendung der vier Fragen Tinbergens ist auch hier nützlich. Ontogenetische Faktoren sind wichtig, wenn naiven Tieren die Angst vor unbekannten Beutegreifern beigebracht wird. Proximate Faktoren spielen eine Rolle bei der Konditionierung eines Prädators (aversive Konditionierung, um eine Beute zukünftig zu vermeiden). Aus ultimater Sicht wichtige Anpassungen (Infantizid, Kaininismus) können im Naturschutz kontraproduktiv sein, sodass die Kenntnis dieser Faktoren Artenschutzmaßnahmen effektiver werden lässt. Phylogenetische Analysen können helfen, Arten oder Gruppen zu identifizieren, die besonders gefährdet sind. Der negative Einfluss des Menschen besteht hauptsächlich durch Bejagung, Befischung und Lebensraumzerstörung.

Arten- und Naturschutz und Verhalten

12.1

Naturschutz bzw. Artenschutz hat verschiedene Hauptaspekte (Caro 1998):

1. Verlust an Biodiversität (einzelne Arten, ganze Artenkomplexe, Lebensräume),
2. Einflüsse auf kleine Populationen und
3. Einflüsse auf einzelne Populationen mit lokal adaptierten Genen (Verlust genetischer Diversität).

Allerdings ist der Beitrag der Verhaltensbiologie für den Naturschutz bislang relativ gering. Dies könnte auch daran liegen, dass

- die Verhaltensbiologen in theoretisch postulierten Kategorien denken (ultimate/proximate Faktoren, Kosten-Nutzen-Modelle),
- Verhaltensbiologen sehr oft die Tierart nach der Fragestellung auswählen (während beim Naturschutz die gefährdeten Arten im Vordergrund stehen),
- Verhaltensbiologen oft häufig vorkommende Arten untersuchen, um eine ausreichende Stichprobe zu haben und um weniger Probleme bei der Genehmigung von Experimenten zu bekommen, während Naturschutzbiologen seltene und vom Aussterben bedrohte Arten untersuchen.

Die vier Fragen Tinbergens (→ Kap. 3) können auch in Bezug zum Naturschutz gestellt werden (Buchholz 2007). Dabei können **ontogenetische** Aspekte (McLean 1997), z.B. die aversive Konditionierung auf Beutegreifer oder die Nicht-Prägung auf den Menschen bei einer künstlichen Aufzucht sowie aversive Konditionierung hilfreich sein. Beispiele für **proximate mechanistische** Faktoren sind besonders im Bereich der Endokrinologie ausgearbeitet worden (Wingfield et al. 1997):

1. Hormongaben (Hormontherapie) können benutzt werden, um die Reproduktion zu erhöhen oder um Krankheiten des Reproduktionstrakts zu heilen.
2. Hormonmessungen können bei gefährdeten Populationen anzeigen, in welchen Zeitfenstern besonders stressige Situationen auftreten.
3. Hormone können als Parameter zur Messung von Umwelteinflüssen herangezogen werden, z.B. Stresshormone als Reaktion auf anthropogene Störungen (Jagd, Ökotourismus, Verölungen bei Seevögeln) oder Umwelteinflüsse (Dürren, El Niño-Phänomene).
4. Umweltschadstoffe können auch auf proximater Ebene das Verhalten ändern. Das Pestizid Imidacloprid beispielsweise führte bei der Ameisenart *Lasius flavus* zu einer 3,7-fach höheren Aggressionsrate (Thiel & Köhler 2016).

Ultimate Aspekte dagegen greifen in den Selektionsprozess ein. Hier besteht ein gewisser Widerspruch zwischen der natürlichen Selektion und den Interessen der Naturschutzbiologen: Naturschutzbiologen zielen auf eine möglichst hohe Reproduktion des Einzeltiers ab, um den Bestand einer Tierart zu erhöhen. Dabei werden ggf. auch weniger überlebensfähige Individuen zur Fortpflanzung gebracht, die anderenfalls durch die natürliche Selektion wegselektiert worden wären. In diesem Spannungsfeld ist generell zu diskutieren, inwieweit solche Eingriffe, die direkt in die natürliche und sexuelle Selektion eingreifen, langfristig tatsächlich vorteilhaft für den Erhalt einer Art sein können.

Tab. 12-1 Aspekte und Fragestellungen der Verhaltensbiologie und ihre Auswirkungen auf den Arten- und Naturschutz. (Nach Gosling & Sutherland 2000.) Angegeben sind die Einordnungen entsprechend Caro (1998) und Sutherland (1998) sowie die jeweiligen Kapitel in diesem Buch.

Forschungsbereich	Beispiele für die Konsequenzen für den Artenschutz	Autoren	Einordnung nach Caro (1998), Sutherland (1998)	Kapitel in diesem Buch
Paarungssysteme	Beeinflusst effektive Populationsgröße und überlebensfähige Population (stochastische Rechenmodelle)	Durant (2000)	Artenschutz in natürlichen Habitaten	Kap. 8 Paarungssysteme
Sexuelle Selektion und Status signalisieren	Die Kosten für Balz können die Fitness reduzieren und die Wahrscheinlichkeit für das Aussterben erhöhen. Arten, die hoher sexueller Selektion unterliegen, sterben eher aus und benötigen größere Schutzgebiete	Møller (2000)	Artenschutz in natürlichen Habitaten; Aussterben; Design von Reservaten	Kap. 8 Fortpflanzung
Sozialleben und Verwandtenselektion	Konsequenzen für die Populationsökologie	Pettifor et al. (2000)		Kap. 11 Soziobiologie
Life histories	Erlauben die Reaktionen auf anthropogene Ausnutzung (Fischerei, Jagd) zu verstehen	Reynolds & Jennings (2000)		
Evolutionär Stabile Strategie	Kann Dichte vorhersagen und damit die Populationsgröße; Befischung durch Menschen hat Einfluss auf Populationen von Seevögeln	Goss-Custard et al. (2000)	Artenschutz in natürlichen Habitaten; Mensch-Tier-Relation	Kapitel 5 Nahrungssuche
Soziale Einflüsse/ Beschränkungen auf die Ressourcennutzung durch den Menschen	Kann den menschlichen Einfluss auf Habitate und Arten vorhersagen; Bevölkerungswachstum (besonders von ärmeren Populationen) beeinflusst Reservate	Mace (2000)	Design von Reservaten; Mensch-Tier-Relationen Umweltbildung	Kapitel 12
Lernen	Konditionierung auf «neue» Feinde; Konditionierung, um Geschmacks-Aversion zu erzeugen; Vermeidung von Fehlprägung	Wallace (2000) Cowan et al. (2000)	Aussterben durch eingeführte Beutegreifer; Rolle von nativen Beutegreifern; Wiedereinbürgerung	Kap. 9 Lernen und Kognition
Kommunikation	Rufe als Zensusmittel; Probleme in Kommunikation beschleunigen Aussterben	McGregor (2000) Delport et al. (2002)	Individuelle Rufe werden als Mittel des Monitorings verwendet	Kap. 10 Kommunikation
Migration	Trade-off bei Fetteinlagerung gegenüber anderen physiologischen Aspekten (z. B. zu hohe Fetteinlagerungen, die für Prädatoren anfälliger machen); zu geringe Fetteinlagerungen durch Störungen etc., die dazu führen, dass Tiere ihr Ziel nicht mehr erreichen	Piersma & Baker (2000)		Kap. 4 Proximate Faktoren
Home-range und Dispersion	Design von Reservaten (Größe, Ausstattung), Manipulieren des Dispersals zur Verhinderung der Abwanderung	Thomas et al. (2000), Pettifor et al. (2000), Woodroffe & Ginsberg (2000)		Kapitel 12
Nahrungssuche	Habitatwahl verstehen und beeinflussen	Pettifor et al. (2000)		Kap. 5 Nahrungssuche
Prädation	Prädation als Limitation; Design von Habitaten und Schutzgebieten; Prädationsverhalten als Ausgangspunkt, um die Reaktion auf Jagd durch den Menschen zu analysieren	Caro (2000), Bradshaw & Bateson (2000)	Aussterben durch eingeführte Beutegreifer; Rolle von nativen Beutegreifern	Kap. 6 Prädation
Reaktion auf Störungen	Konsequenzen auf dem Populationslevel analysieren; Stress level und Tierschutzaspekte	Gill & Sutherland (2000), Bradshaw & Bateson	Artenschutz; Design von Reservaten; Tier-Mensch-Beziehung	Kap. 5 Nahrungssuche Kap. 6 Prädation

Phylogenetische Analysen untersuchen die Risikofaktoren für das Aussterben in einem artübergreifenden Vergleich zwischen verschiedenen Arten. Hier belegten Bennett & Owens (2002), dass der Habitatverlust den größten Gefährdungsfaktor bei Vogelarten darstellt. Eine Aufgabe muss es also sein, Verhalten zu quantifizieren und dieses in Bezug zur Populationsgröße zu setzen (Blumstein 2010). Caro (1998) und Sutherland (1998) benennen mehrere wichtige Aufgaben, bei denen Verhaltensaspekte für Naturschutz wichtig sind:

- Artenschutz in natürlichen Habitaten,
- Aussterben und Verhalten,
- Aussterben durch eingeführte Beutegreifer,
- Rolle von nativen Beutegreifern,
- Design von Reservaten,
- Wiedereinbürgerung und
- Mensch-Tier-Interaktion.

12.1.1 Schutz von Arten in natürlichen Habitaten

Um Arten in ihren **natürlichen Habitaten** zu schützen, muss Wissen über die Habitatwahl, Nahrungswahl, Territoriumsgröße und das Paarungssystem vorhanden sein. Den Einfluss der Habitatwahl kann man bei Meeresschildkröten (Cheloniidae) zeigen. Junge Meeresschildkröten schlüpfen nachts und müssen schnellstmöglich zu ihrem angestammten Habitat, dem Meer, gelangen; und zwar einerseits, damit sie nicht austrocknen, und andererseits, weil sie bei Tageslicht am Strand eine leichte Beute für vielerlei Prädatoren sind. Um zum Meer zu gelangen, orientieren sie sich an der Reflexion des Mondlichts auf der Wasseroberfläche des Meeres (positive Phototaxis). Durch die zunehmende Lichtverschmutzung an den Küsten wird diese Orientierung zunehmend verunmöglicht: Die vielen nicht natürlichen Lichtquellen erschweren den Jungtieren die Orientierung, sodass sie in der Nähe von Küstenstädten oft in eine falsche Richtung laufen. Naturschutzbiologen nutzen nun das Wissen um dieses Verhalten, um mit Lampen die Jungtiere auf den richtigen Weg ins Meer zu locken. Hierbei nutzen sie die proximaten Grundlagen des Verhaltens (Scott 2005). Eine weitere Problematik besteht im Zusammenhang mit der Wellenlänge des Lichts: Junge Meeresschildkröten orientieren sich stärker an kurzen Wellenlängen und vermeiden längere Wellenlängen. Daraus ergibt sich die Möglichkeit, für Strandbeleuchtungen künftig langwelliges (gelbes) Licht zu empfehlen, da es Schildkröten nicht anlockt (Witherington 1997).

Populationen von seltenen Arten werden oft durch **Monitoring** begleitet. Dieses Monitoring hilft festzustellen, ob eine Population stabil bleibt, schrumpft oder sich wieder erholt. Dadurch können Artenschutzmaßnahmen überwacht werden. Ein solches Monitoring kann über das bloße Zählen von Individuen hinausgehen, wenn die Tiere individuell markiert werden. Solche individuellen Erkennungsmerkmale helfen, einzelne Individuen über einen längeren Zeitraum zu verfolgen. Dadurch kann Abwanderung (Dispersion), Überlebensrate und z. T. auch der Fortpflanzungserfolg gemessen werden. Drei Methoden werden dabei verwendet:

Anbringen von Markierungen (Ringe, Färbungen, GPS-Lokatoren etc.), um Tiere individuell erkennen zu können. (→ Kap. 2.3).

Phänotypische Methoden, wie Erkennen anhand besonderer individueller Färbungen oder akustischer Kennzeichen. Methoden aus der Bioakustik können helfen, die Rufe und Gesänge einzelnen Individuen zuzuordnen, da bei manchen Tierarten die jeweiligen Rufe individuell erkennbar sind (Delport et al. 2002); aber auch, um Geschlechter zu identifizieren (Baptista und Gaunt 1997).

Genotypische Merkmale (anhand der DNA, z. B. im Kot). Die Verwendung von Kotproben oder Haarproben an Lockstöcken etc. hat den Vorteil, dass die Tiere nicht eingefangen werden müssen.

Aussterben und Verhalten | 12.1.2

Das **Aussterben** von Tierarten ist kein zufälliger Prozess, d. h., nicht alle Arten sind gleich gefährdet. Bei Vogelarten stellten Bennett und Owens (2002) fest, dass in den Familien der Papageien, Fasane, Albatrosse, Rallen und Tauben mehr Arten vom Aussterben bedroht sind, als in den Familien der Kuckucke, Meisen, Stare, Spatzen und Kolibris. Ein genauerer Blick auf die Sachlage ergab, dass größere und weniger fruchtbare Arten (K-Strategen) eher vom Aussterben bedroht sind als r-Strategen, die viel Nachwuchs bekommen und kleinere Territorien besetzen. Zudem sind ökologisch spezialisierte Arten stärker gefährdet als Generalisten, besonders, wenn noch Habitatverlust und die Einführung neuer Prädatoren dazukommen.

Das Aussterben einer Art hat auch Nachfolgeeffekte auf weitere Arten: Wenn Top-Prädatoren aussterben, kann dies zu Verhaltensänderungen bei den Meso-Prädatoren führen. Das Aussterben von Pumas und Wölfen in weiten Teilen der USA führte beispielsweise dazu, dass Koyoten als Meso-Prädatoren die Rolle des Top-Prädators übernahmen. Sie bildeten größere soziale Gruppen als vorher und konnten dadurch wiederum größere Beute erlegen, die früher den Top-Prädatoren zum Opfer gefallen waren.

Abb. 12-1 | Heterozygositätsindex beim Florida-Panther *(Felis concolor)*. Im Jahr 1996 wurden acht Texas-Panther *(P. c. stanleyana)* eingeführt. Danach nahm die Population zu, der Heterozygositätsindex stieg an und die Inzucht nahm ab. (Neu gezeichnet nach Johnson et al. 2010.)

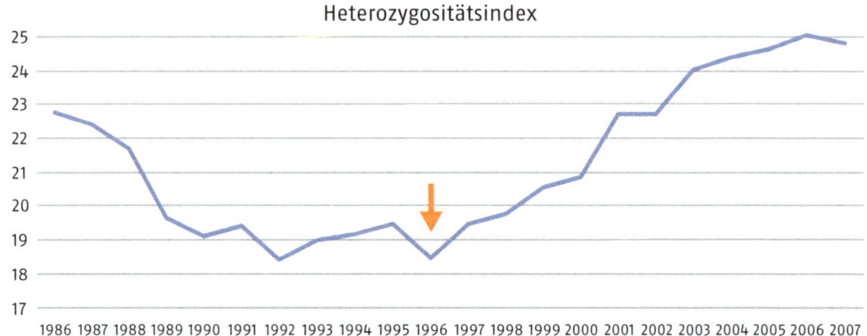

Populationsbiologisch spielen weitere Effekte beim Aussterben von Arten eine Rolle. Der **Allee-Effekt** (Mills 2013), zum Beispiel, bezeichnet das Phänomen, dass sich Tiere seltener fortpflanzen und weniger Nachwuchs produzieren, als sie es statistisch könnten. Ein Grund für den Effekt könnte in der starken sexuellen Selektion liegen, da Tiere, die keinen geeigneten Partner finden, sich dann nicht fortpflanzen.

Dass manche Vogelarten, insbesondere Greifvögel, mehr Nachwuchs produzieren, als sie bis zum Flüggewerden füttern können (→ Kap. 8.3), kann sich der Naturschutz ebenso zunutze machen. In nahrungsreichen Jahren fliegen mehr Junge aus als in nahrungsärmeren Jahren. Beim Spanischen Kaiseradler *(Aquila adalberti)* werden pro Nest bis zu vier Eier gelegt und fast alle Jungvögel schlüpfen, doch nur ein bis zwei überleben bis zum Ausfliegen, in der Regel aufgrund von Nahrungsknappheit. Um den Bestand des Kaiseradlers zu steigern, wurden den Elterntieren als Zusatzfütterung in Nestnähe Kaninchenkadaver angeboten. In der Folge stieg der Ausfliegeerfolg signifikant an und der Bestand des Kaiseradlers erholte sich (Gonzalez et al. 2006). Wenn Elterntiere «schlechte» Eltern sind, wird gelegentlich auch deren Nachwuchs zu einem anderen artgleichen Elternpaar transferiert, wodurch der Brut- und Ausfliegeerfolg in einer natürlichen Population erhöht werden kann (Wallace 2000).

Hybridisation bedroht seltene Arten ebenfalls. **Hubbs Prinzip** besagt, dass Tierarten besonders an Arealgrenzen oder, wenn sie selten werden, zur Hybridbildung neigen (Randler 2002, 2006). Dies liegt daran, dass die Tiere aus Ermangelung eines artspezifischen Partners den Partner einer anderen Art wählen.

Aussterben durch eingeführte (gebietsfremde) Beutegreifer | 12.1.3

Gebietsfremde Arten (auch «**Neozoen**» genannt) sind in einem Gebiet eingeführt worden (absichtlich oder unabsichtlich), in dem sie zuvor nicht vorgekommen sind. Eingeführte Beutegreifer, wie z. B. Ratten oder Wiesel, können zum Aussterben von Arten führen, besonders, wenn sie in Gebiete gelangen, in denen zuvor gar keine oder keine ähnlichen Prädatoren vorhanden waren. Aussterben durch eingeführte Prädatoren wurde vor allem bei flugunfähigen Vogelarten und besonders auf Inseln festgestellt. Tiere, die auf prädatorfreien Inseln leben, sind gewissermaßen **naiv**, weil sie die Prädatoren nicht kennen und deshalb auch nicht meiden oder vor ihnen fliehen. Darauf kann in verschiedener Weise reagiert werden:

- **Dezimierung** der Beutegreifer, z. B. durch Bejagung, Fallen und ggf. auch Umsiedlung der Prädatoren. Beispiel: In Neuseeland werden Kolonien von Sturmvögeln (Procualariidae) dadurch geschützt, dass man die Beutegreifer dezimiert (Mills 2013).
- **Aversive Konditionierung:** Beutegreifer können konditioniert werden, sodass sie eine bestimmte Beute vermeiden, weil diese mit einer negativen Auswirkung verbunden ist. Durch Besprühen mit aversiven Chemikalien lernen Beutegreifer, eine bestimmte Beute – eine gefährdete Art oder deren Eier – zu vermeiden (Cowan et al. 2000; Avery & Decker 1994).
- Nutzen von **Variation im Verhalten.** Der Mauritiusfalke *(Falco punctatus)* wurde durch eingeführte Beutegreifer beinahe zum Aussterben gebracht. Mauritiusfalken brüten überwiegend in Baumhöhlen, die von eingeführten Langschwanzmakaken *(Macaca fascicularis)* ausgeraubt wurden. Lediglich einzelne Paare brüteten auf Felskliffen, die für die Makaken nicht erreichbar waren. Dieses plastische Brutverhalten führte dazu, dass sich die Population dank der Felsbrüter regenerieren konnte (Arcese et al. 1997).

Beim Umgang mit eingeführten (invasiven) Arten gelten drei generelle Regeln (Mills 2013):

- Vermeiden der Einbringung,
- wird trotzdem eine neue Art eingebracht, muss möglichst schnell gehandelt werden, da eine gewisse Zeit vergehen muss, bis sich eine neue Population etablieren kann,
- wenn invasive Arten trotzdem etabliert sind, darf das Engagement zu deren Rückbindung nicht nachlassen.

Abb. 12-2 Gebietsfremde Arten in Europa. A) Waschbär *(Procyon lotor)* aus Nordamerika. B) Halsbandsittich *(Psittacula krameri)* aus Indien. Fotos: C. Randler.

Allerdings werden invasive Arten nicht von allen und nicht immer als Bedrohung empfunden; zudem sind, gerade in Mitteleuropa, manche Aspekte des Umgangs mit Neozoen nicht ausschließlich auf wissenschaftliche Studien begründet.

12.1.4 Rolle von nativen Beutegreifern

Prädation durch natürliche Beutegreifer kann ebenfalls einen bedeutenden Einflussfaktor darstellen. Allerdings ist dies schwieriger zu bewerten, da es sich hierbei um einen natürlichen Prozess handelt. Im Gegensatz zu Neozoen erscheint eine Reduktion der Zahl der natürlichen Beutegreifer aus Naturschutzgründen und auch tierethischen Aspekten nicht vertretbar. Geparden *(Acinonyx jubatus)* können beispielsweise mehr Nachwuchs erfolgreich großziehen, wenn Löwen *(Panthera leo)* als Prädatoren weiter entfernt sind (Caro 2000). Bei diesem Beispiel ist es allerdings schwierig, regulierend einzugreifen, da der Löwe ebenfalls Schutz benötigt. Bei natürlichen Beutegreifern ist es aber möglich, am Verhalten der Beute resp. des Beutegreifers anzusetzen oder deren Verhalten zu ändern. Ein Beispiel: Bei der Wiedereinbürgerung der Virginiawachtel *(Colinus virginianus ridgwayi)* mussten pro Jahr ca. 2000 Tiere freigelassen werden, da es sich um einen r-Strategen handelte, der sehr häufig Opfer von Prädation wird. Mittels Jagdhunden wurden nun bei der Aufzucht Beutegreifer simuliert, sodass die Wachteln, die ausgesetzt werden sollten, auf die natürlichen Beutegreifer in diesen Habitaten vorbereitet wurden (Carpenter et al. 1991).

Zielkonflikte bestehen auch zwischen geschützten Arten, wie A) Löwe und B) Gepard. C) Zusammenhang zwischen der Anzahl der Jungen, die Geparden bis zur Selbstständigkeit bringen, und der Anzahl an Löwensichtungen. Je weniger Löwen sich in der Nähe aufhalten, desto größer sind die Überlebenschancen der Junggeparden. (Neu gezeichnet nach Kelly et al. 1998.) Fotos: C. Randler. **Abb. 12-3**

Anwesenheit von Löwen

Zahl erfolgreicher Aufzuchten: 0,4 · 0,35 · 0,3 · 0,25 · 0,2 · 0,15 · 0,1 · 0,05 · 0

Löwensichtungen: 0 · 0,02 · 0,04 · 0,06 · 0,08 · 0,1 · 0,12 · 0,14 · 0,16 · 0,18

Design von Reservaten 12.1.5

Mithilfe von Markierungsmethoden und Fang-Wiederfang-Studien sowie Telemetrie kann die Größe des Streifgebietes der Tiere festgestellt und dadurch auch das Minimumareal, das für den Erhalt einer lebensfähigen Population notwendig ist, bestimmt werden (Mills 2013). Dieses Minimumareal bzw. die Streifgebietsgröße muss bekannt sein, um die Größe von Reservaten richtig einschätzen zu können. Die Körpergröße scheint einen Einfluss auf das Streifgebiet zu haben. Je größer die Tierarten, desto größer die Streifgebiete und desto größer müssen Reservate sein (Møller 2000). Allerdings reichen einzelne Reservate oft nicht aus, um eine Art zu schützen, vielmehr ist ein Verbundsystem aus mehreren Gebieten erforderlich (Meta-Populationskonzept; Anthes et al. 2003; Hanski 1998; Thomas et al. 2000). Dadurch wird auch ein Austausch zwischen verschiedenen Gebieten gewährleistet. Bei großen fleischfressenden Raubtieren ergaben phylogenetische Analysen Hinweise auf die kritische Reservatsgröße, die eingehalten werden muss, um ein Aussterben der Population zu vermeiden (Woodroffe & Ginsberg 2000). Hierbei zeigte sich, dass gefährdete Raubtiere ein relativ großes Streifgebiet benötigen (→ Tab. 12-2).

Neben der reinen Größe von Reservaten haben auch Randeffekte einen Einfluss. Männliche Löwen werden besonders an den Reservatsgrenzen häufiger und selektiv bejagt, weshalb es in diesen Bereichen zu häufigeren Rudelwechseln und -übernahmen kommt. Dadurch besteht ein höheres Infantizidrisiko, was sich direkt auf die Population auswirkt. Deshalb müssen Reservate eine Mindestgröße haben sowie Pufferzonen, in denen nicht gejagt werden darf (Arcese et al. 1997).

Phylogenetische Methoden können ebenfalls herangezogen werden, um das Aussterben zu untersuchen. Harcourt (1998) verglich bei Primaten die ökologischen Faktoren, die zum Aussterben führen können. Der wichtigste Faktor war die Größe des Streifgebiets: Je größer das Streifgebiet, desto größer die Gefahr, durch Abholzung auszusterben. Møller (2000) belegte, dass bei Arten, die einer hohen sexuellen Selektion unterliegen, eine höhere Bestands- oder Populationsgröße für das Überleben erforderlich ist.

Tab. 12-2 | Kritische Reservatsgröße, um das Überleben einer stabilen Raubtierpopulation zu schützen. (Nach Woodroffe & Ginsberg 2000.)

Tierart	Heimatregion	Zahl untersuchter Reservate	kritische Reservatsgröße in km²	Dichte (adulte Tiere/ 100 km²)	Durchschnittliches Streifgebiet der Weibchen
Löffelhund	Ostafrika	46	3606	2,1	823 km²
Wolf	West-Kanada	44	766	1,1	685 km²
Dhole	Indien	71	723	10,6	69 km²
Löwe	Ostafrika	32	291	16,2	121 km²
Tiger	Indien	154	135	3,6	17 km²
Schneeleopard	Indien, Nepal, Pakistan	30	116	4,6	29 km²
Jaguar	Mittelamerika	28	69	6,8	19 km²
Tüpfelhyaene	Ostafrika	37	179	62,5	35 km²
Schwarzbär	Kalifornien	45	36	68,0	17 km²
Grizzly	Kanada/USA	54	3981	2,0	774 km²

Wiedereinbürgerung 12.1.6

Wiederansiedlung oder Wiedereinbürgerung in für die Arten gut geeigneten Gebieten muss durch eine vorausgehende Habitatanalyse begleitet werden. Dabei werden Habitate, die von einer bestimmten Art noch bewohnt werden, genauer untersucht und mithilfe von Satellitendaten und Computermodellen Bereiche identifiziert, die für die Wiederansiedlung dieser Art geeignet sein könnten. Die entsprechende Art sollte zu historischen Zeiten dort bereits gelebt haben. Eine «**natürliche**» Wiederansiedlung ist möglich, wenn beispielsweise Playbacks von Gesängen und Rufen der entsprechenden Art abgespielt werden. Dies kann Individuen der Art anlocken, sich dort niederzulassen, weil viele Tiere sich dort ansiedeln, wo bereits Artgenossen vorhanden sind (Baptista und Gaunt 1997). Der bereits anwesende Artgenosse (über das Playback simuliert) zeigt quasi ein geeignetes Habitat an.

Eine komplexere Wiederansiedlung findet statt, wenn in menschlicher Obhut nachgezüchtete Tiere freigelassen werden. Bei der **Auswilderung** gibt es die «harte» und die «weiche» Form. Bei der **harten** oder **ungeschützten Auswilderung** werden die Tiere einfach in die Freiheit entlassen, bei der **weichen Auswilderung** erfolgt eine schrittweise Gewöhnung an die Wildnis. Die Auswilderung ist mit mehreren Problemen verbunden. Bei der Aufzucht von Tieren für die Wiedereinbürgerung besteht ein Problem der Habituation und **Prägung auf den Menschen oder eine Ammenart** (→ Kap. 9.1). Tritt dieser Fall ein, so können Tiere nach der Zucht nicht (mehr) in die natürliche Umgebung ausgesetzt werden. Ein entsprechender Fall ist von den seltenen Schreikranichen *(Grus americana)* bekannt, die eine gewisse Zeit lang von Ammeneltern, den Kanadakranichen *(Grus canadensis),* aufgezogen wurden, mit der Absicht, deren Bruterfolg zu erhöhen. Die jungen Schreikraniche wurden dadurch jedoch auf die falschen Eltern geprägt und hatten in der Folge Probleme bei der Paarbildung. Der Ausweg lag in der künstlichen Aufzucht. Um eine Prägung auf den Menschen zu vermeiden, wurden Jungtiere bei der künstlichen Aufzucht von verkleideten Menschen gefüttert, die ihnen das Futter mit einer Kopf-Schnabel-Attrappe des Schreikranichs reichten (Horwich 1989). Zusätzlich wurden den Jungtieren per Playbacks Rufe der Elterntiere vorgespielt, damit sie diese kennenlernten.

Ein weiterer Aspekt ist die **Gewöhnung** an potenzielle Prädatoren. In diesem Zusammenhang ist es wichtig zu wissen, ob ein bestimmtes Anti-Prädations-Verhalten angeboren oder erlernt ist. Bei angeborenem Verhalten sind keine Maßnahmen nötig, bei erlerntem Verhalten kann dies durch Trainingsprogramme unterstützt werden, bei denen

Tiere verschiedene Prädatoren erkennen und meiden lernen (Griffin et al. 2000, 2001).

Für die Vorbereitung auf ein Leben in Freiheit ist auch die **Nahrungssuche** bedeutend. Viele Tierarten verbringen den Großteil ihrer aktiven Zeit im Freiland mit Nahrungssuche. Im Zoo oder in der Aufzuchtstation dagegen wird für diese Aktivitäten nur wenig Zeit verwendet. Um die Tiere auf ein Leben in Freiheit vorzubereiten, ist es deshalb wichtig, das Futter zu verstecken, zu verteilen oder in verschiedenen Behältern auszubringen, sodass die Tiere länger mit der Nahrungssuche und dem Handling des Futters beschäftigt sind.

Die **Life-history-Strategie** spielt ebenfalls eine wichtige Rolle bei der Wiedereinbürgerung. Tierarten mit einer K-Strategie benötigen mehr und umfassendere Schutzmaßnahmen als Tiere, die einer r-Strategie folgen (→ Kap. 8.4). Die r-Strategen produzieren viel Nachwuchs und betreuen diesen oft nur kurze Zeit, weshalb sie sich in größerer Zahl nachzüchten lassen und ausgewildert werden können. Wichtig ist daher vor allem das Monitoring nach dem Aussetzen, um die Bestandszahlen zu überwachen, die Dispersion und die Mortalität sowie deren Gründe zu erfassen, um die gewonnenen Erkenntnisse für die Optimierung des Schutzprogramms zu verwenden (Wallace 2000).

12.1.7 Einfluss des Menschen

Einfluss von Freizeitverhalten auf Tiere in Schutzgebieten

Wie wirken sich menschliche Aktivitäten auf Tiere aus? Dies kann durch die Messung der folgenden Größen festgestellt werden:

- Habitatnutzung,
- Fluchtdistanzen und
- Zeitbudgets.

Mithilfe automatischer Markierungen (z. B. GPS) kann man den Aufenthaltsort eines Tieres feststellen und zwischen verschiedenen Situationen mit viel oder wenig Störungen vergleichen. So kann sich die Habitatnutzung zwischen Wochentagen mit wenig und Wochenenden mit viel Besucherverkehr ändern, indem Tiere andere Aufenthaltsorte bevorzugen **(indirekter Nachweis)**. Tiere, die nicht versteckt leben, können auch direkt beobachtet werden **(direkter Nachweis)**, indem man ihre Fluchtdistanz misst, d. h. die Entfernung, ab der das Tier flieht. So können Pufferzonen um Schutzgebiete geplant werden. Enten werden während der Boots- und Segelsaison häufiger aufgescheucht und fliehen schon bei größeren Distanzen (Gill & Sutherland 2000). Allerdings gewöhnen sich Tiere auch an menschliche Störungen. Beispielsweise

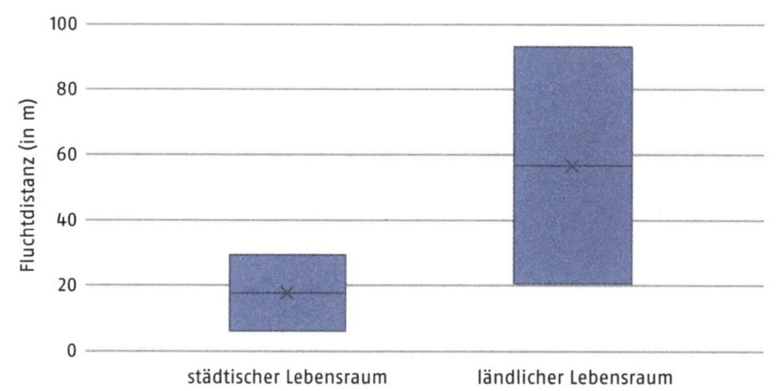

Abb. 12-4

Fluchtdistanzen von süddeutschen Rabenkrähen *(Corvus corone)* im Stadt-Land-Vergleich. (Neu gezeichnet nach Randler 2008.) Die innerstädtischen Krähen haben deutlich geringere Fluchtdistanzen.

haben Rabenkrähen *(Corvus corone)* in der Stadt eine deutlich geringere Fluchtdistanz als auf dem Land (→ Abb. 12-4).

Die Messung von **Zeitbudgets** kann aufzeigen, wie viel Zeit Tiere mit Wachsamkeit, Bewegung und Fressen verbringen, wenn die Habitate durch Freizeitaktivitäten beeinflusst werden. Weitere Störelemente können operationalisiert werden, z. B. die Entfernung zu häufig befahrenen Straßen. Gänse verbringen beispielsweise mehr Zeit mit Wachsamkeit und weniger mit Fressen, je näher sie sich an Straßen oder Fußwegen befinden.

Störungsereignisse werden in solche mit sichtbaren und nicht sichtbaren Wirkungen eingeteilt. **Sichtbare Wirkungen** von Störungen können oft direkt beobachtet werden, z. B. mithilfe von Zeitbudgets oder durch die Messung von Flucht- und Auffliegedistanzen. **Nicht-sichtbare Störwirkungen** sind auf den ersten Blick nicht zu erkennen, können aber durch Hilfsmittel gemessen werden. Diese Messungen sind wichtig, da man oft davon ausging, dass die Tiere nicht gestört werden, falls keine offensichtlichen Verhaltensänderungen gezeigt werden.

Als Beispiel für die Berücksichtigung physiologischer Faktoren kann die Untersuchung des Einflusses des Ökotourismus auf Magellan-Pinguine *(Spheniscus magellanicus)* dienen. Infolge Habituation (→ Kap. 9.1) zeigte sich eine Gewöhnung der Vögel an die regelmäßig wiederkehrenden Besucher. Die Fluchtdistanzen der Pinguine wurden geringer. Man nahm daher an, dass Ökotourismus keine Auswirkungen auf die Pinguine habe. Als man nun die Konzentration von Corticosteron im Blutplasma von Küken dieser Pinguine untersuchte, zeigte sich, dass die Konzentration bei Küken, die in einer Ökotourismusregion aufgezogen wurden, höher war als bei Küken einer Kontrollgruppe (Ninnes et al. 2010; Walker et al. 2005). Die Küken in der Ökotourismusregion litten demnach unter mehr Stress als ihre Artgenossen in Regionen, in denen kein Tourismus stattfand. Ebenso kann Wintersport als Störfaktor auf Wildtiere wirken. Bei Birkhühnern *(Tetrao tetrix)* wurden in verschiedenen Gebieten in den italienischen Alpen Kotproben gesammelt und auf Corticosteronwerte untersucht. In Gebieten mit hoher Belastung durch Wintersportaktivitäten wiesen die Birkhühner höhere Werte und damit eine höhere Stressbelastung auf, besonders, wenn die Schneebedeckung sehr stark war (Bocca et al. 2014; Formenti et al. 2015).

Befischung und Jagd

Befischung und Jagd sind eine direkte Nutzung von Tieren. **Befischung** stellt eine anthropogene Selektion dar; da in der Regel größere Fische gefangen werden (z. T. durch die Maschengrößen der Netze reguliert) und Fische, die eine eher zutrauliche Persönlichkeit aufweisen (Biro & Post 2008). Dadurch findet eine starke Selektion statt. Befischung kann neben der direkten Auswirkung auf die Fischbestände auch indirekte Auswirkungen auf **Seevögel** haben. So können sich Bestände von Seevögeln durch Überfischung verkleinern und gefährdet werden (Goss-Custard et al. 2000). Durch das Zurückwerfen von Beifang ins Meer profitieren Arten, die den Fischereischiffen folgen und sich von diesem Beifang ernähren. Indirekt leiden Seevogelpopulationen auch unter Störungen durch Fischereischiffe und durch eine Verknappung des Nahrungsangebots (Tasker et al. 2000).

Durch **Jagd** findet eine Beeinflussung von Tierpopulationen durch anthropogene Selektion statt. Bei Entenarten werden etwa bevorzugt die farbenprächtigeren Männchen bejagt (Metz & Ankney 1991). Bei Dickhornschafen *(Ovis canadensis)* wiederum ist zu beobachten, dass die Gehörngröße durch die Trophäenjagd abnimmt. Die Gehörngröße stellt aber ein sexuell selektiertes Merkmal dar (Coltman et al. 2003); die Jagd nimmt dadurch direkten Einfluss auf die sexuelle Selektion.

In Entwicklungsländern hat die Bevölkerungsentwicklung des Menschen einen immensen Einfluss auf die Populationen von Wildtieren; eine zunehmende Bevölkerung kann beispielsweise dazu führen, dass die Bejagung intensiviert wird. Beispiele aus Côte d'Ivoire zeigen allerdings, dass die Bejagung von Menschenaffen und «Bushmeat» (Wildfleisch) durch Bildung beeinflusst werden kann und auch von der Verfügbarkeit anderer Ressourcen abhängt, wie beispielsweise dem Zugang zu Fisch (Junker et al. 2015). Ebenso zeigt sich, dass ein **Umweltbildungskonzept** in den Schulen für ein besseres Verständnis sorgt (Borchers et al. 2014). Generell gibt es Hinweise, dass Umweltbildung besonders bei Kindern und Jugendlichen eine positive Wirkung besitzt, zumindest in den Domänen Wissen und Einstellungen, aber auch – schwächer – beim Verhalten (Bogner 1998; Kaiser et al. 2007; Randler, Ilg & Kern 2005). Dies kann dazu führen, dass die Bejagung ökologischer erfolgt oder bei manchen Arten vermieden wird.

Weitere Aspekte

Für den Arten- und Naturschutz werden oft **Flaggschiffarten** verwendet (Williams et al. 2000). Kennzeichen solcher Arten sind meist ihre Größe, das «Charisma» und die Zugehörigkeit zu den Wirbeltieren, meist zu den Säugetieren. Sie sind geeignet, um Unterstützung in der Öffentlichkeit zu erzielen sowie Spenden zu erzielen. Beispiele sind der Große Panda *(Ailuropoda melanoleuca)* oder die «Big Five» in Afrika, zu denen Löwe (*Panthera leo*), Kaffernbüffel *(Syncerus caffer)*, Leopard *(Panthera pardus)*, Nashorn *(Diceros bicornis)* und Elefant *(Loxodonta africana)* gehören (Leader-Williams & Dublin 2000).

Oft wird argumentiert, dass diese Arten gleichzeitig sogenannte **Schirmarten** sind, unter deren Schirm sich viele andere Arten sammeln. Quasi als *pars pro toto* wird dann eine Schirmart geschützt, wodurch viele andere Arten in Folge profitieren sollen, z. B., weil sie dasselbe Habitat bewohnen. Die meisten Schirmarten besitzen große Raumansprüche, in welchen oft vielerlei Habitate für andere Tierarten existieren, die dadurch von den Schirmarten profitieren. In der Realität sind Flaggschiffarten allerdings oft nicht deckungsgleich mit Schirmarten (Simberloff 1998; Williams et al. 2000).

Auch unabsichtliche Gefährdung von Natur und Tieren kommt vor, beispielsweise durch Medikamente und Pflanzenschutzmittel. Das Insektizid DDT wurde nach dem zweiten Weltkrieg global verwendet und führte bei verschiedenen Vogelarten (z. B. dem Wanderfalken)

Abb. 12-5

Elefanten erfüllen alle Aspekte einer charismatischen Flaggschiffart und werden aktuell von Naturschutzorganisationen für die Einwerbung von Spenden eingesetzt. Die Bedrohung durch die Jagd nach Elfenbein ist real. Foto: C. Randler.

Abb. 12-6

Gefährdung durch Umweltchemikalien.
A) Wanderfalke *(Falco peregrinus)*,
B) Durchschnittlicher Gehalt an DDE (Abbauprodukt von DDT) pro Dekade in baden-württembergischen Wanderfalkeneiern sowie Schalendicke. (Neu gezeichnet nach Schwarz et al. 2016.) Foto: C. Randler.

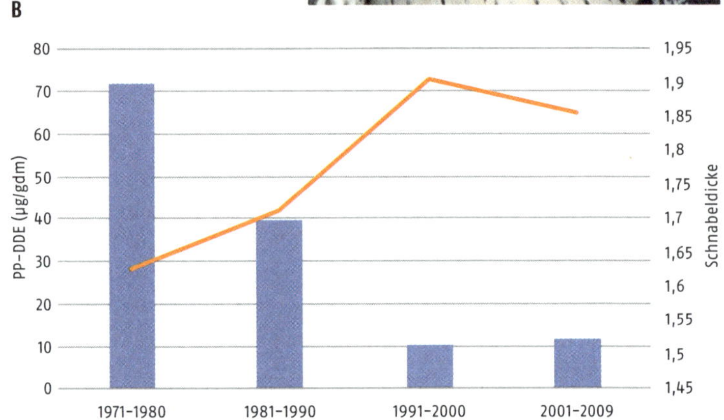

zu einer drastischen Reduktion der Eischalendicke und damit zu einem deutlichen Rückgang in der Reproduktion. Hintergrund war die Tatsache, dass Wanderfalken als Top-Prädatoren am Ende der Nahrungskette stehen und sich das nicht abbaubare DDT in ihrem Körper akkumulierte. Aktuell werden Geierarten (z. B. *Gyps bengalensis*) in Indien und Afrika durch das Schmerzmittel Diclofenac in ihrer Existenz bedroht (Oaks et al. 2004). Diclofenac wird in der Veterinärmedizin verwendet, die Rückstände, die sich in Tierkadavern befinden, werden dann durch die Geier aufgenommen und führen bei diesen zu Nierenversagen.

Tierarten, die weit oben in der Nahrungskette stehen, können als **Bioindikatoren** verwendet werden, da sie die Gefährdung der Umwelt frühzeitig anzeigen und so größere Schäden verhindert werden können, die auch einen Einfluss auf den Menschen haben.

12.2 Angewandte Aspekte

12.2.1 Nutztiere

Menschen nutzen Fähigkeiten von Tieren, wie beispielsweise den Geruchssinn von Spürhunden, um Drogen aufzuspüren (Fraser & Weary 2005). Die Nutztierethologie hat zwei verschiedene, sich ergänzende Mandate. Generell sollen die Haltungsbedingungen für Tiere verbessert werden, aus Tierschutz- und aus ethischen Gründen, quasi zum «Wohle» der Tiere. Die andere Sichtweise ist ebenfalls eine Verbesserung der Haltungsbedingungen, allerdings zur Steigerung des ökonomischen Outputs.

Bezüglich ökonomischer Aspekte wurden Schweine und Kühe untersucht. Bei Schweinen wurden Unterschiede in der Ferkelzahl in Verbindung mit dem Handling der Tiere gebracht. In Haltungen, in denen die Schweine den Halter freudig begrüßten, gab es mehr Nachwuchs pro Weibchen als in Haltungen, in denen die Tiere eher scheu waren aufgrund einer «ruppigen» Behandlung. Auch Kühe geben weniger Milch, wenn sie «schlecht» behandelt werden (z. B. mit Klapsen und lautem Rufen) (Fraser & Weary 2005). Dies führte letztlich auch zu Experimenten, bei denen Tiere mit klassischer Musik oder Country Music in Ställen beschallt wurden. Die Ergebnisse sind allerdings inkonsistent (Newberry 1995).

Untersuchungen der **Haltungsbedingungen** können auch dazu führen, dass die Haltungsbedingungen für die Nutztiere verbessert werden. Dazu werden Wahlexperimente durchgeführt, bei dem Tiere zwischen verschiedenen Untergründen wählen können. Mithilfe von Verhaltenssamplings und Zeitbudgets kann dann festgestellt werden, welchen Untergrund die Tiere bevorzugen. Bei Mink-Farmen *(Mustela vison)* wurden den Tieren verschiedene Umweltbedingungen als Enrichment angeboten; dabei zeigte sich, dass sie es besonders mochten, in einem Pool zu schwimmen (Mason et al. 2001). Dies machte deutlich, dass diese Tiere trotz mehr als 70 Generationen in Gefangenschaft immer noch ihr natürliches Verhalten zeigen. Boissy et al. (2007) betonen auch die Rolle von positiven Emotionen, die bei (Säuge-)Tieren über verschiedene Faktoren gemessen werden können, wie z. B. die Pulsrate und deren Variabilität, sowie Parameter des Immunsystems. Indikatoren für positive Emotionen bei Tieren können Spiel, Annäherungsverhalten und manche Vokalisationen sein (Boissy et al. 2007).

12.2.2 Zootierhaltung

Die Größe der Streifgebiete erwies sich auch bei der Zootierhaltung als relevant. Man stellte fest, dass Arten mit eher großen Streifgebieten in Zoos häufiger stereotype Verhaltensweisen zeigten als Arten mit kleineren Streifgebieten (Clubb und Mason 2003).

Enrichment

Als Enrichment bezeichnet man die Anreicherung der Zooumgebung (Newberry 1995). Dieses soll das natürliche Verhalten ermöglichen und das Wohlergehen erhöhen. Einige Beispiele:

Geparden wurden in Schottland darauf trainiert, sich bewegende Beute zu fangen (mit einer technischen Vorrichtung). Daraufhin änderte sich ihr generelles Verhalten; sie bewegten sich deutlich mehr als vorher (Williams et al. 1996).

Menschenaffen erhalten heute in vielen Zoos Werkzeuge, um Nahrung an versteckten Orten zu erreichen. Dadurch soll zum einen eine gewisse Langeweile reduziert werden, aber auch das natürliche Verhalten nachgeahmt werden.

Manche Tierarten, besonders Huftiere, werden – im Sinne des Enrichment, – in Zoos auch in gemischten Artengruppen gehalten. Es wurde beobachtet, dass manche Arten Konflikte miteinander austragen, die tödlich enden können. Eine artübergreifende Analyse zeigte, dass verwandtschaftlich besonders weit auseinanderliegende Arten

Abb. 12-7 Enrichment am Beispiel von Löwen im Heidelberger Zoo. Foto: C. Randler.

Konzept von Wohlbefinden bei Tieren	Messung/Operationalisierung	Bewertung
Biologische Funktion	Zunahme der Stresshormonkonzentration	–
	Reduktion im Immunsystem/Immunkompetenz	–
	Hinweise auf Krankheiten und Verletzungen	–
	Überlebensrate	+
	Wachstumsrate	+
	Reproduktionsrate	+
Affektiver Zustand	Verhaltensanzeichen von Angst, Schmerz, Frustration	–
	Physiologische Parameter, die mit Angst, Schmerz etc. in Verbindung stehen	–
	Verhaltensäußerungen, die mit Aversion und gelernter Vermeidung zusammenhängen	–
	Verhaltensindikatoren in Bezug auf Wohlergehen	+
	Verhalten, das als angenehm eingestuft wird (z. B. Spielen)	+
	Verhaltensindizien, die auf Annäherung und Präferenz hinweisen	+
Natürliches Verhalten	Ausführen von natürlichem Verhalten	+
	Ausführen von frustriertem Verhalten, vereiteltes natürliches Verhalten	–
	Anzeichen von abnormalem Verhalten (Stereotypien)	–

Abb. 12-3

Wohlbefinden bei Tieren und Möglichkeiten der Operationalisierung (nach Fraser & Weary 2005).

eher zu Konflikten neigen, wohl, weil sie die Dominanz- und Unterwerfungsgesten der anderen Arten nicht erkennen können (Wielebnowski 1998).

Weiterführende Literatur

Caro T (1998): Behavioral Ecology and Conservation. Oxford University Press, Oxford, 582pp.
Gosling LM Sutherland WJ (2000): Behaviour and conservation. Cambridge University Press, Cambridge, 438pp.
Mills LS (2015): Conservation of Wildlife populations. Demography, Genetics and Management. 2nd ed. Wiley-Blackwell, Oxford, 326pp.

Literatur

Åhlund M, Andersson M (2001): Brood parasitism: female ducks can double their reproduction. Nature 414:600–601

Akcay E, Roughgarden J (2007): Extra-pair paternity in birds: review of the genetic benefits. Evolutionary Ecology Research 9:855–868

Alberts AC (1992): Constraints on the design of chemical communication systems in terrestrial vertebrates. American Naturalist 139:62–89

Alcock J (2005): Animal Behaviour. An evolutionary Approach. 8. Aufl. Sinauer Associates, Sunderland, 579p

Almeida O, Canário AVM, Olivera RI (2014): Castration affects reproductive but not aggressive behaviour in a cichlid fish. General and Comparative Endocrinology 207:34–40

Alvarez F, Sánchez C, Angulo S (2006): Relationships between tail-flicking, morphology and body condition in Moorhens. Journal of Field Ornithology 77:1–6

Apfelbach R, Blanchard CD, Blanchard RJ, Hayes RA, McGregor IS (2005): The effects of predator odors in mammalian prey species: a review of field and laboratory studies. Neuroscience Biobehavioral Reviews 29:1123–1144

Andersson M (1982): Female choice selects for extreme tail length in a widowbird. Nature 299:818–820

Anthes N, Michiels NK (2005): Do «sperm trading" simultaneous hermaphrodites always trade sperm? Behavioral Ecology 16:188–195

Anthes N, Fartmann T, Hermann G, Kaule G (2003): Combining larval habitat quality and metapopulation structure–the key for successful management of pre-alpine *Euphydryas aurinia* colonies. Journal of Insect Conservation 7:175–185

Aplin LM, Farine DR, Morand-Ferron J, Cockburn A, Thornton A, Sheldon BC (2015): Experimentally induced innovations lead to persistent culture via conformity in wild birds. Nature 518:538–541

Arcese P, Keller LF, Cary JR (1997): Why hire a behaviourist into a conservation or management team? Pp. 48–70. In Clemmons JR, Buchholz R (a.a.O)

Arey DS (1999): Time course for the formation and disruption of social organisation in group-housed sows. Applied Animal Behaviour Science 62:199–207

Arnold SJ (1981a): Behavioral variation in natural populations. I. Phenotypic, genetic and environmental correlations between chemoreceptive responses to prey in the garter snake, *Thamnophis elegans*. Evolution 35:489–509

Arnold SJ (1981b): Behavioral variation in natural populations. II. The inheritance of a feeding response in crosses between geographic races of the garter snake, *Thamnophis elegans*. Evolution 35:510–515.

ASAB/ABS (2006): Ethics in Research: http://www.asab.org/ethics/

Asendorpf JB (2007): Psychologie der Persönlichkeit. 4. Aufl. Springer-Verlag, Berlin. 527p

Avery ML, Decker DE (1994): Responses of captive fish crows to eggs treated with chemical repellents. Journal of Wildlife Management 58:261–266

Avital E, Jablonka E (2000): Animal Traditions. Behavioural inheritance in evolution. Cambridge University Press, Cambridge. 432p

Bairlein F (1996): Ökologie der Vögel. Gustav Fischer. Stuttgart-Jena, 149p

Ballentine B (2009): The ability to perform physically challenging songs predicts age and size in male swamp sparrows, *Melospiza georgiana*. Animal Behaviour 77:973–978

Baptista LF, Gaunt SLL (1997): Bioacoustics as a tool in conservation studies. Pp. 209–211 in Clemmons JR, Buchholz R (a.a.O)

Barnard CJ, Thompson DBA (1985): Gulls and plovers. Springer, Netherlands, 302p

Barnard C (2004): Animal Behaviour. Mechanism, Development, Function and Evolution. Pearson Education, Harlow, 726p

Barton RA (2012): Embodied cognitive evolution and the cerebellum. Phil. Trans. R. Soc. B, 367:2097–2107

Bartos L, Siler J, Illmann G (2001): Adoption, allonursing and allosucking in farmed red deer (*Cervus elaphus*). Animal Science 72:483–492

Bateman AJ (1948): Intra-sexual selection in *Drosophila*. Heredity 2:349–368

Bateson P, Laland KN (2013): Tinbergen's four questions: an appreciation and an update. Trends in Ecology & Evolution 28:712–718

Beale CM, Monaghan P (2004): Human disturbance: people as predation-free predators? Journal of Applied Ecology 41:335–343

Bee MA, Micheyl C (2008): The cocktail party problem: what is it? How can it be solved? And why should animal behaviorists study it? Journal of Comparative Psychology 122:235–251

Bekoff M, Byers JA (1998): Animal Play. Evolutionary, comparative and ecological perspectives. Cambridge University Press, Cambridge. 274p

Bekoff M (1995): Vigilance, flock size and flock geometry: information gathering by western evening grosbeaks (Aves, Fringillidae). Ethology 99:150–161

Bekoff M (2002): Minding animals: Awareness, emotions, and heart. Oxford University Press, Oxford. 256p

Bennemann M (2008): Im Fadenkreuz des Schützenfischs: Die raffiniertesten Morde im Tierreich. Eichhorn-Verlag, Frankfurt. 239p

Bennett PM, Owens IPF (2002): Evolutionary Excology of Birds. Oxford Series in Ecology and Evolution, Oxford, 278p

Bentley DR, Hoy RR (1970): Postembryonic development of adult motor patterns in crickets: a neural analysis. Science 170:1409–1411

Bensch S, Hasselquist D (1992): Evidence for active female choice in a polygynous warbler. Animal Behaviour 44:301–311

Berthold P (1973): Relationships between migratory restlessness and migration distance in six *Sylvia* species. Ibis 115:594–599

Berthold P (2000): Vogelzug. Eine aktuelle Gesamtübersicht. 4. Aufl. Darmstadt, Wiss. Buchges. 280p

Bezzel E (1985): Kompendium der Vögel Mitteleuropas. Nonpasseriformes – Nichtsingvögel. Aula, Wiesbaden, 792p

Biro PA, Post JR (2008): Rapid depletion of genotypes with fast growth and bold personality traits from harvested fish populations. PNAS 105:2919–2922

Blumstein DT, Armitage KB (1997): Alarm calling in yellow-bellied marmots: I. The meaning of situationally variable alarm calls. Animal Behaviour 53:143–171

Blumstein DT, Evans CS, Daniel JC (1999): An experimental study of behavioural group size effects in tammar wallabies, *Macropus eugenii*. Animal Behaviour 58:351–360

Blumstein DT (2010): Social behaviour in conservation. Pp 520–534. In: Székely T, Moore AJ, Komdeur J (Hg) a.a.O.

Bocca M, Caprio E, Chamberlain D, Rolando A (2014): The winter roosting and diet of Black Grouse *Tetrao tetrix* in the north-western Italian Alps. Journal of Ornithology 155:183–194

Boesch C, Boesch H (1989): Hunting behavior of wild chimpanzees in the Tai National Park. American Journal of Physical Anthropology 78:547–573

Boesch C, Boesch H, Vigilant L (2005): Cooperative hunting in chimpanzees: kinship or mutualism? pp. 139–150 in Kappeler PM, van Schaik CP (Ed; 2005): a.a.O.

Bogner FX (1998): The influence of short-term outdoor ecology education on long-term variables of environmental perspective. The Journal of Environmental Education 29:17–29

Boissy A, Manteuffel G, Jensen MB, Moe RO, Spruijt B, Keeling LJ, ... Aubert A (2007): Assessment of positive emotions in animals to improve their welfare. Physiology Behavior 92:375–397

Boland CR (2003): An experimental test of predator detection rates using groups of free-living Emus. Ethology 109:209–222

Bolhuis JJ, Giraldeau LA (2005): The behaviour of animals. Mechanisms, function, and evolution. Blackwell, Malden, MA. 515p

Borchers C, Boesch C, Riedel J, Guilahoux H, Ouattara D, Randler C (2014): Environmental education in Côte d'Ivoire/West Africa: Extra-curricular primary school teaching shows positive impact on environmental knowledge and attitudes. International Journal of Science Education Part B 4:240–259

Both C, Dingemanse NJ, Drent PJ, Tinbergen JM (2005): Pairs of extreme avian personalities have highest reproductive success. Journal of Animal Ecology 74:667–674

Bradbury JW, Vehrenkamp SL (2011): Principles of Animal Communication. 2. Aufl. Sinauer, Sunderland, MA. 697p

Bradshaw EL, Bateson P (2000) Animal welfare and wildlife conservation. In: Behaviour and Conservation, pp.330–348. In Gosling LM, Sutherland WJ (eds.) a.a.O.

Braude S (2000): Dispersal and new colony formation in wild naked mole-rats: evidence against inbreeding as the system of mating. Behavioral Ecology 11:7–12

Breed MD, Moore J (2012): Animal Behaviour. Academic Press, Burlington, 475p

Brennan PL, Clark CJ, Prum RO (2010): Explosive eversion and functional morphology of the duck penis supports sexual conflict in waterfowl genitalia. Proceedings of the Royal Society of London B: Biological Sciences, 277: 1309–1314

Brown SG, Boettner GH, Yack JE (2007): Clicking caterpillars: acoustic aposematism in *Antheraea polyphemus* and other Bombycoidea. Journal of Experimental Biology 210:993–1005

Brumm H, Todt D (2002): Noise-dependent song amplitude regulation in a territorial songbird. Animal Behaviour 63:891–897

Brumm H (2006): Signalling through acoustic windows: nightingales avoid interspecific competition by short-term adjustment of song timing. Journal of Comparative Physiology A 192:1279–1285

Brumm H, Zollinger SA (2011): The evolution of the Lombard effect: 100 years of psychoacoustic research. Behaviour 148:1173–1198

Brumm H (2013): Animal communication and noise. Springer, Heidelberg. 453p

Buchholz R (2007): Behavioural biology: an effective and relevant conservation tool. Trends in Ecology and Evolution 22:401–407

Burger J, Gochfeld M (1992): Effect of group size on vigilance while drinking in the coati, *Nasua narica* in Costa Rica. Animal Behaviour 44:1053–1057

Burghardt GM, Greene HW (1988): Predator simulation and duration of death feigning in neonate hognose snakes. Animal Behaviour 36:1842–1844

Burmeister S, Wilczynski W (2000): Social signals influence hormones independently of calling behavior in the treefrog (*Hyla cinerea*). Hormones and Behavior 38:201–209

Burnham TC, Chapman JF, Gray PB, McIntyre MH, Lipson SF, Ellison PT (2003): Men in committed, romantic relationships have lower testosterone. Hormones and Behavior 44:119–122

Burton C (2002): Microsatellite analysis of multiple paternity and male reproductive success in the promiscuous snowshoe hare. Canadian Journal of Zoology 80:1948–1956

Buss DM (2008): Evolutionary Psychology. The new science of mind. 3 Aufl. Pearson, Boston, New York. 477p

Byrne RW (2003): Animal communication: What makes a dog able to understand its master? Current Biology 13:347–348

Cade WH (1981): Alternative male strategies: genetic differences in crickets. Science 212:563–564

Cade WH (1984): Genetic variation underlying sexual behavior and reproduction. American Zoologist 24: 355–366

Call J (2013): Three ingredients to become a creative tool user. Pp3–20 in Sanz CM, Call J, Boesch C (2013) a.a.O.

Caraco T, Blanckenhorn WU, Gregory GM, Newman JA, Recer GM, Zwicker SM (1990): Risk-sensitivity: ambient temperature affects foraging choice. Animal Behaviour 39:338–345

Caro T, Hauser MD (1992): Is there teaching in nonhuman animals? Quarterly Review in Biology 67:151–174

Caro T (1998): Behavioral Ecology and Conservation. Oxford University Press, Oxford. 582p

Caro T (1999): The behaviour–conservation interface. Trends in Ecology & Evolution 14:366–369

Caro T (2000): Controversy over behaviour and genetics in cheetah conservation. Pp. 221–237 in Gosling LM, Sutherland WJ (Hg) a.a.O.

Caro T (2005): Anti-predator defence in mammals and birds. Chicago University Press, Chicago. 591p

Caro T, Eadie J (2005): Animal behaviour and conservation biology. Pp. 367–392 in Bolhuis JJ, Giraldeau LA (Hg) a.a.O.

Caroli L, Capizzi D, Luiselli L (2000): Reproductive strategies and life-history traits of the Savi's pine vole, *Microtus savii*. Zoological Science 17:209–216

Carpenter FL, Paton DC, Hixon MA (1983): Weight gain and adjustment of feeding territory size in migrant hummingbirds. Proceedings of the National Academy of Sciences 80:7259–7263

Carpenter JW, Gabel RR, Goodwin JG (1991): Captive breeding and reintroduction of the endangered masked bobwhite. Zoo Biology 10:439–449

Catchpole CK (1980): Sexual selection and the evolution of complex songs among European warblers of the Genus *Acrocephalus*. Behaviour 74:149–165

Catchpole CK, Slater PJ (2003): Bird song: biological themes and variations. Cambridge University Press, Cambridge. 348p

Charlesworth D, Charlesworth B (1987): Inbreeding depression and its evolutionary consequences. Annual Review of Ecology and Systematics 18:237–268

Charlton BD, Reby D, McComb K (2007): Female red deer prefer the roars of larger males. Biology Letters 3:382–385

Clarke JA (1983): Moonlight's influence on predator/prey interactions between short-eared owls (*Asio flammeus*) and deermice (*Peromyscus maniculatus*). Behavioral Ecology and Sociobiology 13:205–209

Clayton NS, Dickinson A (1998): Episodic-like memory during cache recovery by scrub jays. Nature 395:272–274

Clayton NS, Dickinson A (1999): Scrub jays (*Aphelocoma coerulescens*) remember the relative time of caching as well as the location and content of their caches. Journal of Comparative Psychology 113:403–416

Clayton NS, Krebs JR (1994): Hippocampal growth and attrition in birds affected by experience. Proceedings of the National Academy of Sciences 91:7410–7414

Clemmons JR, Buchholz R (1997): Behavioral approaches to conservation in the wild. Cambridge University Press, Cambridge. 384p

Clout MN, Elliott GP, Robertson BC (2002): Effects of supplementary feeding on the offspring sex ratio of kakapo: a dilemma for the conservation of a polygynous parrot. Biological Conservation 107:13–18

Clubb R, Mason G (2003): Animal welfare: captivity effects on wide-ranging carnivores. Nature 425:473–474

Clutton-Brock TH (1991): The evolution of parental care. Princeton University Press, Princeton. 368p

Clutton-Brock TH (2009): Cooperation between non-kin in animal societies. Nature 462:51–57

Colombelli-Négrel D, Hauber ME, Robertson J, Sulloway FJ, Hoi H, Griggio M, Kleindorfer S (2012): Embryonic learning of vocal passwords in superb fairy-wrens reveals intruder cuckoo nestlings. Current Biology 22:2155–2160

Colombelli-Négrel D, Hauber ME, Kleindorfer S (2014): Prenatal learning in an Australian songbird: habituation and individual discrimination in superb fairy-wren embryos. Proceedings of the Royal Society of London B: Biological Sciences 281:2014–1154

Coltman DW, O'Donoghue P, Jorgenson JT, Hogg JT, Strobeck C, Festa-Bianchet M (2003): Undesirable evolutionary consequences of trophy hunting. Nature 426:655–658

Coltman DW, Pilkington JG, Smith JA, Pemberton JM (1999): Parasite-mediated selection against inbred Soay sheep in a free-living, island population. Evolution 53:1259–1267

Consla DJ, Mumme RL (2012): Response of captive raptors to avian mobbing calls: the roles of mobber size and raptor experience. Ethology 118:1063–1071

Contreras-Garduño J, Canales-Lazcano J, Córdoba-Aguilar A (2006): Wing pigmentation, immune ability, fat reserves and territorial status in males of the rubyspot damselfly, *Hetaerina americana*. Journal of Ethology 24: 165–173

Corbet PS (1999): Dragonflies. Behavior and ecology of Odonata. Cornell Univ Press, Ithaca, NY. 829p

Cott HB (1947): The edibility of birds: Illustrated by five years' experiments and observations (1941–1946) on the food preferences of the hornet, cat and man; and considered with special reference to the theories of adaptive coloration. Proceedings of the Zoological Society of London 116:371–524

Coulson JC (1966): The influence of the pair-bond and age on the breeding biology of the kittiwake gull *Rissa tridactyla*. The Journal of Animal Ecology 35:269–279

Cowan DP, Reynolds JC, Gill EL (2000): Reducing predation through conditioned taste aversion. Pp. 281–299 in Gosling LM, Sutherland WJ (Hg) a.a.O.

Cowlishaw GUY (1997): Trade-offs between foraging and predation risk determine habitat use in a desert baboon population. Animal Behaviour 53:667–686

Cox CR, Le Boeuf BJ (1977): Female incitation of male competition: a mechanism in sexual selection. American Naturalist 111:317–335

Crabbe JC, Phillips TJ (2003): Mother nature meets mother nurture. Nature Neuroscience 6:440–442

Crawley JN, Belknap JK, Collins A, Crabbe JC, Frankel W, Henderson N, ... & Wehner JM (1997): Behavioral phenotypes of inbred mouse strains: implications and recommendations for molecular studies. Psychopharmacology 132:107–124

Cresswell W (1994): Song as a pursuit-deterrent signal, and its occurrence relative to other anti-predation behaviours of skylark (*Alauda arvensis*) on attack by merlins (*Falco columbaris*). Behav. Ecol. Sociobiol. 34:217–223

Cresswell W (1997): Nest predation: the relative effects of nest characteristics, clutch size and parental behavior. Animal Behaviour 53:93–103

Crews D (1979): Neuroendocrinology of lizard reproduction. Biology of Reproduction 20:51–73

Croft DP, Edenbrow M, Darden SK (2015): Assortment in social networks and the evolution of cooperation. Pp. 13–23 in Krause J, James R, Franks DW, Croft DP (Hg) a.a.O.

Curio E, Ernst U, Vieth W (1978): The adaptive significance of avian mobbing. Zeitschrift für Tierpsychologie 48:184–202

Crockford C, Wittig RM, Langergraber K, Ziegler TE, Zuberbühler K, Deschner T (2013): Urinary oxytocin and social bonding in related and unrelated wild chimpanzees. Proceedings of the Royal Society B 280:2012–2765

Dale S, Slagsvold T (1994): Male pied flycatchers do not choose mates. Animal Behaviour 47:1197–1205

Dally JM, Emery NJ, Clayton NS (2005): Cache protection strategies by western scrub-jays, *Aphelocoma californica*: implications for social cognition. Animal Behaviour 70:1251–1263

Danchin E, Giraldeau LA, Cézilly F (2008): Behavioral Ecology. Oxford; Oxford University Press. 874p

Davies NB (1977): Prey selection and social behaviour in wagtails (Aves: Motacillidae). The Journal of Animal Ecology 46:37–57

Davies NB, Lundberg A (1984): Food distribution and a variable mating system in the dunnock, *Prunella modularis*. The Journal of Animal Ecology 53:895–912

Davies NB (1991): Mating systems. p 263–294 in: Behavioural ecology (Krebs JR, Davies NB). A.a.O.

Davies NB, Kilner RM, Noble DG (1998): Nestling cuckoos, *Cuculus canorus*, exploit hosts with begging calls that mimic a brood. Proceedings of the Royal Society of London. Series B: Biological Sciences 265:673–678

Davies NB (2010): Cuckoos, cowbirds and other cheats. A&C Black. London. 328p

Davis-Walton J, Sherman PW (1994): Sleep arrhythmia in the eusocial naked mole-rat. Naturwissenschaften 81: 272–275.

Dawkins MS (2007): Observing animal behaviour. Design and analysis of quantitative data. Oxford University Press, Oxford, 158p

de la Torre S, Snowdon CT (2002): Environmental correlates of vocal communication of wild pygmy marmosets, *Cebuella pygmaea*. Animal Behaviour 63:847–856

Dean J, Aneshansley DJ, Edgerton HE, Eisner T (1990): Defensive spray of the bombardier beetle: a biological pulse jet. Science 248:1219–1221

Deecke VB, Slater PJ, Ford JK (2002): Selective habituation shapes acoustic predator recognition in harbour seals. Nature 420:171–173

Delaney DK, Grubb TG, Beier P, Pater LL, Reiser MH (1999). Effects of helicopter noise on Mexican spotted owls. The Journal of Wildlife Management 63:60–76

Delport W, Kemp AC, Ferguson JWH (2002): Vocal identification of individual African Wood Owls *Strix woodfordii*: a technique to monitor long-term adult turnover and residency. Ibis 144:30–39

Den Hartog PM, de Kort SR, ten Cate C (2007): Hybrid vocalizations are effective within, but not outside, an avian hybrid zone. Behavioral Ecology 18:608–614

Dewsbury DA (1982): Ejaculate cost and male choice. American Naturalist 119:601–610

Dhondt AA (2002): Changing mates. Trends in Ecology & Evolution 17:55–56

Dierschke V (2003): Predation hazard during migratory stopover: are light or heavy birds under risk? Journal of Avian Biology 34:24–29

Dobson FS, Jones WT (1985): Multiple causes of dispersal. American Naturalist 126:855–858

Doucet SM, Montgomerie R (2003): Multiple sexual ornaments in satin bowerbirds: ultraviolet plumage and bowers signal different aspects of male quality. Behav Ecol 14:503–509

Doutrelant C, McGregor PK (2000): Eavesdropping and mate choice in female fighting fish. Behaviour 137:1655–1668

Drent RH, Swierstra P (1977): Goose flocks and food finding: field experiments with Barnacle Geese in winter. Wildfowl 28:15–20

Duffy JE, Macdonald KS (1999): Colony structure of the social snapping shrimp *Synalpheus filidigitus* in Belize. Journal of Crustacean Biology 19:283–292

Dugatkin LA (2014): Principles of animal behaviour. 3. Aufl. WW Norton & Company, New York, London, 648p

Dumbacher JP, Beehler BM, Spande TF, Garraffo HM, Daly JW (1992): Homobatrachotoxin in the genus *Pitohui*: chemical defense in birds? Science 258:799–801

Dumbacher JP, Fleischer RC (2001): Phylogenetic evidence for colour pattern convergence in toxic pitohuis: Müllerian mimicry in birds? Proceedings of the Royal Society of London. Series B: Biological Sciences, 268:1971–1976

Dunbar RIM, Cornah L, Daly FJ, Bowyer KM (2002): Vigilance in human groups: A test of alternative hypotheses. Behaviour 139:695–711

Durant S (2000): Dispersal patterns, social organisation and population viability. Pp. 172–197 In Gosling LM, Sutherland WJ (Hg) a.a.O.

Dussourd DE, Harvis CA, Meinwald J, Eisner T (1991): Pheromonal advertisement of a nuptial gift by a male moth (*Utetheisa ornatrix*). Proceedings of the National Academy of Sciences 88:9224–9227

Eberhard WG (1980): The natural history and behavior of the bolas spider *Mastophora dizzydeani* sp. n. (Araneidae). Psyche: A Journal of Entomology 87:143–169

Eggert AK, Sakaluk SK (1995): Female-coerced monogamy in burying beetles. Behavioral Ecology and Sociobiology 37:147–153

Eichenbaum H (2000): A cortical–hippocampal system for declarative memory. Nature Reviews Neuroscience 1:41–50

Eikenaar C, Schläfke JL (2013): Size and accumulation of fuel reserves at stopover predict nocturnal restlessness in a migratory bird. Biology Letters 9:2013–0712

Elgar, MA (1986): House sparrows establish foraging flocks by giving chirrup calls if the resources are divisible. Animal Behaviour, 34, 169–174.

Elgar MA (1989): Predator vigilance and group size in mammals and birds: a critical review of the empirical evidence. Biological Reviews 64:13–33

Elner RW, Hughes RN (1978): Energy maximization in the diet of the shore crab, Carcinus maenas. The Journal of Animal Ecology 47:103–116

Emery NJ (2013): Insight, imagination and invention: tool understanding in a non-tool-using corvid. Pp 67–88. In Sanz CM, Call J, Boesch C (2013) a.a.O.

Emery NJ, Clayton N, Frith CD (Eds. 2008): Social intelligence: from brain to culture. Oxford University Press, Oxford. 432p

Emlen ST, Oring LW (1977): Ecology, sexual selection, and the evolution of mating systems. Science 197:215–223

Eriksson D, Wallin L (1986): Male bird song attracts females—a field experiment. Behavioral Ecology and Sociobiology 19:297–299

Erler S, Moritz RF (2015): Pharmacophagy and pharmacophory: mechanisms of self-medication and disease prevention in the honeybee colony (*Apis mellifera*). Apidologie 47:389–411

Feng AS, Narins PM, Xu CH, Lin WY, Yu ZL, Qiu Q, … Shen JX (2006): Ultrasonic communication in frogs. Nature 440:333–336

Fernandez-Juricic E, Schroeder N (2003) Do variations in scanning behavior affect tolerance to human disturbance? Applied Animal Behaviour Science 84:219–234

Fernández-Juricic E, Venier MP, Renison D, Blumstein DT (2005): Sensitivity of wildlife to spatial patterns of recreationist behavior: a critical assessment of minimum approaching distances and buffer areas for grassland birds. Biological Conservation 125:225–235

Fernández-Juricic E, Blumstein DT, Abrica G, Manriquez L, Adams LB, Adams R, … Rodriguez-Prieto I (2006): Relationships of anti-predator escape and post-escape responses with body mass and morphology: a comparative avian study. Evolutionary Ecology Research 8:731–752

Fiorito G, Scotto P (1992): Observational learning in *Octopus vulgaris*. Science 256:545–547

Fisher RA (1930): The genetical theory of natural selection. Clarendon Press. Oxford. 321p

FitzGibbon CD (1989): A cost to individuals with reduced vigilance in groups of Thomson's gazelles hunted by cheetahs. Animal Behaviour 37:508–510

Flindt R (2005): Biologie in Zahlen. 6. Aufl. Spektrum, Heidelberg. 296p

Flinn MV, England BG (2003): Childhood stress: endocrine and immune responses to psychosocial events. pp107–147 in Wilce JM (Ed): Social cultural lives of immune systems. Routledge, London, New York.

Flower TP, Gribble M, Ridley AR (2014): Deception by flexible alarm mimicry in an African bird. Science 344:513–516

Foerster K, Delhey K, Johnsen A, Lifjeld JT, Kempenaers B (2003): Females increase offspring heterozygosity and fitness through extra-pair matings. Nature 425:714–717

Foerster K, Poesel A, Kunc H, Kempenaers B (2002): The natural plasma testosterone profile of male blue tits during the breeding season and its relation to song output. Journal of Avian Biology 33:269–275

Folstad I, Karter AJ (1992): Parasites, bright males, and the immunocompetence handicap. American Naturalist 139:603–622

Formenti N, Viganó R, Bionda R, Ferrari N, Trogu T, Lanfranchi P, Palme R (2015): Increased hormonal stress reactions induced in an Alpine Black Grouse (*Tetrao tetrix*) population by winter sports. Journal of Ornithology 156:317–321

Forsyth DJ (1972): The structure of the pygidial defence glands of Carabidae (Coleoptera). The Transactions of the Zoological Society of London 32:249–309

Fraenkel GS, Gunn DL (1961): The orientation of animals: kineses, taxes and compass reactions. 2. Aufl. Oxford University Press, Oxford. 376p

Fraser D, Weary DM (2005): Applied animal behaviour and animal welfare. Pp. 345–366 in Bolhuis JJ, Giraldeau LA (Hg) a.a.O.

Fretwell SD (1972): Populations in a Seasonal Environment. Princeton University Press, Princeton. 225p

Frid A, Dill L (2002): Human-caused disturbance stimuli as a form of predation risk. Conservation Ecology 6:1

Fuisz TI, de Kort SR (2007): Habitat-dependent call divergence in the common cuckoo: is it a potential signal for assortative mating? Proceedings of the Royal Society of London B: Biological Sciences, 274:2093–2097

Fujioka M (1985): Sibling competition and siblicide in asynchronously-hatching broods of the cattle egret *Bubulcus ibis*. Animal Behaviour 33:1228–1242

Fuller RA, Warren PH, Gaston KJ (2007): Daytime noise predicts nocturnal singing in urban robins. Biology Letters 3:368–370

Fusani L, Cardinale M, Carere C, Goymann W (2009): Stopover decision during migration: physiological conditions predict nocturnal restlessness in wild passerines. Biology Letters 5:302–305

Gabrielsen GW, Blix AS, Ursin H (1985): Orienting and freezing responses in incubating ptarmigan hens. Physiology & Behavior 34:925–934

Gauthier-Clerc M, Gendner JP, Ribic CA, Fraser WR, Woehler EJ, Descamps S, ... & Le Maho Y (2004): Long-term effects of flipper bands on penguins. Proceedings of the Royal Society of London B: Biological Sciences, 271:423–426

Gelperin A (1967): Stretch receptors in the foregut of the blowfly. Science 157:208–210

Gerhardt HC (1978): Temperature coupling in the vocal communication system of the gray tree frog, *Hyla versicolor*. Science 199:992–994

Gerhardt HC (1982): Sound pattern recognition in some North American treefrogs (Anura: Hylidae): implications for mate choice. American Zoologist 22:581–595

Gil D, Leboucher G, Lacroix A, Cue R, Kreutzer M (2004): Female canaries produce eggs with greater amounts of testosterone when exposed to preferred male song. Hormones and Behavior 45:64–70

Gilbert LE (1976): Postmating female odor in Heliconius butterflies: a male-contributed antiaphrodisiac? Science 193:419–420

Gill FB, Wolf LL (1975): Economics of feeding territoriality in the golden-winged sunbird. Ecology 56:333–345

Gill JA, Sutherland WJ (2000): Predicting the consequences of human disturbances from behavioural decisions. Pp 51–64 in Gosling LM, Sutherland WJ (Hg) a.a.O.

González LM, Margalida A, Sánchez R, Oria J (2006): Supplementary feeding as an effective tool for improving breeding success in the Spanish imperial eagle (*Aquila adalberti*). Biological Conservation 129:477–486

Goodenough J, McGuire B, Wallace R (1993): Perspectives on Animal Behaviour. Wiley, Chichester, 762p

Gosler AG, Greenwood JJ, Perrins C (1995): Predation risk and the cost of being fat. Nature 377:621–623

Gosling LM, Sutherland WJ (2000): Behaviour and conservation. Cambridge University Press, Cambridge. 438p

Gosling SD, Kwan VS, John OP (2003): A dog's got personality: a cross-species comparative approach to personality judgments in dogs and humans. Journal of Personality and Social Psychology 85:1161–1169

Gosling SD, John OP (1999): Personality dimensions in nonhuman animals: a cross-species review. Current Directions in Psychological Science 8:69–75

Goss-Custard JD, Sutherland WJ (1997): Individual behaviour, populations and conservation. Pp 373–395. in Krebs JR, Davies NB a.a.O.

Götmark F, Winkler DW, Andersson M (1986): Flock-feeding on fish schools increases individual success in gulls. Nature 319:589–591

Götmark F (1992): Anti-predator effect of conspicuous plumage in a male bird. Animal Behaviour 44:51–55

Götmark F, Unger U (1994): Are conspicuous birds unprofitable prey? Field experiments with hawks and stuffed prey species. Auk 111:251–262

Grace JK, Anderson DJ (2014): Corticosterone stress response shows long-term repeatability and links to personality in free-living Nazca boobies. General and Comparative Endocrinology 208:39–48

Grafen A, Hails R (2002): Modern statistics for the life sciences. Oxford University Press, Oxford. 368p

Greene E (1987): Individuals in an osprey colony discriminate between high and low quality information. Nature 329:239–241.

Greenwood PJ (1980): Mating systems, philopatry and dispersal in birds and mammals. Animal Behaviour 28:1140–1162

Greenwood PJ, Harvey PH (1982): The natal and breeding dispersal of birds. Annual Review of Ecology and Systematics 13:1–21

Greig-Smith PW (1980): Parental investment in nest defence by stonechats (*Saxicola torquata*). Animal Behaviour 28:604–619

Griffin AS, Blumstein DT, Evans CS (2000): Training Captive-Bred or Translocated Animals to Avoid Predators. Conservation Biology 14:1317–1326

Griffin AS, Evans CS, Blumstein DT (2001): Learning specificity in acquired predator recognition. Animal Behaviour 62:577–589
Griffiths D, Dickinson A, Clayton N (1999): Episodic memory: what can animals remember about their past? Trends in Cognitive Sciences 3:74–80
Griffith SC, Owens IP, Thuman KA (2002): Extra pair paternity in birds: a review of interspecific variation and adaptive function. Molecular Ecology 11:2195–2212
Guillemain M, Martin GR, Fritz H (2002): Feeding methods, visual fields and vigilance in dabbling ducks (Anatidae). Functional Ecology 16:522–529
Guillemain M, Caldow RW, Hodder KH, Goss-Custard JD (2003): Increased vigilance of paired males in sexually dimorphic species: distinguishing between alternative explanations in wintering Eurasian wigeon. Behavioral Ecology 14:724–729
Gwynne DT (1981): Sexual difference theory: Mormon crickets show role reversal in mate choice. Science 213: 779–780
Gwynne DT (1984): Courtship feeding increases female reproductive success in bushcrickets. Nature 307:361–363
Gwynne DT (2008): Sexual conflict over nuptial gifts in insects. Annu. Rev. Entomol. 53:83–101
Hamilton WD (1971): Geometry for the selfish herd. Journal of Theoretical Biology 31:295–311
Hamilton WD, Zuk M (1982): Heritable true fitness and bright birds: a role for parasites? Science 218:384–387
Hanlon R (2007): Cephalopod dynamic camouflage. Current Biology 17:400–404
Hanski I (1998): Metapopulation dynamics. Nature 396:41–49
Hansson B, Bensch S, Hasselquist D (1997): Infanticide in great reed warblers: secondary females destroy eggs of primary females. Animal Behaviour 54:297–304
Harcourt A (1998): Ecological indicators of risk for primates, as judged by species' susceptibility to logging. Pp. 56–79 in Caro T (ed). a.a.O.
Harlow HF (1949): The formation of learning sets. Psychological Review 56:51–65
Harlow HF, Harlow MK (1962): Social deprivation in monkeys. Scientific American 207:136–146
Harlow HF, Harlow MK, Suomi SJ (1971): From thought to therapy: Lessons from a primate laboratory. Psychol Rev 56:51–65
Hasson O (1991): Pursuit-deterrent signals: communication between prey and predator. Trends in Ecology & Evolution 10:325–329
Healy SD, Rowe C (2007): A critique of comparative studies of brain size. Proceedings of the Royal Society of London B: Biological Sciences 274:453–464
Heatwole H, Davison E (1976): A review of caudal luring in snakes with notes on its occurrence in the Saharan sand viper, *Cerastes vipera*. Herpetologica 32:332–336
Heinrich B (1988): Winter foraging at carcasses by three sympatric corvids, with emphasis on recruitment by the raven, *Corvus corax*. Behavioral Ecology and Sociobiology 23:141–156
Heinrich B, Pepper JW (1998): Influence of competitors on caching behaviour in the common raven, *Corvus corax*. Animal Behaviour 56:1083–1090
Helbig AJ (1991): Inheritance of migratory direction in a bird species: a cross-breeding experiment with SE- and SW-migrating blackcaps (*Sylvia atricapilla*). Behavioral Ecology and Sociobiology 28:9–12
Heldmaier G, Neuweiler G (2004): Vergleichende Tierphysiologie. Bd. 1 Neuro- und Sinnesphysiologie. Springer, Heidelberg. 778p
Heldmaier G, Neuweiler G (2004): Vergleichende Tierphysiologie. Bd. 2 Vegetative Physiologie. Springer, Heidelberg. 506p
Heller R, Milinski M (1979): Optimal foraging of sticklebacks on swarming prey. Animal Behaviour 27:1127–1141
Hettena AM, Munoz N, Blumstein DT (2014): Prey Responses to Predator's Sounds: A Review and Empirical Study. Ethology 120:427–452
Higley JD, Suomi SJ, Chaffin AC (2011): Impulsivity and aggression as personality traits in nonhuman primates. Pp. 257–283. In Weiss A, King JE, Murray L (Eds) a.a.O
Hinde RA, Barden LA (1985): The evolution of the teddy bear. Animal Behaviour 33:1371–1373
Holley AJ (1993): Do brown hares signal to foxes? Ethology 94:21–30
Holling CS (1959): Some characteristics of simple types of predation and parasitism. The Canadian Entomologist 91:385–398
Hollis KL (1982): Pavlovian conditioning of signal-centered action patterns and autonomic behavior: A biological analysis of function. Advances in the Study of Behavior 12:1–64
Hollis KL (1999): The role of learning in the aggressive and reproductive behavior of blue gouramis, *Trichogaster trichopterus*. Environmental Biology of Fishes 54:355–369

Holzhaider JC, Hunt GR, Gray RD (2010): Social learning in New Caledonian crows. Learning & Behavior 38:206–219

Hoogland JL (1983): Nepotism and alarm calling in the black-tailed prairie dog (*Cynomys ludovicianus*). Animal Behaviour 31:472–479

Hoppitt WJ, Brown GR, Kendal R, Rendell L, Thornton A, Webster MM, Laland KN (2008): Lessons from animal teaching. Trends Ecol Evol. 23:486–493

Horwich RH (1989): Use of surrogate parental models and age periods in a successful release of hand-reared sandhill cranes. Zoo Biology 8:379–390

Houston AI, McNamara JM (1999): Models of adaptive Behaviour. An approach based on state. Cambridge University Press, Cambridge. 378p

Hunt GR, Gray RD (2004): The crafting of hook tools by wild New Caledonian crows. Proceedings of the Royal Society of London B: Biological Sciences 271:88–90

Hurd CR (1996): Interspecific attraction to the mobbing calls of black-capped chickadees (*Parus atricapillus*). Behavioral Ecology and Sociobiology 38:287–292

Igaune K, Krams I, Krama T, Bobkova J (2008): White storks *Ciconia ciconia* eavesdrop on mating calls of moor frogs *Rana arvalis*. Journal of Avian Biology 39:229–232

Ioannou CC, Krause J (2008): Searching for prey: the effects of group size and number. Animal Behaviour 75:1383–1388

Isack HA, Reyer HU (1989): Honeyguides and honey gatherers: Interspecific communication in a symbiotic relationship. Science 243:1343–1346

Janicke T, Häderer IK, Lajeunesse MJ, Anthes N (2016): Darwinian sex roles confirmed across the animal kingdom. Science Advances 2:e1500983

Jarvis JU (1981): Eusociality in a mammal: cooperative breeding in naked mole-rat colonies. Science 212:571–573

Jenni DA, Collier G (1972): Polyandry in the American jacana (*Jacana spinosa*). The Auk 89:743–765

Jennings T, Evans SM (1980): Influence of position in the flock and flock size on vigilance in the starling, *Sturnus vulgaris*. Animal Behaviour 28:634–635

Johnsen A, Andersson S, Örnborg J, Lifjeld JT (1998): Ultraviolet plumage ornamentation affects social mate choice and sperm competition in bluethroats (Aves: *Luscinia s. svecica*): a field experiment. Proc. R. Soc. Lond. B 265:1313–1318

Johnson M, Aref S, Walters JR (2008): Parent–offspring communication in the western sandpiper. Behavioral Ecology 19:489–501

Johnson WE, Onorato DP, Roelke ME, Land ED, Cunningham M, Belden RC, ... Howard J (2010): Genetic restoration of the Florida panther. Science 329:1641–1645

Junker J, Boesch C, Mundry R, Stephens CR, Lormie M, Tweh C, Kühl HS (2015): Education and access to fish but not economic development predict chimpanzee and mammal occurrence in West Africa. Biological Conservation 182:27–35

Kaiser FG, Oerke B, Bogner FX (2007): Behavior-based environmental attitude: Development of an instrument for adolescents. Journal of Environmental Psychology 27:242–251

Kalb N, Schneider RF, Sprenger D, Michiels NK (2015): The red-fluorescing marine fish *Tripterygion delaisi* can perceive its own red fluorescent colour. Ethology 121:566–576

Kalb N, Randler C (2017): Tail flicking in the Black Redstart (*Phoenicurus ochruros*) and distance to cover. Journal of Ethology 35:293–296

Kappeler, PM (2012): Verhaltensbiologie. 3. Aufl. Springer, Heidelberg, 641p

Kappeler PM, van Schaik CP (Ed; 2005): Cooperation in Primates and Humans. Mechanisms and Evolution. Springer, Heidelberg. 351p

Kawai M (1965): Newly-acquired pre-cultural behavior of the natural troop of Japanese monkeys on Koshima Islet. Primates 6:1–30

Kelly MJ, Laurenson MK, FitzGibbon CD, Collins DA, Durant SM, Frame GW, ... Caro TM (1998): Demography of the Serengeti cheetah (*Acinonyx jubatus*) population: the first 25 years. Journal of Zoology 244:473–488

Kempenaers B, Peters A, Foerster K (2008): Sources of individual variation in plasma testosterone levels. Philosophical Transactions of the Royal Society of London B: Biological Sciences 363:1711–1723

Kenward RE (1978): Hawks and doves: factors affecting success and selection in goshawk attacks on woodpigeons. The Journal of Animal Ecology 47:449–460

Kenward B, Weir AA, Rutz C, Kacelnik A (2005): Behavioural ecology: Tool manufacture by naive juvenile crows. Nature 433:121

Kiesecker JM, Chivers DP, Blaustein AR (1996): The use of chemical cues in predator recognition by western toad tadpoles. Animal Behaviour 52:1237–1245

Knapp R, Wingfield JC, Bass AH (1999): Steroid hormones and paternal care in the plainfin midshipman fish (*Porichthys notatus*). Hormones and Behavior 35:81–89

Köhler W (2013): Intelligenzprüfungen an Menschenaffen: Mit einem Anhang: Zur Psychologie des Schimpansen (Vol. 134). Springer-Verlag.

Komdeur J (2001): Mate guarding in the Seychelles warbler is energetically costly and adjusted to paternity risk. Proceedings of the Royal Society of London B: Biological Sciences 268:2103–2111

Komdeur J (1994): Conserving the Seychelles warbler *Acrocephalus sechellensis* by translocation from Cousin Island to the islands of Aride and Cousine. Biological Conservation 67:143–152

Komdeur J, Huffstadt A, Prast W, Castle G, Mileto R, Wattel J (1995): Transfer experiments of Seychelles warblers to new islands: changes in dispersal and helping behaviour. Animal Behaviour 49:695–708

Komers PE, Brotherton PN (1997): Female space use is the best predictor of monogamy in mammals. Proceedings of the Royal Society of London B: Biological Sciences 264:1261–1270

Kosfeld M, Heinrichs M, Zak PJ, Fischbacher U, Fehr E (2005): Oxytocin increases trust in humans. Nature 435:673–676

Krama T, Krams I (2005): Cost of mobbing call to breeding pied flycatcher, *Ficedula hypoleuca*. Behavioral Ecology 16:37–40

Kramer DL, Bonenfant M (1997): Direction of predator approach and the decision to flee to a refuge. Animal Behaviour 54:289–295

Krause J, Ruxton GD (2002): Living in groups. Oxford University Press, Oxford. 224p

Krause J, James R, Franks DW, Croft DP (2015): Animal social networks. Oxford University Press, Oxford, 260p

Krebs JR (1982): Territorial defence in the great tit *Parus major*. Do residents alsways win? Behav Ecol Sociobiol 11:185–194

Krebs JR, Davies NB (1991): Behavioural ecology. 3. Aufl. Blackwell Scientific Publication, Oxford. 496p

Krebs JR, Davies NB (1996): Einführung in die Verhaltensökologie. 3. Aufl. Blackwell, Berlin, 484p

Krebs JR, Davies NB (2004): Behavioural Ecology: an evolutionary approach. 4. Aufl. Blackwell, Malden MA. 456p

Lahdenperä M, Lummaa V, Helle S, Tremblay M, Russell AF (2004): Fitness benefits of prolonged post-reproductive lifespan in women. Nature 428:178–181

Lampe U, Schmoll T, Franzke A, Reinhold K (2012): Staying tuned: grasshoppers from noisy roadside habitats produce courtship signals with elevated frequency components. Functional Ecology 26:1348–1354

Laufer H, Fritz K, Sowig P (2007): Die Amphibien und Reptilien Baden-Württembergs. Ulmer, Stuttgart, 807p

Lawrence SE (1992): Sexual cannibalism in the praying mantid, *Mantis religiosa*: a field study. Animal Behaviour 43:569–583

Lazarus J, Symonds M (1992): Contrasting effects of protective and obstructive cover on avian vigilance. Animal Behaviour 43:519–521

Leader-Williams N, Dublin HT (2000): Charismatic megafauna as «flagship species». pp 53–81 in Entwistle A, Dunstone N (Hg) Priorities for the conservation of mammalian diversity: has the panda had its day? Conservation Biology Series 3. Cambridge Univerity Press, Cambridge. 474p

Leal M (1999): Honest signalling during prey-predator interactions in the lizard *Anolis cristatellus*. Animal Behaviour 58:521–526

Leech SM, Leonard ML (1997): Begging and the risk of predation in nestling birds. Behavioral Ecology 8:644–646

Lefebvre L, Reader SM, Sol D (2004): Brains, innovations and evolution in birds and primates. Brain, Behavior and Evolution 63:233–246

Lehner PN (1996): Handbook of Ethological Methods. 2. Aufl., Cambridge University Press, Cambridge, 672p

Lehrman DS (1953): A critique of Konrad Lorenz's theory of instinctive behavior. The Quarterly Review of Biology 28:337–363

Lehtonen J, Parker GA (2014): Gamete competition, gamete limitation, and the evolution of the two sexes. Molecular Human Reproduction 20:1161–1168

Leonard ML, Horn AG (2001): Begging calls and parental feeding decisions in tree swallows (*Tachycineta bicolor*). Behavioral Ecology and Sociobiology 49:170–175

Leonard ML, Horn AG (2006): Age-related changes in signalling of need by nestling tree swallows (*Tachycineta bicolor*). Ethology 112:1020–1026

Liberati A, Altman DG, Tetzlaff J, Mulrow C, Gøtzsche PC, Ioannidis JP, ... Moher D (2009): The PRISMA statement for reporting systematic reviews and meta-analyses of studies that evaluate health care interventions: explanation and elaboration. PLoS Medicine 6:e1000100

Liening SH, Stanton SJ, Saini EK, Schultheiss OC (2010): Salivary testosterone, cortisol, and progesterone: two-week stability, interhormone correlations, and effects of time of day, menstrual cycle, and oral contraceptive use on steroid hormone levels. Physiology & Behavior 99:8–16

Lima SL (1987): Vigilance while feeding and its relation to the risk of predation. Journal of Theoretical Biology 124:303–316

Lima SL, Dill LM (1990): Behavioral decisions made under the risk of predation: A review and prospectus. Can J Zool. 68:619–640

Loher W (1972): Circadian control of stridulation in the cricket *Teleogryllus commodus* Walker. Journal of Comparative Physiology 79:173–190

Loutit B, Montgomery S (1994): The Efficacy of Rhino Dehorning: Too Early to Tell! Conservation Biology 8:923–924

Lunn NJ, Paetkau D, Calvert W, Atkinson S, Taylor M, Strobeck C (2000): Cub adoption by polar bears (*Ursus maritimus*): determining relatedness with microsatellite markers. Journal of Zoology 251:23–30

Mace R (2000): The evolutionary ecology of human population growth. Pp. 13–33 in Gosling LM, Sutherland WJ (Hg) a.a.O.

Madden J (2001): Sex, bowers and brains. Proceedings of the Royal Society of London B: Biological Sciences 268:833–838

Maguire EA, Gadian DG, Johnsrude IS, Good CD, Ashburner J, Frackowiak RS, Frith CD (2000): Navigation-related structural change in the hippocampi of taxi drivers. Proceedings of the National Academy of Sciences 97:4398–4403

Manning A (1979): Verhaltensbiologie. 3. Aufl. Springer. Berlin. 320p

Manning A, Dawkins MS (2012): Animal Behaviour. 6. Aufl., Cambridge University Press, Cambridge, 458p

Marchetti K (1993): Dark habitats and bright birds illustrate the role of the environment in species divergence. Nature 362:149–152

Marler P (1955): Characteristics of some animal calls. Nature 176:6–8

Martens A (1999): Fortpflanzungsverhalten der Libellen: faszinierende Vielfalt. Pp141–172. In Sternberg K, Buchwald R (Ed) a.a.O.

Martin P, Bateson P (1993): Measuring Behaviour. An introductory guide. 2. Aufl., Cambridge University Press, Cambridge, 222p

Mason GJ, Cooper J, Clarebrough C (2001): Frustrations of fur-farmed mink. Nature 410:35–36

Mäthger LM, Chiao CC, Barbosa A, Hanlon RT (2008): Color matching on natural substrates in cuttlefish, *Sepia officinalis*. Journal of Comparative Physiology A 194:577–585

Mattila HR, Otis GW (2003): A comparison of the host preference of monarch butterflies (*Danaus plexippus*) for milkweed (*Asclepias syriaca*) over dogstrangker vine (*Vincetoxicum rossicum*). Entom Exp Appl 107:193–199

Maynard Smith J, Price GR (1973): The logic of animal conflict. Nature 246:15–18

Maynard Smith J, Harper D (2003). Animal signals. Oxford University Press, Oxford. 166p

McComb K, Moss C, Sayialel S, Baker L (2000): Unusually extensive networks of vocal recognition in African elephants. Animal Behaviour 59:1103–1109

McGregor PK, Peake TM (2000): Communication behaviour and conservation. Pp. 261–280 in Gosling LM, Sutherland WJ (Hg) a.a.O.

McGuire B (1988): Effects of cross-fostering on parental behavior of meadow voles (*Microtus pennsylvanicus*). Journal of Mammalogy 69:332–341

McKaye KR (1981): Field observation on death feigning: a unique hunting behavior by the predatory cichlid, *Haplochromis livingstoni*, of Lake Malawi. Environmental Biology of Fishes 6:361–365

McKinney F, Evarts S (1998): Sexual coercion in waterfowl and other birds. Ornithological Monographs 49:163–195

McLean IG (1997): Conservation and the ontogeny of behaviour. 99 132–156 in Clemmons JR, Buchholz R (a.a.O)

Meredith RM, McCabe BJ, Kendrick KM, Horn G (2004): Amino acid neurotransmitter release and learning: a study of visual imprinting. Neuroscience 126:249–256

Metz KJ, Ankney CD (1991): Are brightly coloured male ducks selectively shot by duck hunters? Canadian Journal of Zoology 69:279–282

Metzgab LH (1967) An experimental comparison of screech owl predation on resident and transient white-footed mice (*Peromyscus leucopus*). Journal of Mammalogy 48:387–391

Michiels NK, Anthes N, Hart NS, Herler J, Meixner AJ, Schleifenbaum F, ... Wucherer MF (2008): Red fluorescence in reef fish: a novel signalling mechanism? BMC Ecology 8:1

Milinski M (1979): An evolutionarily stable feeding strategy in sticklebacks. Zeitschrift für Tierpsychologie 51:36–40

Milinski M, Heller R (1978): Influence of a predator on the optimal foraging behaviour of sticklebacks (*Gasterosteus aculeatus* L.). Nature 275:642–644

Milinski M, Bakker TCM (1990): Female sticklebacks use male coloration in mate choice and hence avoid parasitized males. Nature 344:330–333

Milinski M (1987): Tit for tat in sticklebacks and the evolution of cooperation. Nature 325:433–435

Mills LS (2015): Conservation of Wildlife populations. Demography, Genetics and Management. 2. Aufl. Wiley-Blackwell, Oxford, 326p

Minns CK (1995): Allometry of home range size in lake and river fishes. Canadian Journal of Fisheries and Aquatic Sciences 52:1499–1508

Moher D, Liberati A, Tetzlaff J, Altman DG (2009): Preferred reporting items for systematic reviews and meta-analyses: the PRISMA statement. Annals of Internal Medicine 151:264–269

Møller AP (1987): Variation in badge size in male house sparrows *Passer domesticus*: evidence for status signalling. Animal Behaviour 35:1637–1644

Møller AP (1990): Male tail length and female mate choice in the monogamous swallow *Hirundo rustica*. Animal Behaviour 39:458–465

Møller AP (2000): Sexual selection and conservation. Pp. 161–171 in Gosling LM, Sutherland WJ (Hg) a.a.O.

Møller AP, Samia DS, Weston MA, Guay PJ, Blumstein DT (2016): Flight initiation distances in relation to sexual dichromatism and body size in birds from three continents. Biological Journal of the Linnean Society 117:823–831

Morton ES (1975): Ecological sources of selection on avian sounds. American Naturalist 109:17–34

Mougeot F (2008): Ornamental comb colour predicts T-cell-mediated immunity in male red grouse *Lagopus lagopus scoticus*. Naturwissenschaften 95:125–132

Mougeot F, Perez-Rodriguez L, Sumozas N, Terraube J (2009): Parasites, condition, immune responsiveness and carotenoid-based ornamentation in male redlegged partridge *Alectoris rufa*. Journal of Avian Biology 40:67–74

Mulcahy NJ, Call J (2006): Apes save tools for future use. Science 312:1038–1040

Müller W, Frings S (2009): Tier-und Humanphysiologie: eine Einführung. 4. Aufl. Springer-Verlag, Heidelberg, 674p

Muller MN, Wrangham RW (2004): Dominance, aggression and testosterone in wild chimpanzees: A test of the «challenge hypothesis». Animal Behaviour 67:113–123

Muller KL (1998): The role of conspecifics in habitat settlement in a territorial grasshopper. Animal Behaviour 56:479–485

Munday PL, Buston PM, Warner RR (2006): Diversity and flexibility of sex-change strategies in animals. Trends in Ecology & Evolution 21:89–95

Murphy TG (2006): Predator-elicited visual signal: why the turquise-browed motmot wag-displays its racketed tail. Behav. Ecol. 17:547–553

Naguib M (2006): Methoden der Verhaltensbiologie. Springer, Heidelberg, 233p

Neave N, Wolfson S (2003): Testosterone, territoriality, and the «home advantage». Physiology & Behaviour 78:269–275

Neudorf DL, Sealy SG (2002): Distress Calls of Birds in a Neotropical Cloud Forest. Biotropica 34:118–126

Newberry RC (1995): Environmental enrichment: increasing the biological relevance of captive environments. Applied Animal Behaviour Science 44:229–243

Newton I (1972): Finches. Harper Collins. London, UK. 227p

Nieder A, Dehaene S (2009): Representation of number in the brain. Annual Review of Neuroscience 32:185–208

Nieder A (2016): The neuronal code for number. Nature Reviews Neuroscience 17:366–382

Niemelä PT, Lattenkamp EZ, Dingemanse NJ (2015): Personality-related survival and sampling bias in wild cricket nymphs. Behavioral Ecology 26:936–946

Ninnes CE, Waas JR, Ling N, Nakagawa S, Banks JC, Bell DG, … Ingram JR (2010): Comparing plasma and faecal measures of steroid hormones in Adelie penguins Pygoscelis adeliae. Journal of Comparative Physiology B 180:83–94

Norris KS, Lowe CH (1964): An analysis of background color-matching in amphibians and reptiles. Ecology 45:565–580

Nowak MA, Sigmund K (2005): Evolution of indirect reciprocity. Nature 437:1291–1298

Oberzaucher E, Grammer K, Szolnoki A (2014): The Case of Moulay Ismael-Fact or Fancy?. PloS One 9:e85292

O'Riain MJ, Jarvis JUM (1997): Colony member recognition and xenophobia in the naked mole-rat. Animal Behaviour 53:487–498

Oaks JL, Gilbert M, Virani MZ, Watson RT, Meteyer CU, Rideout BA, … Mahmood S (2004): Diclofenac residues as the cause of vulture population decline in Pakistan. Nature 427:630–633

Olivier B, Mos J (1990): Serenics, serotonin and aggression. Prog Clin Biol Res 361:203–230

Olkowicz S, Kocourek M, Lučan RK, Porteš M, Fitch WT, Herculano-Houzel S, Němec P (2016): Birds have primate-like numbers of neurons in the forebrain. Proceedings of the National Academy of Sciences 113:7255–7260

Olsen KH, Grahn M, Lohm J, Langefors Å (1998): MHC and kin discrimination in juvenile Arctic charr, *Salvelinus alpinus* (L.). Animal Behaviour 56:319–327

Otali E, Gilchrist JS (2006): Why chimpanzee (*Pan troglodytes schweinfurthii*) mothers are less gregarious than non-mothers and males: The infant safety hypothesis. Behav Ecol Sociobiol 59:561–570

Owens IPF (2006): Where is behavioural ecology going? Trends in Ecology & Evolution 21:356–361

Panhuis TM, Wilkinson GS (1999): Exaggerated male eye span influences contest outcome in stalk-eyed flies (Diopsidae). Behavioral Ecology and Sociobiology 46:221–227

Patricelli GL, Coleman SW, Borgia G (2006): Male satin bowerbirds, *Ptilonorhynchus violaceus*, adjust their display intensity in response to female startling: an experiment with robotic females. Animal Behaviour 71:49–59

Parker GA (1970): Sperm competition and its evolutionary consequences in the insects. Biological Reviews 45:525–567

Parker GA, Baker RR, Smith VGF (1972): The origin and evolution of gamete dimorphism and the male-female phenomenon. Journal of Theoretical Biology 36:529–553

Parris KM, Velik-Lord M, North JM, Function L (2009): Frogs call at a higher pitch in traffic noise. Ecology and Society 14:25

Parrish JK, Edelstein-Keshet L (1999): Complexity, pattern, and evolutionary trade-offs in animal aggregation. Science 284:99–101

Pepperberg IM (2014): Interspecific communication with grey parrots: a tool for examining cognitive processing. Pp 213–232 in Witzany G (ed) a.a.O.

Pereira HS, Sokolowski MB (1993): Mutations in the larval foraging gene affect adult locomotory behavior after feeding in *Drosophila melanogaster*. Proceedings of the National Academy of Sciences 90:5044–5046

Perrins CR, Birkhead TR (1983): Avian ecology. Blackie, Glasgow. 232p

Petrides GA (1959): Competition for food between five species of East African vultures. The Auk 76:104–106

Pettifor RA (1990): The effects of avian mobbing on a potential predator, the European kestrel, *Falco tinnunculus*. Animal Behaviour 39:821–827

Pettifor RA, Norris KJ, Rowcliffe JM (2000): Incorporating behaviour in predictive models for conservation. Pp 198–220 in Gosling LM, Sutherland WJ (Hg) a.a.O.

Piep M, Radespiel U, Zimmermann E, Schmidt S, Siemers BM (2008): The sensory basis of prey detection in captive-born grey mouse lemurs, *Microcebus murinus*. Animal Behaviour 75:871–878

Piersma T, Baker AJ (2000): Life history characteristics and the conservation of migratory shorebirds. pp 105–124 in Gosling LM, Sutherland WJ (Hg) a.a.O.

Plomin R, DeFries JC, McClearn GE, Rutter M (1999): Gene, Umwelt und Verhalten. Eine Einführung in die Verhaltensgenetik. Hans Huber, Bern, 306p

Plotnik JM, De Waal FB, Reiss D (2006): Self-recognition in an Asian elephant. Proceedings of the National Academy of Sciences 103:17053–17057

Pöysä H (1994): Group foraging, distance to cover and vigilance in the teal, *Anas crecca*. Animal Behaviour 48:921–928

Pravosudov VV, Sanford K, Hahn TP (2007): On the evolution of brain size in relation to migratory behaviour in birds. Animal Behaviour 73:535–539

Pulliam HR (1973): On the advantages of flocking. Journal of Theoretical Biology 38:419–422

Pullin AS, Stewart GB (2006): Guidelines for systematic review in conservation and environmental management. Conservation Biology 20:1647–1656

Quillfeldt P (2002): Begging in the absence of sibling competition in Wilson's storm-petrels, *Oceanites oceanicus*. Animal Behaviour 64:579–587

Quillfeldt P, Masello JF, Strange IJ, Buchanan KL (2006): Begging and provisioning of thin-billed prions, *Pachyptila belcheri*, are related to testosterone and corticosterone. Animal Behaviour 71:1359–1369

Rainey HJ, Zuberbühler K, Slater PJ (2004): Hornbills can distinguish between primate alarm calls. Proceedings of the Royal Society B: Biological Sciences 271:755–759

Randall JA (2014): Vibrational communication: spiders to kangaroo rats. In Witzany G (Ed) a.a.O. 103–133.

Randler C (2000): Wasservogelhybriden (Anseriformes) im westlichen Mitteleuropa, Verbreitung, Auftreten und Ursachen. Ökologie der Vögel 22:1–106

Randler C (2002): Avian hybridization, mixed pairing and female choice. Animal Behaviour 63:103–119

Randler C (2005): Do forced extrapair copulations and interspecific brood amalgamation facilitate natural hybridisation in wildfowl? Behaviour 142:477–488

Randler C (2005): Vigilance during preening in Coots *Fulica atra*. Ethology 111:169–178

Randler C, Ilg A, Kern J (2005): Cognitive and emotional evaluation of an amphibian conservation program for elementary school students. The Journal of Environmental Education 37:43–52

Randler C (2006): Is tail wagging in white wagtails, *Motacilla alba*, an honest signal of vigilance? Anim. Behav. 71:1089–1093

Randler C (2006): Behavioural and ecological correlates of natural hybridization in birds. Ibis 148:459–467

Randler C (2006): Positive Beziehung zwischen der Entfernung zum Ufer und der Sicherungsrate beim Blässhuhn *Fulica atra*. Ornithologischer Anzeiger 45:157–163

Randler C (2006): Red squirrels (*Sciurus vulgaris*) respond to alarm calls of Eurasian jays (*Garrulus glandarius*). Ethology 112:411–416

Randler C (2006): Disturbances by dog barking increase vigilance in coots (*Fulica atra*). European Journal of Wildlife Research 52:265–270

Randler C (2006): Anti-predator response of Eurasian red squirrels (*Sciurus vulgaris*) to predator calls of tawny owls (*Strix aluco*). Mammalian Biology 71:315–318

Randler C (2007): Observational and experimental evidence for the function of tail flicking in Eurasian moorhen *Gallinula chloropus*. Ethology 113:629–639

Randler C (2008): Soziale Einflüsse, Umweltfaktoren und Urbanisationsgrad beeinflussen die Fluchtdistanz bei Rabenkrähen. Vogelwelt 129:409–418

Randler C (2012): A possible phylogenetically conserved urgency response of great tits (*Parus major*) towards allopatric mobbing calls. Behavioral Ecology and Sociobiology 66:675–681

Randler C, Vollmer C (2013): Asymmetries in commitment in an avian communication network. Naturwissenschaften 100:199–203

Randler C (2013): Alarm calls of the Cyprus Wheatear *Oenanthe cypriaca* – one for nest defence, one for parent-offspring communication? Acta Ethologica 16:91–96

Randler C (2016): Tail movements in birds – current evidence and new concepts. Ornithological Science 15:1–14

Rasa OAE (1986): Coordinated vigilance in dwarf mongoose family groups: the «watchman's song» hypothesis and the costs of guarding. Ethology 71:340–344

Rattenborg NC, Lima SL, Amlaner CJ (1999): Half-awake to the risk of predation. Nature 397:397–398

Réale D, Reader SM, Sol D, McDougall PT, Dingemanse NJ (2007): Integrating animal temperament within ecology and evolution. Biological Reviews 82:291–318

Reby D, Cargnelutti B, Joachim J, Aulagnier S (1999): Spectral acoustic structure of barking in roe deer (*Capreolus capreolus*). Sex-, age-and individual-related variations. Comptes Rendus de l'Académie des Sciences-Series III-Sciences de la Vie 322:271–279

Reby D, McComb K (2003): Anatomical constraints generate honesty: acoustic cues to age and weight in the roars of red deer stags. Animal Behaviour 65:519–530

Reedy AM, Edwards A, Pendlebury C, Murdaugh L, Avery R, Seidenberg J, Aspbury AS, Gabor CR (2014): An acute increase in the stress hormone corticosterone is associated with mating behavior in both male and female red-spotted newts, *Notophthalmus viridescens*. General and Comparative Endocrinology 208:57–63

Reeve HK, Westneat DF, Noon WA, Sherman PW, Aquadro CF (1990): DNA «fingerprinting» reveals high levels of inbreeding in colonies of the eusocial naked mole-rat. Proceedings of the National Academy of Sciences 87:2496–2500

Reeve HK (1992): Queen activation of lazy workers in colonies of the eusocial naked mole-rat. Nature 358:147–149

Rehling A, Trillmich F (2007): Weaning in the guinea pig (*Cavia aperea f. porcellus*): Who decides and by what measure? Behavioral Ecology and Sociobiology 62:149–157

Remage-Healey L, Nowacek DP, Bass AH (2006): Dolphin foraging sounds suppress calling and elevate stress hormone levels in a prey species, the Gulf toadfish. Journal of Experimental Biology 209:4444–4451

Requena-Mullor JM, López E, Castro AJ, Virgós E, Castro H (2016): Landscape influence on the feeding habits of European badger (*Meles meles*) in arid Spain. Mammal Research 61:197–207

Reyer HU (1980): Flexible helper structure as an ecological adaptation in the pied kingfisher (*Ceryle rudis rudis* L.). Behavioral Ecology and Sociobiology 6:219–227

Reyer HU, Frei G, Som C (1999): Cryptic female choice: frogs reduce clutch size when amplexed by undesired males. Proceedings of the Royal Society of London B: Biological Sciences 266:2101–2107

Reynolds JD, Jennings S, Dulvy NK (2000): Life histories of fishes and population responses to exploitation. pp147–168. In: Gosling LM, Sutherland WJ (Hg) a.a.O.

Richardson CT, Miller CK (1997): Recommendations for protecting raptors from human disturbance: a review. Wildlife Society Bulletin 25:634–638

Riesch R, Deecke VB (2011): Whistle communication in mammal-eating killer whales (*Orcinus orca*): further evidence for acoustic divergence between ecotypes. Behavioral Ecology and Sociobiology 65:1377–1387

Robert D, Miles RN, Hoy RR (1996): Directional hearing by mechanical coupling in the parasitoid fly *Ormia ochracea*. Journal of Comparative Physiology A 179:29–44

Roberts G (1995): A real-time response of vigilance behaviour to changes in group size. Animal Behaviour 50:1371–1374

Roberts G (1996): Why individual vigilance declines as group size increases. Animal Behaviour 51:1077–1086

Roberts MF, Wink M (Ed) Alkaloids. Biochemistry, Ecology, and Medicinal Applications. Springer. New York US. 486p

Robinson GE (1987): Regulation of honey bee age polyethism by juvenile hormone. Behavioral Ecology and Sociobiology 20:329–338

Robinson SR (1980): Antipredator behaviour and predator recognition in Belding's ground squirrels. Animal Behaviour 28:840–852

Römer H (2013): Masking by noise in acoustic insects: problems and solutions. Pp 33–63 in Brumm H (ed) a.a.O.

Roulin A, Riols C, Dijkstra C, Ducrest AL (2001): Female plumage spottiness signals parasite resistance in the barn owl (*Tyto alba*). Behavioral Ecology 12:103–110

Rowe MP, Coss RG, Owings DH (1986): Rattlesnake rattles and burrowing owl hisses: a case of acoustic Batesian mimicry. Ethology 72:53–71

Rothstein SI, Patten MA, Fleischer RC (2002): Phylogeny, specialization, and brood parasite–host coevolution: some possible pitfalls of parsimony. Behavioral Ecology 13:1–10

Ruxton GD, Sherrat TN, Speed MP (2004): Avoiding attack. Oxford University Press, Oxford. 249p

Ruxton GD, Colegrave N (2016): Experimental design for the life sciences. 4. Aufl. Oxford University Press, Oxford. 224p

Ruxton GD, Hansell MH (2011): Fishing with a bait or lure: a brief review of the cognitive issues. Ethology 117:1–9

Sanz CM, Call J, Boesch C (2013) Tool use in animals. Cambridge University Press, Cambridge, 313p

Savidge JA (1987): Extinction of an island forest avifauna by an introduced snake. Ecology 68:660–668

Schmitt V (2016): Using touchscreen technology to facilitate comparative cognition and enhance animal welfare. Poster presented at the 11th Annual Meeting of the Ethological Society, Göttingen. DOI: 10.13140/RG.2.2.14150.47680

Schwarz S, Rackstraw A, Behnisch PA, Brouwer A, Köhler HR, Kotz A, ... Schmidt D (2016): Peregrine falcon egg pollutants: Mirror Stockholm POPs list including methylmercury. Toxicological & Environmental Chemistry 98:886–923

Schwartz JJ, Buchanan BW, Gerhardt HC (2001): Female mate choice in the gray treefrog (*Hyla versicolor*) in three experimental environments. Behavioral Ecology and Sociobiology 49:443–455

Scott G (2005): Essential Animal Behaviour. Blackwell, Oxford. 202p

Searcy WA, Nowicki S (2005): The Evolution of Animal Communication: Reliability and Deception in Signaling Systems. Princeton, NJ. Princeton University Press. 270p

Seyfarth RM, Cheney D (1990): The assessment by vervet monkeys of their own and another species' alarm calls. Animal Behaviour 40:754–764

Seyfarth RM, Cheney DL, Marler P (1980): Vervet monkey alarm calls: semantic communication in a free-ranging primate. Animal Behaviour 28:1070–1094

Shettleworth SJ (2001): Animal cognition and animal behaviour. Animal Behaviour 61:277–286

Shuster SM, Wade MJ (2003): Mating systems and strategies. Princeton University Press, Princeton. 552p

Simberloff D (1998): Flagships, umbrellas, and keystones: is single-species management passé in the landscape era? Biological Conservation 83:247–257

Simpson SJ, McCaffery AR, Hägele BF (1999): A behavioural analysis of phase change in the desert locust. Biological Reviews 74:461–480

Slabbekoorn H, Peet M (2003): Ecology: Birds sing at a higher pitch in urban noise. Nature 424:267

Slater PJ (1999): Essentials of animal behaviour. Cambridge University Press, Cambridge. 244p

Slotow R, Coumi N (2000): Vigilance in bronze mannikin groups: the contributions of predation risk and intra-group competition. Behaviour 137:365–578

Small MF, Hunter ML (1988): Forest fragmentation and avian nest predation in forested landscapes. Oecologia 76:62–64

Smith HG, Montgomerie R (1991): Nestling American robins compete with siblings by begging. Behavioral Ecology and Sociobiology 29:307–312

Smith MD, Conway CJ (2007): Use of mammal manure by nesting burrowing owls: a test of four functional hypotheses. Animal Behaviour 73:65–73

Sokolowski MB, Levine JD (2010): Natur-nurture interactions. Pp 11–25 in Székely T, Moore AJ, Komdeur J (Hg) a.a.O.

Sol D, Lefebvre L, Rodríguez-Teijeiro JD (2005). Brain size, innovative propensity and migratory behaviour in temperate Palaearctic birds. Proceedings of the Royal Society of London B: Biological Sciences 272:1433–1441

Stahl J, Tolsma PH, Loonen MJ, Drent RH (2001): Subordinates explore but dominants profit: resource competition in high Arctic barnacle goose flocks. Animal Behaviour 61:257–264

Stankowich T, Blumstein DT (2005): Fear in animals: a meta-analysis and review of risk assessment. Proceedings of the Royal Society of London B: Biological Sciences 272:2627–2634

Sternberg K, Buchwald R (1999): Die Libellen Baden-Württembergs. Band 1. Ulmer, Stuttgart, 468p

Stock M (1993): Studies on the effects of disturbances on staging Brent Geese: a progress report. Wader Study Group Bull. 68:29–34

Stoltz JA, Neff BD (2006): Sperm competition in a fish with external fertilization: the contribution of sperm number, speed and length. Journal of Evolutionary Biology 19:1873–1881

Sun JW, Narins PM (2005): Anthropogenic sounds differentially affect amphibian call rate. Biological Conservation 121:419–427

Surbeck M, Deschner T, Schubert G, Weltring A, Hohmann G (2012): Mate competition, testosterone and intersexual relationships in bonobos, *Pan paniscus*. Animal Behaviour 83:659–669

Sutherland WJ (1998): The importance of behavioural studies in conservation biology. Animal Behaviour 56:801–809

Székely T, Moore AJ, Komdeur J (2010): Social behaviour. Genes, ecology and evolution. Cambridge University Press, Cambridge, 562p

Tasker ML, Camphuysen CJ, Cooper J, Garthe S, Montevecchi WA, Blaber SJ (2000): The impacts of fishing on marine birds. ICES Journal of Marine Science: Journal du Conseil 57:531–547

Tebbich S, Teschke I (2013): Why do woodpecker finches use tools. Pp 134–157 in Sanz CM, Call J, Boesch C (2013) a.a.O.

Temeles EJ (1994): The role of neighbours in territorial systems: when are they «dear enemies»? Animal Behaviour 47:339–350

Temple S, Hart NS, Marshall NJ, Collin SP (2010): A spitting image: specializations in archerfish eyes for vision at the interface between air and water. Proceedings of the Royal Society of London B: Biological Sciences, 277: 2607–2615

Templeton CN, Greene E, Davis K (2005): Allometry of alarm calls: black-capped chickadees encode information about predator size. Science 308:1934–1937

Templeton CN, Greene E (2007): Nuthatches eavesdrop on variations in heterospecific chickadee mobbing alarm calls. Proceedings of the National Academy of Sciences 104:5479–5482

Templeton CN, Zollinger SA, Brumm H (2016): Traffic noise drowns out great tit alarm calls. Current Biology 26:1173–1174

Théry M, Heeb P (2008): Communication, sensory ecology, and signal evolution. Pp 577–612. In Danchin E, Giraldeau LA, Cézilly F (Hg) a.a.o.

Thiel S, Köhler HR (2016): A sublethal imidacloprid concentration alters foraging and competition behaviour of ants. Ecotoxicology 25:814–823

Thomas CD, Baguette M, Lewis OT (2000): Butterfly movement and conservation in patchy landscapes. Pp. 85–104 in Gosling LM, Sutherland WJ (Hg) a.a.O.

Thompson III FR, Dijak W, Burhans DE (1999): Video identification of predators at songbird nests in old fields. The Auk 116:259–264

Thornhill R, Alcock J (1983): The evolution of insect mating systems. Harvard University Press, Harvard. 547p

Thorpe WH (1963): Learning and Instinct in Animals (2nd edn.) Methuen, London. 558p

Tinbergen N (1963): On aims and methods of ethology. Zeitschr. Tierpsychol. 20:410–433

Tinbergen N, Perdeck AC (1951): On the stimulus situation releasing the begging response in the newly hatched herring gull chick (*Larus argentatus argentatus* Pont.). Behaviour 3:1–39

Tomasello M, Call J (1997): Primate Cognition. Oxford University Press, Oxford. 517p

Townsend SW, Manser MB (2013): Functionally referential communication in mammals: the past, present and the future. Ethology 119:1–11

Trillmich F, Spiller I, Naguib M, Krause ET (2016): Patient parents: do offspring decide on the timing of fledging in zebra finches? Ethology 122:411–418

Trombulak SC (1989): Running speed and body mass in Belding's ground squirrels. Journal of Mammalogy 70:194–197

Trivers R (1972): Parental investment and sexual selection. Pp139–179 in Sexual selection and the descent of man, 1871–1971, Campbell B (Ed). Aldine Press, ChicagoCambridge, MA, Harvard University.
Turner SJ (2000): The Extended Organism. Harvard University Press, Harvard, 256p
Van den Bergh BR, Mulder EJ, Mennes M, Glover V (2005): Antenatal maternal anxiety and stress and the neurobehavioural development of the fetus and child: links and possible mechanisms. A review. Neuroscience & Biobehavioral Reviews 29:237–258
Van der Meij MAA, Bout RG (2006): Seed husking time and maximal bite force in finches. Journal of Experimental Biology 209:3329–3335
Verbeek ME, Boon A, Drent PJ (1996): Exploration, aggressive behaviour and dominance in pair-wise confrontations of juvenile male great tits. Behaviour 133:945–963
Vergara P, Aguirre JI, Fargallo JA, Davila JA (2006): Nest-site fidelity and breeding success in White Stork *Ciconia ciconia*. Ibis 148:672–677
Vieth W, Curio E, Ernst U (1980): The adaptive significance of avian mobbing. III. Cultural transmission of enemy recognition in blackbirds: cross-species tutoring and properties of learning. Animal Behaviour 28:1217–1229
Vogel S, Ellington CP, Kilgore DL (1973): Wind-induced of the burrows of the prairie dog *Cynomys ludovicianus*. J Comp Physiolo 85: 1–14
Voland E (2013): Soziobiologie. Die Evolution von Kooperation und Konkurrenz. 4. Aufl., Springer, Heidelberg. 265p
Waage JK (1979): Dual function of the damselfly penis: sperm removal and transfer. Science 203:916–918
Walker LK, Thorogood R, Karadas F, Raubenheimer D, Kilner RM, Ewen JG (2014): Foraging for carotenoids: do colorful male hihi target carotenoid-rich foods in the wild? Behavioral Ecology 25:1048–1057
Walker BG, Boersma P, Wingfield JC (2005): Physiological and behavioral differences in Magellanic penguin chicks in undisturbed and tourist-visited locations of a colony. Conservation Biology 19:1571–1577
Wallace MP (2000): Retaining natural behaviour in captivity for re-introduction programmes. Pp. 300–314. In Gosling LM, Sutherland WJ (Hg) a.a.O.
Weber TP (2003): Soziobiologie. Fischer, Frankfurt/Main. 129p
Wehner R, Gehring WJ, (2007): Zoologie. 24. Aufl., Thieme, Stuttgart. 951p
Weimerskirch H, Shaffer SA, Mabille G, Martin J, Boutard O, Rouanet JL (2002): Heart rate and energy expenditure of incubating wandering albatrosses: basal levels, natural variation, and the effects of human disturbance. Journal of Experimental Biology 205:475–483
Weiss A, King JE, Murray L (2011): Personality and Temperament in Nonhuman Primates. Springer. New York Dordrecht Heidelberg London 342p
Weisser M, Randler C (2005): Elterliches Investment und Jungenaufzucht bei städtischen Graugänsen. Ornithologischer Anzeiger 44:1–8
Welch AM, Semlitsch RD, Gerhardt HC (1998): Call duration as an indicator of genetic quality in male gray tree frogs. Science 280:1928–1930
Wesolowski T, Tomialojc L (2005): Nest sites, nest depredation, and productivity of avian broods in a primeval temperate forest: do the generalisations hold? Journal of Avian Biology 36:361–367
Wielebnowski N (1998): Contributions of behavioral studies to captive management and bredding of rare and endangered mammals. In Caro T (ed) a.a.O. pp130–162.
Wiklund CG (1996): Breeding lifespan and nest predation determine lifetime production of fledglings by male Merlins *Falco columbarius*. Proceedings of the Royal Society of London. Series B: Biological Sciences 263:723–728
Wiley RH (1973): Territoriality and non-random mating in sage grouse, *Centrocercus urophasianus*. Animal Behaviour Monographs 6:85–169
Wilkinson GS (1984): Reciprocal food sharing in the vampire bat. Nature 308:181–184
Wilkinson A, Mandl I, Bugnyar T, Huber L (2010): Gaze following in the red-footed tortoise (*Geochelone carbonaria*). Animal Cognition 13:765–769
Wilkinson GS, Reillo PR (1994): Female choice response to artificial selection on an exaggerated male trait in a stalk-eyed fly. Proceedings of the Royal Society of London B: Biological Sciences 255:1–6
Williams BG, Waran NK, Carruthers J, Young RJ (1996): The effect of a moving bait on the behaviour of captive cheetahs (*Acinonyx jubatus*). Animal Welfare 5:271–281
Williams BL, Brodie Jr ED, Brodie III ED (2004): A resistant predator and its toxic prey: persistence of newt toxin leads to poisonous (not venomous) snakes. Journal of Chemical Ecology 30:1901–1919
Williams PH, Burgess ND, Rahbek C (2000): Flagship species, ecological complementarity and conserving the diversity of mammals and birds in sub Saharan Africa. Animal Conservation 3:249–260

Wilson DS, Wilson EO (2007): Rethinking the theoretical foundation of sociobiology. The Quarterly Review of Biology 82:327–348

Wilson DS (2015): Does Altruism exist? Cultures, Genes and the Welfare of others. Yale University Press, New Haven, 180p

Wilson DR, Hare JF (2004): Animal communication: ground squirrel uses ultrasonic alarms. Nature 430:523

Wilson EO (1975): Sociobiology: the new synthesis. Cambridge, MA. Belknap press. 697p

Wink M (2011): Molekulare Biotechnologie: Konzepte, Methoden und Anwendungen Taschenbuch. Weinheim, Wiley-VCH. 688p

Wink M (2014): Ornithologie für Einsteiger. Springer. Heidelberg. 457p

Wink M, Römer P (1986): Acquired toxicity—the advantages of specializing on alkaloid-rich lupins to *Macrosiphon albifrons* (Aphidae). Naturwissenschaften 73:210–212

Wink M (1998): Chemical ecology of alkaloids. Pp 265–300 In Roberts MF, Wink M (Ed) a.a.O.

Wingfield JC, Hunt K, Breuner C, Dunlap K, Fowler GS, Freed L, Lepson J (1997): Environmental stress, field endocrinology, and conservation biology. Pp 95–131 in Clemmons JR, Buchholz R (a.a.O)

Winkler H, Leisler B, Bernroider G (2004): Ecological constraints on the evolution of avian brains. Journal of Ornithology 145:238–244

Wirtz P, Wawra M (1986): Vigilance and group size in *Homer sapiens*. Ethology 71:283–286

Witherington BE (1997): The problem of photopollution for sea turtles and other nocturnal animals. Behavioral approaches to conservation in the wild, 303–328. In Clemmons JR, Buchholz R (a.a.O)

Wittig RM, Boesch C (2003): Food competition and linear dominance hierarchy among female chimpanzees of the Tai National Park. International Journal of Primatology 24:847–867

Wittig RM, Crockford C, Deschner T, Langergraber KE, Ziegler TE, Zuberbühler K (2014): Food sharing is linked to urinary oxytocin levels and bonding in related and unrelated wild chimpanzees. Proceedings of the Royal Society B: Biological Sciences 281:2013–3096

Witzany G (2014): Biocommunication of animals. Springer, Dordrecht, 420p

Woodland DJ, Jaafar Z, Knight ML (1980): The «pursuit deterrent» function of alarm signals. American Naturalist 115:748–753

Woodroffe R, Ginsberg JR (2000): Ranging behaviour and vulnerability to extinction in carnivores. Pp. 125–140 in Gosling LM, Sutherland WJ (Hg) a.a.O.

Wolfenden, GE, & Fitzpatrick, JW (1984). The Florida scrub jay. Mongr. Popul. Biol, (20). Princeton University Press, Princeton. 426p

Woollett K, Maguire EA (2011): Acquiring «the Knowledge» of London's layout drives structural brain changes. Current Biology 21:2109–2114

Workman L, Reader W (2014): Evolutionary Psychology. 3. Aufl. Cambridge University Press, Camridge, 544p

Wright ND, Bahrami B, Johnson E, Di Malta G, Rees G, Frith CD, Dolan RJ (2012): Testosterone disrupts human collaboration by increasing egocentric choices. Proceedings of the Royal Society B: Biological Sciences 279:2275–2280

Wynne CD (2001): Animal cognition: The mental lives of animals. Palgrave, Macmillan. 231p

Wynne CD, Udell MA, Lord KA (2008): Ontogeny's impacts on human-dog communication. Animal Behaviour 76: e1–e4

Wuketits FM (2002): Was ist Soziobiologie? CH Beck, München. 113p

Yamazaki K, Beauchamp GK, Curran M, Bard J, Boyse EA (2000): Parent–progeny recognition as a function of MHC odortype identity. Proceedings of the National Academy of Sciences 97:10500–10502

Yasué M (2006): Environmental factors and spatial scale influence shorebirds' responses to human disturbance. Biological Conservation 128:47–54

Ydenberg RC, Dill LM (1986): The economics of fleeing from predators. Advances in the Study of Behavior 16:229–249

Zach R (1979): Shell dropping: decision-making and optimal foraging in northwestern crows. Behaviour 68:106–117

Zahavi A (1975). Mate selection—a selection for a handicap. Journal of Theoretical Biology 53:205–214

Zahavi A, Zahavi A (1999): The handicap Principle: A missing piece of Darwin's puzzle. Oxford University Press, Oxford. 304p

Zuk M, Johnsen TS, Maclarty T (1995): Endocrine-immune interactions, ornaments and mate choice in red jungle fowl. Proceedings of the Royal Society of London B: Biological Sciences 260:205–210

Register